从电磁兼容到电磁环境

电磁兼容检测实验室认可基础与技术趋势

中国合格评定国家认可中心　组　编
主　编　靳　冬　马克贤　吉黎明
参　编　付　君　沈庆飞　杨晓丽　周　镒
　　　　侯新伟　唐　维　崔　强　黄　攀

机械工业出版社

本书对实验室认可、EMC 检测实验室发展历程和认可的基本流程进行了简要介绍，结合 EMC 检测实验室认可工作的实践，阐述了认可要点和质量提升的主要方法；同时，根据 EMC 检测技术的发展趋势，对集成电路、移动通信和汽车电子等新兴领域的 EMC 检测技术进行了详细解读。本书力求帮助提升我国 EMC 检测机构的技术能力和管理水平，填补新兴领域 EMC 检测能力空白，增强 EMC 从业人员的综合能力，为电子电器相关产业的高质量发展提供技术支撑。

本书主要面向我国 EMC 检验检测机构和从业人员。希望本书的出版能够帮助 EMC 检测行业实验室管理人员、技术人员提高相关知识技能。

图书在版编目（CIP）数据

电磁兼容检测实验室认可基础与技术趋势 / 中国合格评定国家认可中心组编；靳冬，马克贤，吉黎明主编 . -- 北京：机械工业出版社，2025.8. --（从电磁兼容到电磁环境）. -- ISBN 978-7-111-78378-7

Ⅰ . TN03

中国国家版本馆 CIP 数据核字第 20250YX867 号

机械工业出版社（北京市百万庄大街 22 号　邮政编码 100037）
策划编辑：王　欢　　　　　责任编辑：王　欢
责任校对：韩佳欣　李　杉　　封面设计：严娅萍
责任印制：常天培
河北虎彩印刷有限公司印刷
2025 年 8 月第 1 版第 1 次印刷
184mm×260mm · 14.5 印张 · 350 千字
标准书号：ISBN 978-7-111-78378-7
定价：79.00 元

电话服务　　　　　　　　　网络服务
客服电话：010-88361066　　机　工　官　网：www.cmpbook.com
　　　　　010-88379833　　机　工　官　博：weibo.com/cmp1952
　　　　　010-68326294　　金　书　网：www.golden-book.com
封底无防伪标均为盗版　机工教育服务网：www.cmpedu.com

审订委员会

主　审　张朝华

副主审　肖　良　张　虹　刘昌宙

委　员　（按姓氏笔画排序）

　　　　马蔚宇　王　荣　王　蕊　王彦斌　牛兴荣　史光华
　　　　史新波　刘　捷　刘立新　李　宏　何　平　张　晶
　　　　陈　伟　陈延青　陈晓芳　周　婕　胡景森　费　杨
　　　　夏　清　徐　立　徐　娜　唐丹舟　谢　鸣　蔡　宇
　　　　瞿培军　潘　锋　魏伶俐

本书编委会

主　编　靳　冬　马克贤　吉黎明

编　委　付　君　沈庆飞　杨晓丽　周　镒
　　　　　侯新伟　唐　维　崔　强　黄　攀

前　言

电磁兼容性（electromagnetic compatibility，EMC）体现了电子设备或系统之间在电磁特性上互相协调、互不干扰的能力。随着电子技术的广泛应用，合格的 EMC 已成为电路、设备或系统需要满足的基本特性之一，是确保它们正常工作的必要条件。EMC 检测遍及航空航天、武器装备、信息通信、轨道交通、机动车、电子电气、医疗器械等众多产业，是衡量各类产品和系统的重要质量指标，也是全球各国（地区）强制性检测认证和市场监管的重要组成部分。科学、准确的 EMC 检测，对于产品和系统在设计、研发、生产和使用全过程上提升产品质量、确保系统功能和可靠性，提升产业国际竞争力，具有重要意义。随着科技和产业发展，针对战略性新兴产业相关产品的 EMC 检测逐渐兴起，对于 EMC 检测实验室的管理和技术能力又提出了新的要求。

认可是指"正式表明合格评定机构具备实施特定合格评定工作的能力的第三方证明"（见 ISO/IEC 17011：2017《合格评定 认可机构要求》）。认可作为证实能力和传递信任的国际通行手段，在适应经济全球化发展、规范市场行为、促进贸易便利、保障产品质量安全、提高社会治理能力等方面具有重要的意义。由于我国具有全球最大的 EMC 检测规模，那么 EMC 检测实验室获得认可，就能表明其管理能力和技术水平通过了认可机构按照国际标准进行的评价，并能够证实其具备合格的 EMC 检测能力，可以帮助其 EMC 检测结果在更大范围取得政府、市场和国际信任，也可以帮助实验室实现持续规范管理，提升质量和技术水平。

本书对实验室认可、EMC 检测实验室发展历程和认可的基本流程进行了简要介绍，结合 EMC 检测实验室认可工作的实践，阐述了认可要点和质量提升的主要方法。同时，根据 EMC 检测技术的发展趋势，对集成电路、移动通信和汽车电子等新兴领域的 EMC 检测技术进行了详细解读。本书力求帮助提升我国 EMC 检测机构的技术能力和管理水平，填补新兴领域 EMC 检测能力空白，增强 EMC 从业人员的综合能力，为电子电器相关产业的高质量发展提供技术支撑。

本书凝结了中国合格评定国家认可中心、中国电子技术标准化研究院、中国计量科学研究院、中国信息通信研究院等单位多名业内专家的共同努力和辛勤付出。靳冬、马克贤、吉黎明主持了本书的整体设计，以及组织编写和统稿工作。靳冬编写了 1.1 节和 1.2 节、第 2 章、3.1 节和 3.2 节的主要内容；侯新伟编写了 1.3 节、1.4 节和 4.1 节的主要内容；黄攀编写了 3.3 节和 4.4 节的主要内容；崔强编写了 3.4 节和 4.3 节的主要内容；沈庆飞编写了 3.5 节的主要内容；周镒编写了 4.2 节的主要内容，并对 2.3 节进行了补充；付君、唐维、杨晓丽等专家为本书的编写承担了大量基础工作。中国合格评定国家认可委员会（China national accreditation service for conformity assessment，CNAS）秘书处各业务部门 EMC 专业领域项目负责人、评审专家和评定专家也为本书的编写提供了很多生动案例，在此向大力支持和无私帮助的各位专家表示衷心感谢！

本书引用的标准和文件为截至 2024 年 12 月公布的有效文件。为了持续满足认可工作的需要，CNAS 规范文件会适时修订动态更新，因此本书引用的标准和文件注明版本号的以该版本号为准，未注明版本号的烦请读者查阅标准和 CNAS 规范文件的最新有效版本。

　　由于时间仓促以及编者水平有限，加之涵盖内容较广，本书难免出现错误和不足之处，恳请广大读者提出宝贵意见。

编著者

2024 年 12 月

目 录

前言

第1章 EMC 检测实验室认可概述 ………… 1
1.1 实验室认可简介 ………………………… 1
1.2 实验室认可的作用 ……………………… 3
1.2.1 评价和证实实验室能力 …………… 4
1.2.2 支撑政府监管 ……………………… 4
1.2.3 增强检测国际采信，促进贸易便利化 ………………………… 4
1.2.4 保障环境健康和社会治理 ………… 5
1.2.5 提升实验室竞争力和持续改进 …… 5
1.3 EMC 检测实验室发展历程 …………… 6
1.3.1 EMC 标准化组织 ………………… 6
1.3.2 我国 EMC 检测实验室类型 ……… 7
1.3.3 我国 EMC 检测实验室认可发展现状 ……………………………… 8
1.4 EMC 检测实验室认可流程 …………… 9
1.4.1 运行体系 …………………………… 9
1.4.2 提交申请 …………………………… 10
1.4.3 受理决定 …………………………… 10
1.4.4 文件评审 …………………………… 11
1.4.5 现场评审 …………………………… 12
1.4.6 整改验收 …………………………… 12
1.4.7 认可批准 …………………………… 13
1.4.8 后续评审和变更 …………………… 13
1.4.9 权利和义务 ………………………… 14

第2章 EMC 检测实验室认可要点解析 ………………………… 15
2.1 EMC 检测实验室认可基础知识 ……… 15
2.1.1 EMC 相关认可规范简介 ………… 15
2.1.2 EMC 实验室认可基本条件 ……… 17
2.2 EMC 检测实验室认可管理体系要点 …… 18
2.2.1 公正性和保密性 …………………… 18
2.2.2 组织结构 …………………………… 19
2.2.3 管理体系 …………………………… 20
2.2.4 文件和记录控制 …………………… 21
2.2.5 应对风险和机遇的措施 …………… 21
2.2.6 纠正措施和改进 …………………… 22
2.2.7 内部审核 …………………………… 23
2.2.8 管理评审 …………………………… 24
2.3 EMC 检测实验室认可技术要求要点 …… 25
2.3.1 人员 ………………………………… 25
2.3.2 设施和环境条件 …………………… 26
2.3.3 设备 ………………………………… 26
2.3.4 量值溯源 …………………………… 27
2.3.5 外部提供的产品和服务 …………… 27
2.3.6 合同评审 …………………………… 28
2.3.7 检测方法的选择、验证和确认 …… 29
2.3.8 EMC 检测物品的处置 …………… 29
2.3.9 技术记录 …………………………… 30
2.3.10 EMC 测量不确定度的评定 …… 31
2.3.11 确保结果有效性 ………………… 31
2.3.12 EMC 检测报告 ………………… 32
2.4 EMC 检测实验室认可常见问题 ……… 33
2.4.1 EMC 检测设备及校准问题 ……… 33
2.4.2 EMC 检测设施环境常见问题 …… 35
2.4.3 EMC 检测方法实施常见问题 …… 36
2.4.4 EMC 检测报告常见问题 ………… 38
2.4.5 EMC 检测实验室管理常见问题 …… 38
2.5 EMC 检测能力的表述解析 …………… 39
2.5.1 EMC 检测能力表述基本结构 …… 40
2.5.2 检测对象的表述 …………………… 41
2.5.3 检测项目/参数的表述 …………… 41
2.5.4 检测标准（方法）的表述 ………… 42
2.5.5 相关说明的表述 …………………… 43
2.5.6 其他表述要求 ……………………… 44
2.5.7 检测能力表述的数据质量 ………… 44

第 3 章 EMC 检测实验室检测能力的提升·················46

3.1 EMC 检测实验室人员能力·················46
- 3.1.1 人员能力模型·················46
- 3.1.2 人员能力指标体系·················47
- 3.1.3 人员能力指标分级·················52
- 3.1.4 应用模型提升人员能力·················53

3.2 EMC 检测设备管理·················57
- 3.2.1 检测设备的生命周期·················57
- 3.2.2 检测设备的采购与验收·················59
- 3.2.3 检测设备的使用和维护·················60
- 3.2.4 检测设备的报废·················61
- 3.2.5 检测设备的档案管理·················62
- 3.2.6 检测设备的风险管理·················62
- 3.2.7 通过设备管理提升能力·················63

3.3 EMC 检测量值溯源·················64
- 3.3.1 基本概念·················64
- 3.3.2 校准方案的制订·················66
- 3.3.3 校准方案的实施·················67
- 3.3.4 校准结果的使用·················68
- 3.3.5 不确定度·················69
- 3.3.6 校准方案的监控与改进·················70
- 3.3.7 设备校准周期的确定和调整·················71
- 3.3.8 典型设备校准参数·················72

3.4 EMC 检测设施与环境确认·················76
- 3.4.1 屏蔽室·················76
- 3.4.2 开阔试验场地（OATS）·················77
- 3.4.3 半电波暗室（SAC）或全电波暗室（FAR）·················78
- 3.4.4 汽车零部件测量用半电波暗室·················79
- 3.4.5 辐射杂散测量用全电波暗室·················80
- 3.4.6 汽车整车辐射抗扰度试验用电波暗室·················80
- 3.4.7 专用产品测量场地要求·················81
- 3.4.8 空口（OTA）性能电波暗室·················82
- 3.4.9 横电磁波室（TEM 或 GTEM 小室）·················82
- 3.4.10 混响室（混波室）·················83
- 3.4.11 大环天线系统（LLAS）·················83

3.5 EMC 检测结果有效性保证·················84
- 3.5.1 概述·················84
- 3.5.2 期间核查·················85
- 3.5.3 控制图·················89
- 3.5.4 检测的重复性、复现性及中间精密度·················98
- 3.5.5 测量系统或设备的重复性、稳定性考核·················100
- 3.5.6 留存样品检测·················103
- 3.5.7 盲样测试·················103
- 3.5.8 样品不同参数检测结果之间的相关性·················103
- 3.5.9 能力验证计划·················104
- 3.5.10 实验室间比对·················124

第 4 章 新兴领域 EMC 检测技术·················126

4.1 集成电路 EMC 检测技术·················126
- 4.1.1 概述·················126
- 4.1.2 集成电路 EMC 测试的特点·················129
- 4.1.3 集成电路电磁发射测量·················129
- 4.1.4 集成电路电磁抗扰度测量·················143

4.2 移动通信 EMC 检测技术·················150
- 4.2.1 概述·················150
- 4.2.2 移动通信设备的 EMC 测试要求·················152
- 4.2.3 移动通信设备的骚扰测量·················158
- 4.2.4 移动通信设备的抗扰度试验·················169

4.3 汽车电子 EMC 检测技术·················177
- 4.3.1 概述·················177
- 4.3.2 技术特点·················178
- 4.3.3 发射·················178
- 4.3.4 抗扰度·················193

4.4 EMC 检测的技术发展趋势·················219
- 4.4.1 概述·················219
- 4.4.2 产品分类的发展·················220
- 4.4.3 测试项目的发展·················221
- 4.4.4 测试频率的扩展·················222
- 4.4.5 测试方法的发展·················223
- 4.4.6 小结·················224

第1章 EMC 检测实验室认可概述

1.1 实验室认可简介

认可是国家质量基础设施（NQI）的重要组成部分。国际标准化组织（ISO）将认可定义为"认可是正式表明合格评定机构具备实施特定的合格评定工作的能力的第三方证明"。通常来讲，认可包含了实验室认可、检验机构认可、认证机构认可、审定核查机构认可四大门类。其中历史最为悠久、规模最大的是实验室认可。实验室认可的概念最早可以追溯到 20 世纪 40 年代。在第二次世界大战期间，澳大利亚作为英联邦成员和同盟国成员远离主战场，但由于缺乏统一的检测标准和技术手段，很难生产并提供符合盟军各国标准要求的武器弹药。为了解决此类问题，需要建立一套能够确保检测结果一致的检测体系。1947 年澳大利亚工业、科学和技术部授权成立国家检测机构协会（NATA）来开展认可活动。这通常被视为全球认可活动的开端。NATA 作为全球第一家专业认可机构，一直延续至今。

之后，欧美国家逐步建立了认可体系。1966 年，英国贸易工业部组建了世界上第二个实验室认可机构——不列颠校准服务局（BCS），主要负责对工业界建立的校准网络进行国家承认。1981 年，BCS 又获得授权建立了国家检测实验室认可体系（NATLAS），逐渐开展检测机构的认可工作。1982 年，为应对英国产品质量和国际声誉等方面出现的问题，英国政府发布《标准、质量和国际竞争》白皮书，对质量管理机构实施改革与调整，其重要措施之一便是采用 ISO/IEC 的相关指南和英国的补充要求作为认可准则，建立英国国家认可制度。随着欧洲经济一体化的推进，当时的欧洲共同体 12 国和欧洲自由贸易联盟 6 国也纷纷建立起各自的国家认可机构。例如，1995 年，由荷兰校准组织（NKO）、荷兰实验室和检查机构认可基金会（STERLAB/STERIN）、认证委员会三家单位合并成立了荷兰认可理事会（RVA）；1991 年，德国建立了负责认可相关方组织与协调的德国认可委员会（DAR），该机构为德国认证认可委员会（DAKKS）的前身。另外，1976 年美国商务部授权建立了负责检测和校准实验室认可的国家实验室自愿认可程序（NVLAP）。1978 年，美国实验室认可协会（A2LA）成立，它是国际实验室认可合作组织（ILAC）的成员之一，属于民间非营利性机构，对检测和校准实验室、检验机构等开展认可活动。

在各国成立认可制度之前，合格评定结果的"互认"，仅限于某几个检验检测机构相互承认，如检验结果互相承认。由于检验检测的机构众多，这样的运作方式导致谈判错综复杂，互认的效率极其低下，无法满足国际贸易发展的需要。为了统一实验室的评价依据和评价标准，推动认可结果互认，1977 年在美国、西欧各国和澳大利亚等国家的倡议下，一些实验室认可组织和认可技术专家在丹麦哥本哈根召开了第一次 ILAC 会议。其目标是对实验室认可的基本原则和行为做出规定，鼓励各国之间实验室认可活动的合作，推动实验室有关的其他国际和贸易组织合作交流，推动实验室认可结果的互认。该会议虽然只是一个非官方的非正式的国际会议，但标志着实验室认可国际合作的开始。

我国实验室认可活动的发展也经历了一个逐步演变的历程，最早可以追溯到1980年。当时国家标准局和国家进出口商品检验局共同派员参加了在法国巴黎召开的国际实验室认可合作会议，为减少贸易中商品的重复检测、消除技术壁垒、促进改革开放，开始研究建立实验室认可体系。1985年，《中华人民共和国计量法》正式颁布。同时，国家进出口商品检验局成立实验室认证处（对外称"国家进出口商品检验认证委员会"）。国家计量局和国家进出口商品检验局分别对为社会提供公证数据的产品质量检验机构和承担进出口商品检验、测试、分析、鉴定、抽查、评比的各类实验室的检测能力推行"计量认证"和"实验室认证"。这意味着实验室和检验机构能力评价活动以"认证"的概念在我国通过政府管理部门正式推行。1993年，《中华人民共和国产品质量法》颁布，"认可"这一概念首次写入我国法律。同年，国家质量技术监督局（1988年7月，在国家标准局、国家计量局基础上组建了国家技术监督局）和国家进出口商品检验局开始以"认可"的概念分别组织对于实验室的能力评价工作。这也是"认可"这一标准术语在我国应用的开端。

1994年9月，中国实验室国家认可委员会（CNACL）成立。1996年1月，中国国家进出口商品检验实验室认可委员会（CCIBLAC）成立。两家国家级认可机构的成立，从不同层面促使我国的实验室认可工作更加专业、规范，也使我国能够更加便利地参与国际认可合作，加快与世界经济的接轨，满足我国改革开放发展的现实需要。随着社会和市场经济的发展，为了提高认可的公正性，统一认可实施的标准和尺度，在国际经贸往来和国际认可活动中更好地维护国家利益，增强多边和双边互认，2002年7月4日CNCAL和CCIBLAC合并组建成立了中国实验室国家认可委员会（CNAL），从此我国建立了统一的国家实验室认可制度。

2002年8月20日，中国合格评定国家认可中心在人民大会堂宣布成立，我国统一认可机构的法律实体平台正式建立，标志着中国的认可体系从此进入了一体化、体制化和规范化的发展轨道，体现了世界贸易组织技术性贸易壁垒（WTO/TBT）协定的国民待遇原则，在国际认可界产生了积极的影响。2006年3月31日，在整合认证机构国家认可委员会（CNAB）和中国实验室国家认可委员会（CNAL）的基础上，中国合格评定国家认可委员会（CNAS）成立，实现了我国认可体系的集中统一，形成了"统一体系、共同参与"的认可工作体制。

中国合格评定国家认可委员会是根据《中华人民共和国认证认可条例》《认可机构监督管理办法》的规定，依法经国家市场监督管理总局确定，从事认证机构、实验室、检验机构、审定与核查机构等合格评定机构认可评价活动的权威机构，负责合格评定机构国家认可体系运行。中国合格评定国家认可委员会秘书处设在中国合格评定国家认可中心，隶属于国家市场监督管理总局，只从事与认可相关的业务，不提供任何可能影响认可公正性的服务。中国合格评定国家认可委员会主要任务如下：

1）按照我国有关法律法规、国际和国家标准、规范等，建立并运行合格评定机构国家认可体系，制定并发布认可工作的规则、准则、指南等规范性文件；

2）对境内外提出申请的合格评定机构开展能力评价，做出认可决定，并对获得认可的合格评定机构进行认可监督管理；

3）负责对认可委员会徽标和认可标识的使用进行指导和监督管理；

4）组织开展与认可相关的人员培训工作，对评审人员进行资格评定和聘用管理；

5）为合格评定机构提供相关技术服务，为社会各界提供获得认可的合格评定机构的公开信息；

6）参加与合格评定及认可相关的国际活动，与有关认可及相关机构和国际合作组织签署双边或多边认可合作协议；

7）处理与认可有关的申诉和投诉工作；

8）承担政府有关部门委托的工作；

9）开展与认可相关的其他活动。

在国际合作方面，中国合格评定国家认可委员会的认可活动已经融入国际认可互认体系，并发挥着重要的作用。中国合格评定国家认可委员会是国际认可论坛（IAF）、国际实验室认可合作组织（ILAC）、亚太认可合作组织（APAC）的正式成员。

截至 2023 年，我国认可机构——中国合格评定国家认可委员会，已成为全球规模最大的实验室认可机构，涉及生物、化学、环境、电子、机械、信息、能源、医学等众多专业技术领域，为国家市场监督管理总局、工业和信息化部、司法部、住房和城乡建设部、农业农村部、国家卫生健康委员会、海关总署等 20 多个政府部门和行业组织提供技术支撑。实验室认可在国际和国内都不断向深度和广度发展，在促进市场公平、服务全球贸易便利、提升产品和服务的质量、提高社会治理能力等方面发挥着重要的作用。

1.2 实验室认可的作用

认可作为在合格评定方面证实能力和传递信任的国际通行手段，在适应经济全球化发展、规范市场行为、促进贸易便利、保障产品质量安全、提高社会治理能力等方面具有重要的意义。认可具有权威性、独立性、公正性、技术性、规范性、统一性和国际性的特征。这些特征相辅相成、互相促进，能确保认可结果被国内外政府管理部门、国内外市场主体和公众所信任和使用。在认可的发展历程中，认可始终为国民经济建设和社会发展发挥着积极作用。

联合国工业发展组织（UNIDO）指出，认可所提供的信任对于支持经济发展、保护公共利益（无论在监管领域还是非监管领域）都是极具价值的，其好处如下：

1）建立国际公认的合格评定服务；

2）为各国企业打开出口市场；

3）通过加强竞争支持行业的发展；

4）通过清晰的描述能力范围和实验室比对，增加市场透明度；

5）通过对结果溯源、监督审核、现场评审、同行评审和对过程的每一个步骤的记录管理，预防腐败违规。

EMC 检测是一个兼具技术性和基础性的检测领域，EMC 检测实验室的认可在国内外都非常普遍。从实践来看，EMC 检测实验室的认可在评价和证实实验室能力、支撑政府监管、促进贸易便利化、保障环境健康和社会治理、提升实验室竞争力和持续改进等方面都发挥着重要作用。

1.2.1 评价和证实实验室能力

EMC 检测实验室通常是提供第三方检测或者内部的"第三方"检测服务的，其检测活动具有一定的独立性。在认可过程中，经过专家现场评审、综合评定，根据认可要求和程序，判定实验室的技术能力和运作的持续符合性，使得实验室的能力得到权威机构公正、独立的确认，也证明了实验室的运行符合认可机构公布的行为基准。EMC 检测的合格评定链条如图 1-2-1 所示。

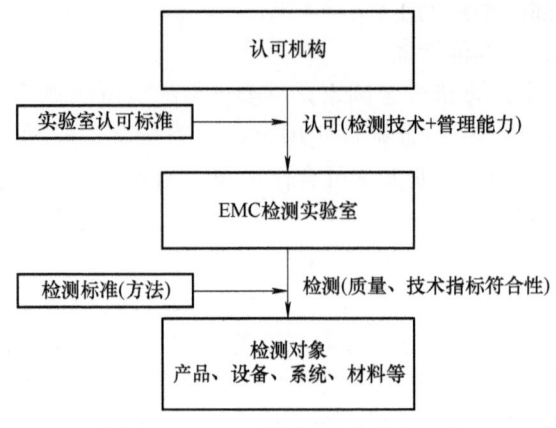

图 1-2-1 EMC 检测的合格评定链条

认可机构通过对实验室的检测技术能力和管理能力进行评价，并提供公开、有效、权威的承认，证实了实验室实施 EMC 检测的能力，为实验室开展 EMC 检测活动奠定了基础，从而帮助实验室的检测结果得到监管者、供方、采购商、消费者（包括检测服务的直接客户和对检测报告、证书等使用的利益相关方）的信任并接受。

1.2.2 支撑政府监管

在国家质量基础设施中，通常由政府相关部门承担国家法定计量体系、提供测量基础（国家计量机构）和认可服务的责任。同时，EMC 作为一种基础性的检测项目，政府部门在规范市场、保护环境和健康安全等职责中，也需要客观、准确的 EMC 检测服务来支持管理。

一方面，对于政府组织运行的实验室，认可活动为政府实验室的客户和公众提供了再次保障，使得这些检测实验室的能力能够获得独立评价，技术能力得到了独立承认，从而增强了市场和公众对于该类别检测机构检测结果的信心，也有助于增强政府公信力。另一方面，认可也为政府部门制定相关的政策提供了技术支撑，在对 EMC 检测机构的管理中起到技术保障作用，增加了政府管理部门检测结果的信心，减少了做出专业判断和相关决定的不确定性，在检测市场监管中发挥了持续的"认可约束"作用，提高了行政监管效率，降低了行政风险和成本，使得社会和消费者得到了专业的保护，从而增强了社会公信力。

1.2.3 增强检测国际采信，促进贸易便利化

"国际化"是认可制度的一个重要特征。作为减少技术性贸易壁垒的一项举措，建立全球范围认可机构互认制度成为世界各国和相关国际组织的重要共识。EMC 检测受到各

个国家和地区的关注，是各国对于产品市场监管的重要指标，也是全球各国（地区）强制性检测认证的重要组成部分，如欧盟 CE 认证等。IAF 和 ILAC 现有成员机构来自 120 多个国家和经济体，形成了一个广泛的全球认可网络。IAF 和 ILAC 成员认可机构在全球范围认可了 9900 多家认证机构、80000 多家实验室和 11000 多家检验机构，覆盖了全球经济总量的 96% 以上。中国合格评定国家认可委员会作为 IAF 和 ILAC 的正式成员，已签署了 15 项国际多边互认协议，覆盖了国际和亚太认可组织全部的多边互认协议范围，为获得认可的 EMC 检测实验室检测结果获得国际承认奠定了坚实的基础。

具体而言，认可有助于供需双方对 EMC 检测结果建立信任，证明产品的 EMC 可满足不同市场主体的技术标准和法规。在全球经济一体化中，认可作为应对技术性贸易壁垒的手段，通过国际组织、区域组织和各国签署的多边或者双边互认协议，促进了合格评定结果的重复性检验检测、认证，使产品和服务能够更加便利地获得美国、欧盟、东盟等国际市场的认同。从国内市场来看，EMC 也是我国电子电器产品国家强制性认证（CCC 认证）的重要检测项目，承担强制性认证检测的实验室获得认可，有助于通过认可促进产品信息公正、透明、可信，帮助解决信息不对称问题，促进市场公平交易，避免重复性的检测认证，提高市场资源配置效率，从而提升国民经济的整体竞争力。

1.2.4 保障环境健康和社会治理

随着电子电器产品和无线通信的发展，移动手机、平板计算机等无线设备都已经成为全球数十亿人日常工作生活的基本工具，电信基站和各类发射塔的建设密度越来越大，各类电子电器产品在日常工作生活甚至是医疗健康领域普遍使用，电磁环境日益复杂。社会公众对与磁辐射潜在健康风险也产生了广泛的关注。

对工频磁场、电磁辐射、电磁暴露等项目的检测，在环境保护与治理、公众健康与防护等方面发挥着越来越重要的作用。通过检测活动，确保环境和产品满足 GB 8702—2014《电磁环境控制限值》等要求，已成为相关部门和消费者保护环境和自我防护的重要手段。国际电工委员会（IEC）、国际电信联盟（ITU）、国际非电离辐射防护委员会（ICNIRP）等国际标准化组织和国内管理部门都发布了相关管理规定。认可作为国际通行的评价手段，也将提高上述领域检测活动的规范性、质量和能力，促进相关领域检测和标准的应用，推动检测结果公正、透明、可信，便于政府部门和社会公众监督，保护环境和人民健康。

1.2.5 提升实验室竞争力和持续改进

EMC 检测是市场化程度高，技术和业务都较为开放的项目。在实际的检测市场中，既有强制性产品认证类的强制性检测业务，也有国有、民营企业或相关机构委托的与研发、采购、验收、出口等相关的检测业务。企业可以自由地根据质量、价格、时间、效率、地域等因素通过市场化的手段自行选择检测服务提供者。因此，EMC 检测市场具有一定的竞争性。

认可通过对合格评定机构进行系统、规范的技术评价，有助于 EMC 检测实验室的检测能力得到更有效的承认。对于获得认可的 EMC 检测实验室，由于其检测技术和管理能力得到了独立的评价，其客户对实验室的信心将显著增强。相对于未经过认可的实验室，获取认可能够帮助实验室向政府、客户证明其具备满足规定要求的 EMC 检测能力和规范化运作水平。另一方面，由于获得认可的实验室检测结果能够更好地得到互认，可以帮助客户有效节省因重复检测、认证而产生的高额费用，从而更趋于选择获得认可的检测机构。这都帮助获准认可的 EMC 检测实验室获得检测市场的竞争优势。

认可还通过对合格评定机构进行持续的技术评价和问题整改，推动 EMC 检测技术交流，帮助实验室不断实现自我改进和完善，不断推动实验室及其客户的管理水平和技术能力提升，降低市场风险。整体而言，认可通过上述获得还能够促进 EMC 检测市场服务能力的公开透明和公平竞争，提升市场主体的竞争力，增强其适应市场需求的能力。

1.3 EMC 检测实验室发展历程

电气电子工程师学会（IEEE）学报的射频干扰（RFI）汇刊于 1964 年改为 EMC 汇刊距今已有 60 年了，通常以此作为电磁兼容学科形成的标志。GB/T 4365—2003《电工术语 电磁兼容》将 "electromagnetic compatibility" 定义为 "设备或系统在其电磁环境中能正常工作且不对该环境中任何事物构成不能承受的电磁骚扰的能力"。根据该标准制定工作组的有关共识，"electromagnetic compatibility" 一词，对于一门学科、一个领域或某个技术范围而言，宜翻译为电磁兼容，以便反映一个整体领域而不仅是一项技术指标；对于设备、系统的性能参数而言，应翻译为电磁兼容性。下面从检测标准的制定组织、认可实验室和检测实验室类型方面简要介绍 EMC 检测实验室发展背景和历程。

1.3.1 EMC 标准化组织

IEC/TC77（电磁兼容技术委员会）秘书处在德国，主要任务是为 EMC 专家及产品委员会指定 EMC 基础标准（即 IEC 61000 系列出版物），涉及 EMC 综述、环境、限值、试验和测量技术、安装和减缓导则、通用标准等规范。IEC/TC77 下设 WG13，涉及通用抗扰度、电磁环境描述和分类、安装和减缓措施、功能安全等；又下设三个分委员会，分别为 SC77A（低频现象）、SC77B（高频现象）和 SC77C（大功率暂态现象）。

1934 年 CISPR 在法国巴黎成立。1946 年在伦敦举行了第二次世界大战后的首次全会，此次会议决定 CISPR 不再是包括 IEC 在内的一个国际组织的联合会，而是成为 IEC 所属的一个特别委员会。与此同时，它并不类似 IEC 的其他技术委员会（TC），因为它的成员除了国家委员会，还包括了一些关心无线电干扰的国际组织，如国际大电网会议（CIGRE）、欧洲广播联盟（EBU）和国际电信联盟（ITU）等。CISPR 下设 A、B、D、F、H、I 共六个分会，分别是 CISPR/A——无线电干扰测量方法和统计方法；CISPR/B——工业、科学、医疗射频设备、重工业设备、架空电力线、高压设备和电力牵引系统的无线电干扰；CISPR/D——机动车（船）的电气电子设备、内燃机驱动装置的无线电干扰；CISPR/F——家用电器、电动工具、照明设备及类似设备的干扰；CISPR/H——对无线电业务进行保护的发射限值；CISPR/I——信息技术设备、多媒体设备和接收机的 EMC。

我国 1976 年开始参加 CISPR 相关活动，1986 年 8 月，由当时的国家标准局主持成立了全国无线电干扰标准化技术委员会，以对口 CISPR 的工作。全国无线电干扰标准化技术委员会受国家标准化管理委员会领导，其在全国各个标准化技术委员会中的编号为 TC79，下设的各分委会按 SC 排序，与 CISPR 的分委员会相对应。

1.3.2 我国 EMC 检测实验室类型

如果根据检测对象进行分类，我国现阶段 EMC 检测实验室可以分为以下几种类型。

1.3.2.1 消费类电子产品 EMC 检测实验室

消费类电子产品在不同的发展时期有着不同的定义，包括但不限于音视频设备、信息技术设备、家电、玩具、灯具等居家和办公环境常见的电子电器产品。随着此类产品技术进步和产品功能增多，产品日趋融合，由此也带来对相关的 EMC 检测标准的整合修订和实验室检测能力提升的要求。以目前市场上流行的"智慧屏"类产品为例。如果以传统产品分类模式进行判断，此类产品往往体现出不同寻常的"跨界"特点：从产品功能上看，普遍具有音视频播放和通话、无线和蓝牙传输、数字地面广播接收和智能语音等功能，充分满足人机交互的需求；从产品功能接口来看，既有信息技术设备典型的 RJ45 接口，也有音视频设备常见的 AV 接口、高清多媒体接接口、电视调谐接口等。以往对此类型产品进行 EMC 发射认证检测时，通常需要以已作废的标准 GB/T 13837—2012《声音和电视广播接收机及有关设备无线电骚扰特性限值和测量方法》或 GB/T 9254—2008《信息技术设备的无线电骚扰限值和测量方法》为主要检测依据，同时补做产品辅助功能对应类别标准的相关测试项目。为了更好地解决新产品带来的标准和检测方法的适用性问题，有必要将信息技术设备、多媒体设备和接收机的 EMC 发射和抗扰度标准进行整合修订，形成了 GB/T 9254.1—2021《信息技术设备、多媒体设备和接收机 电磁兼容 第 1 部分：发射要求》和 GB/T 9254.2—2021《信息技术设备、多媒体设备和接收机 电磁兼容 第 2 部分：抗扰度要求》两项检测标准，从而更好地满足了产品 EMC 测试的需要。新修订的标准从测试布置和具体测试要求上都与修订前有所不同，这需要实验室在引入新的测试标准前进行合理的方法验证工作。

1.3.2.2 专用、车辆、机载等电子电器产品 EMC 检测实验室

专用产品的 EMC 检测对象通常分为设备、分系统检测和系统级检测两类。GJB 151B—2013《军用设备和分系统 电磁发射和敏感度要求与测量》于 2013 年 10 月 1 日开始实施，该标准替代 GJB 151A—1997《军用设备和分系统 电磁发射和敏感度要求》和 GJB 152A—1997《军用设备和分系统 电磁发射和敏感度测量》。GJB 151B—2013 包括"要求"和"测量方法"两大部分的内容，将 GJB 151A—1997 及 GJB 152A—1997 的内容合二为一。

GJB 1389B—2022《系统电磁环境效应要求》规定了对于船舶、飞机、空间、地面等系统 EMC 要求。GJB 8848—2016《系统电磁环境效应试验方法》是 GJB 1389B—2022 配套的检测方法。设备性能往往通过其整体工作性能进行监测，单台设备 EMC 满足相关标准要求并不意味着其在系统中也满足要求，需要进行系统内和/或系统间的 EMC 试验，

验证其 EMC 符合性。

随着新能源汽车、智能汽车的迅速演进以及传统汽车的智能化发展，汽车整车及电子零部件 EMC 的重要性日益凸显。一方面，车载电子设备显著增加，使得车辆电磁环境呈现出复杂化的趋势；另一方面，新能源汽车特别是电动汽车的发展，应运而生了许多新的测试需求和检测方法，使得汽车 EMC 检测实验室也必须进行适当的升级改造，以适应新的检测要求。汽车 EMC 检测标准包括了整车和电气电子部件两大类。车辆 EMC 检测领域还包含了车辆电磁环境中对于人体曝露的测量方法。例如，GB/T 37130—2018《车辆电磁场相对于人体曝露的测量方法》标准规定了人体所处车辆环境的低频磁场发射的测量方法，所涉及的频率范围为 10Hz～400kHz，适用于 L、M、N 类车辆。

RTCA/DO—160G《机载设备环境条件和试验程序》是民用航空电子设备环境试验要求的通用标准，EMC 测试包括磁场效应测试、传导敏感度测试、辐射敏感度测试、传导发射测试、辐射发射测试等项目。

1.3.2.3　无线电通信产品 EMC 检测实验室

对于无线通信设备，除了对其发射频率及各类频谱参数要求外，EMC 问题的重要性也日益显现。无线通信设备测试，本身存在着有意发射需要进行检测，也不同于普通电子产品的无意发射信号测试。因此，国内无线设备检测实验室，也一般都会配备 EMC 检测实验室。

YD/T 1312.1—2015《无线通信设备电磁兼容性要求和测量方法　第 1 部分：通用要求》规定了无线通信设备 EMC 测试的通用要求，是系列标准 YD/T 1312《无线通信设备电磁兼容性要求和测量方法》中最重要的部分。该标准规定了无线通信设备及其关联的辅助设备的 EMC 限值、性能判据和测量方法等，适用于除广播接收机以外所有种类的无线通信设备。对于不适合在实验室环境下测试的特定产品（如大功率无线电发信机），如果没有适用的现场试验标准和方法，那么该标准也可用于以现场测试的方式对被测设备进行的 EMC 评估。

1.3.3　我国 EMC 检测实验室认可发展现状

近年来，随着 EMC 技术的快速发展和国际贸易的认证需求，我国的 EMC 检测实验室快速增长，检测领域覆盖了绝大多数的产品类别和 EMC 检测项目。CNAS 认可的 EMC 实验室，既有专业 EMC 检测实验室，也有开展 EMC 检测项目的综合类实验室，涵盖了信息技术设备、音视频、家用电器、电动工具、照明电器、医疗设备、工业、汽车、摩托车、通信设备、轨道交通类的车辆装置、专用设备和分系统、移动通信基站、交流高压输变电工程、人体暴露的电磁场、靠近耳边的移动通信终端、一般电子电器产品、工程设施、测试场地等产品或检测项目类别。

从认可地域来看，分布数量靠前的主要集中在北京以及珠三角、长三角。这些是我国深度参与国际贸易和产业分工的重要城市和地区，建设了科技产业创新基地和战略性新兴产业集群，在软件、新一代信息技术、集成电路、新能源汽车等战略性新兴产业上增长强劲。这与 EMC 领域覆盖的产品、检测项目契合，强大的经济带动了 EMC 检测在这些地区蓬勃发展，同时也反映出 EMC 检测对于国家重要产业发展的支撑作用。西北、东北地区由于地区发展和产业结构的不同，经济发展长期明显滞后于中东部地区，仅有的几家 EMC 检测实验室也主要服务该地区的质量监督、市场监管作为技术支撑，以及电力、核能等关系国民经济、国家能源安全的产业。

从 EMC 检测实验室的法律地位来看，独立法人 EMC 检测实验室占六成左右，非独立法人 EMC 检测实验室占四成左右，独立法人 EMC 检测实验室的数量明显多于非独立法人 EMC 检测实验室。一方面，这是该领域市场竞争的结果。独立法人 EMC 检测实验室的建设成本大，设备、测试场地齐全，专业性强，客户选择度高。另一方面，在公正性和保密性上，独立法人 EMC 检测实验室更容易为客户所信赖。两者的不同之处在于，非独立法人 EMC 检测实验室开展相关检测工作需要母体组织的授权，在实验室运行和管理上都受制于母体组织，存在潜在的利害关系的冲突。独立法人 EMC 检测实验室独立开展检测项目、出具检测报告，在对客户信息和检测数据的公正性和保密性上占有明显的优势。

非独立法人 EMC 检测实验室的数量约占四成的原因是，一方面，企业通过自建实验室，在产品设计上通过预先的 EMC 检测，研发成本和生产成本明显降低，提高企业的经济效益和运行效率；另一方面，企业不断认识到，认可对于企业提高质量和效益之间具有显著的支撑作用。因此，近年来非独立法人 EMC 检测实验室的申请量也呈现出明显上升势头。

从 EMC 检测实验室获认可的领域代码情况看，按照 EMC 检测领域依据 CNAS—AL06：2022《实验室认可领域分类》的划分，其 3 级 6 位领域代码共有 25 个。获认可的 EMC 检测领域代码数量不超过 5 个的实验室约为三成，获得认可的代码数量超过 5 个占 EMC 检测实验室总量约为七成。这说明一方面是 EMC 检测实验室建设成本大，基于效益优先的考虑，实验室更倾向通过不断向 CNAS 申请扩大能力范围的方式实现提高设施、测试场地综合利用率的目的。另一方面，也说明 EMC 检测实验室的综合能力较强，可以开展多个 EMC 测试项目。

1.4 EMC 检测实验室认可流程

实验室认可流程可参照认可指南文件 CNAS—GL001：2018《实验室认可指南》。本节结合 EMC 检测实验室的认可特点和要求进行说明。

1.4.1 运行体系

实验室申请 CNAS 认可时，首先应依据 CNAS 认可准则，建立管理体系。在管理体系文件要求方面，认可实验室除满足基本认可准则的要求外，还要根据所开展检测活动的技术领域，同时满足 CNAS 基本认可准则在相关领域应用说明、相关认可要求的规定。EMC 检测实验室适用的认可准则为 CNAS—CL01：2018《检测和校准实验室能力认可准则》（等同采用 ISO/IEC 17025：2017），适用的应用说明文件为 CNAS—CL01—A008：2023《检测和校准实验室能力认可准则在电磁兼容检测领域的应用说明》。

CNAS 部分认可规范文件中也有对体系文件的要求。例如，CNAS—R01：2023《认可标识使用和认可状态声明规则》中要求"合格评定机构应对 CNAS 认可标识使用和状态声明建立管理程序，以保证符合本规则的规定且不得在与认可范围无关的其他业务中使用CNAS认可标识或声明认可状态。"CNAS—RL02：2023《能力验证规则》中要求"合格评定机构的质量管理体系文件中，应有参加能力验证的程序和记录要求，包括参加能力验证的工作计划和不满意结果的处理措施"。EMC检测实验室应根据上述文件的相关要求并结合自身实际情况编写出适合自身体系运行特点的体系文件。

实验室的管理体系至少要正式、有效运行6个月后，进行覆盖管理体系全范围和全部要素的完整的内审和管理评审。所谓正式运行，是指初次建立管理体系的实验室，一般要先进入试运行阶段，通过内审和管理评审，对管理体系进行调整和改进，然后再正式运行。所谓有效运行，一般是指管理体系所涉及的要素都经过运行，且保留相关记录。对于实验室不从事认可准则中的一种或多种活动时，如分包校准等，可按准则要求进行删减。

实验室在策划内审时，要从机构设置、岗位职责入手，从风险控制的角度确定内审范围和频次，制订内审方案。内审"检查表"（或其他称谓）要记录相应客观证据并具可追溯性。

内审和管理评审方案的建立和实施可参考以下文件：

CNAS—GL011：2018《实验室和检验机构内部审核指南》

CNAS—GL012：2018《实验室和检验机构管理评审指南》

1.4.2 提交申请

申请CNAS认可的实验室，首先应具有明确的法律地位，具备承担法律责任的能力。实验室所开展的任何活动，均须遵守国家的法律、法规并诚实守信。实验室应是独立法人实体，或者是独立法人实体的一部分，经法人批准成立，法人实体能为申请人开展的活动承担相关的法律责任。

其次，实验室应符合CNAS颁布的认可准则和相关要求，遵守CNAS认可规范文件的有关规定，履行相关义务。具体体现在，实验室在建立、运行管理体系和开展相关活动时，要满足CNAS基本准则、专用准则和其他认可规范文件的要求，并履行CNAS—RL01：2019第11.2条所述的相关义务。

CNAS实验室认可秉承自愿性、非歧视原则，实验室在自我评估满足认可条件后，向CNAS认可评定部递交认可申请，签署《认可合同》，并交纳申请费。《认可合同》应由法定代表人或其授权人签署。由授权人签署时，其授权文件应齐全，并随《认可合同》一同提交。

1.4.3 受理决定

CNAS秘书处收到实验室递交的申请资料并确认交纳申请费后，首先会确认申请资料的齐全性和完整性，然后再对申请资料进行初步审查，以确认是否满足CNAS—RL01：2019第6条所述的申请受理要求，做出是否受理的决定。

CNAS—RL01：2019第6条中部分受理要求及相关说明如下：

- "申请人具有明确的法律地位，其活动应符合国家法律法规的要求"

实验室是独立法人实体，或者是独立法人实体的一部分，经法人批准成立，法人实体能为申请人开展的活动承担相关的法律责任。实验室要在其营业执照许可经营的范围内开展工作。实验室在提交认可申请时需同时提交法人证书（或法人营业执照），对于非独立法人实验室，还需提供法人授权书和承担实验室相关法律责任的声明。

- "建立了符合认可要求的管理体系，且正式、有效运行 6 个月以上"

管理体系覆盖了全部申请范围，满足认可准则及其在特殊领域应用说明的要求，并具有可操作性的文件。组织机构设置合理，岗位职责明确，各层文件之间接口清晰。

- "申请的技术能力满足 CNAS—RL02：2023《能力验证规则》的要求"

根据 CNAS—RL02：2023 的规定，只要存在可获得的能力验证，合格评定机构初次申请认可的每个子领域应至少参加过 1 次能力验证且获得满意结果（申请认可之日前 3 年内参加的能力验证有效）。子领域的划分可从 CNAS 网站 www.cnas.org.cn → "实验室认可" → "能力验证专栏" → "能力验证相关政策与资料" 中下载相关文件查看。在 CNAS—RL02：2023 中，EMC 领域已不再是属于电气检测领域下的子领域，而是独立成为一个能力验证领域。目前国内能力验证提供者所提供的 EMC 能力验证项目包含了传导发射、辐射发射、静电放电、谐波电流等常见的实验室开展的检测活动。相关 EMC 检测实验室可根据自身特点和需求选择参加。参加能力验证但不能提供满意结果，或者不满足 CNAS—RL02：2023《能力验证规则》要求的，将不受理该子领域的认可申请。

需要注意的是，申请认可的项目如果不存在可获得的能力验证，实验室也要尽可能与已获认可的实验室进行实验室之间的比对，以验证是否具备相应的检测能力。

- 使用的仪器设备的测量溯源性要能满足 CNAS 相关要求

对于能够溯源至 SI 单位的仪器设备，实验室选择的校准机构要能够符合 CNAS—CL01—G002：2021《测量结果的计量溯源性要求》中的规定。

实验室需对实施内部校准的仪器设备和无法溯源至 SI 单位的仪器设备予以区分。对于实施内部校准的检测实验室，要符合 CNAS—CL01—G004：2023《内部校准要求》的规定；对于无法溯源至 SI 单位的，要满足 CNAS—CL01：2018《检测和校准实验室能力认可准则》的要求。

1.4.4 文件评审

CNAS 秘书处受理申请后，将安排评审组长对实验室的申请资料进行全面审查，是否能对实验室进行现场评审，取决于文件评审的结果。文件评审的内容如下：

（1）质量管理体系文件满足认可准则要求，完整、系统、协调，能够服从或服务于质量方针；组织结构描述清晰，内部职责分配合理；各种质量活动处于受控状态；质量管理体系能有效运行并进行自我完善；过程的质量控制基本完善，支持性服务要素基本有效。

（2）申请材料及技术性文件中申请能力范围清晰、准确；人员和设备与申请能力范围匹配；测量结果计量溯源的符合性；能力验证活动满足相关要求的情况；证书/报告的规范性等。

在文件评审中，评审组长发现文件不符合要求时，CNAS 秘书处或评审组长会以书面方式通知实验室进行纠正，必要时采取纠正措施。评审组长进行资料审查后，会向 CNAS 秘书处提出以下建议中的一种。

（1）实施预评审。只有在审查申请资料通过后，需要进一步了解相关情况时，评审组长与 CNAS 秘书处协商，并经实验室同意，才应安排预评审，由此产生的费用由实验室承担。这些情况如下：

a）不能确定现场评审的有关事宜；

b）实验室申请认可的项目对环境设施有特殊要求；

c）对大型、综合性、多场所或超小型实验室需要预先了解有关情况。

预评审不是预先的评审，预评审只对资料审查中发现的需要澄清的问题进行核实或做进一步了解。

（2）实施现场评审，文件审查符合要求或文件资料中虽然存在问题，但不会影响现场评审的实施时提出。

（3）暂缓实施现场评审。文件资料中存在较多的问题，直接会影响现场评审的实施时提出，在实验室采取有效纠正措施并纠正发现的主要问题后，方可安排现场评审。

（4）不实施现场评审。文件资料中存在较严重的问题，且无法在短期内解决时提出，或者实验室的文件资料通过整改后仍存在较严重问题，或者经多次修改仍不能达到要求时提出。

（5）资料审查符合要求，可对申请事项予以认可。只有在不涉及能力变化的变更和不涉及能力增加的扩大认可范围时提出。

1.4.5 现场评审

现场评审在实验室申请认可的地点内进行，现场评审的具体日期由 CNAS 秘书处或委托评审组长与实验室协商确定。评审组的组建原则可参见 CNAS—RL01：2019《实验室认可规则》第 5.1.4 条。组建评审组后，由 CNAS 秘书处向实验室发出《现场评审计划征求意见表》征求实验室的意见。实验室确认《现场评审计划征求意见表》后，CNAS 秘书处会向实验室和评审组正式发出现场评审通知，将评审目的、评审依据、评审时间、评审范围、评审组名单及联系方式等内容通知相关方。评审组负责制订现场评审日程，于现场评审前通知实验室并征得实验室同意。

现场评审的开始以首次会议的召开为表征，首次会议由评审组长主持，评审组和实验室人员（可以是管理层人员，也可以是全体人员）参加。在现场评审期间，评审组每天会汇总评审情况，并将当天的评审情况通告实验室。现场评审结束前评审组会将现场评审的总体情况与实验室沟通，听取实验室的意见。

现场评审时，评审组会针对实验室申请认可的技术能力进行逐项确认，根据申请范围安排现场试验。安排现场试验时会考虑申请认可的所有项目/参数、仪器设备、检测/校准/鉴定方法、类型、试验人员、试验材料等。对申请认可的检测/校准/鉴定能力，实验室都要进行过方法验证或确认，即使使用相同的检测/校准/鉴定方法，但涉及的检测/鉴定对象、检测基质或校准的仪器设备等不同，也要针对其不同点进行验证或确认。对于多场所实验室，现场评审必须覆盖所有场所，即使分场所的技术能力与主场所完全相同。现场评审的要求可参见 CNAS—RL01：2019《实验室认可规则》第 7 条。

现场评审以末次会议的结束而宣告结束。现场评审结论仅是评审组向 CNAS 的推荐意见，根据 CNAS—J01《中国合格评定国家认可委员会章程》，由评定委员会"做出有关是否批准、扩大、缩小、暂停、撤销认可资格的决定意见"。

1.4.6 整改验收

对于评审中发现的不符合内容，实验室要及时进行纠正，需要时采取纠正措施。一般情况下，CNAS 要求实验室实施整改的期限是 2 个月。对评审中发现不符合内容的整改，实验室不能仅进行纠正，要在纠正后充分查找原因，需要时制订有效的纠正措施，以免类似问题再次发生。对于不符合的内容，仅进行纠正而无须采取纠正措施的情况很少发生。

评审组对实验室提交的书面整改材料不满意的，也可能再进行现场核查。评审组在现场评审结束时形成的评审结论或推荐意见，有可能根据实验室的整改情况而进行修改，但修改的内容会通报实验室。

1.4.7 认可批准

实验室通过了现场评审，并不等于获得了认可。根据 CNAS—J01《中国合格评定国家认可委员会章程》的规定，要由评定委员会做出批准认可的决定。

实验室整改完成后，将整改材料交评审组审查验收。通过验收后，评审组会将所有评审材料交回 CNAS 秘书处，秘书处审查符合要求后，提交评定委员会评定，并做出是否予以认可的评定结论。CNAS 秘书长或其授权人根据评定结论做出认可决定。

此时，实验室可登录实验室认可业务系统查看并反馈相关认可能力的预公布情况。预公布结束后，CNAS 秘书处会向获准认可实验室颁发认可证书以及认可决定通知书，并在 CNAS 网站公布相关认可信息。实验室和其他用户可在 CNAS 网站"获认可机构名录"中进行相关查询。

1.4.8 后续评审和变更

1.4.8.1 监督评审和复评审

为了证实获准认可实验室在认可有效期内能够持续地符合认可要求，CNAS 会对获准认可实验室安排定期的监督评审。一般情况下，在初次获得认可后的 1 年（12 个月）内会安排 1 次定期监督评审。已获准认可的实验室在认可批准后的第 2 年（24 个月内）进行第 1 次复评审。复评审每 2 年内 1 次，即两次复评审的现场评审时间间隔不能超过 2 年（24 个月）。复评审范围涉及认可要求的全部内容、全部已获认可的技术能力。具体要求见 CNAS—RL01：2019《实验室认可规则》第 5.4 条。

定期监督评审或复评审无须实验室申请，但必须进行现场评审，监督的重点是核查获准认可实验室管理体系的维持情况。定期监督评审或复评审的截止日期在 CNAS 秘书处向实验室发放的"认可决定通知书"中标明，实验室要予以关注。实验室无故不按期接受定期监督评审或复评审，将被暂停认可资格。如实验室确因特殊原因不能按期接受定期监督评审或复评审，则需向 CNAS 秘书处提交书面延期申请，说明延期原因及延期期限，经审批后方可延期。一般情况下，延期不允许超过 2 个月。

不定期监督评审根据具体情况安排现场评审或其他评审（如文件评审）。对于获认可在 6 年之内的实验室，由于实验室与认可相关的人员、方法、设备、环境设施等发生变化而安排不定期监督评审，如果这种变化导致实验室技术能力的变更或涉及的变更很多，则需要安排现场评审确认，反之可安排其他评审确认。当不定期监督评审与定期监督评审、复评审相距时间较近时，征得实验室同意后，可合并安排。

1.4.8.2 扩大认可范围评审

实验室获得认可后，可根据自身业务的需要，随时提出扩大认可范围申请，申请的程序和受理要求与初次申请相同，但在填写认可申请书时，可仅填写扩大认可范围的内容。实验室扩大认可范围应该是有计划的活动，要对拟扩大的能力进行过充分的验证并确认满足要求后，再提交扩大认可范围申请。

扩大认可范围的相关要求请参见 CNAS—RL01：2019《实验室认可规则》第 5.2.1 条。

1.4.8.3 认可变更

实验室获得认可后，有可能会发生实验室名称、地址、组织机构、技术能力（如主要人员、认可方法、设备、环境等）等变化的情况，这些变化均要及时通报 CNAS 秘书处，具体要求可参见 CNAS—RL01：2019《实验室认可规则》第 9 条。

在认可有效期内，实验室如不能持续符合认可要求，CNAS 将对实验室采取暂停或撤销认可的处理措施，具体要求可参见 CNAS—RL01：2019《实验室认可规则》第 10 条。被暂停认可后，实验室如要恢复认可，需书面提交恢复认可申请。暂停期内实验室如不能恢复认可（完成评审、批准环节），则将被撤销认可。

1.4.9 权利和义务

CNAS 和实验室的权利和义务可参见 CNAS—RL01：2019《实验室认可规则》第 11 条，下面介绍主要内容。

1.4.9.1 CNAS 的权利和义务

CNAS 有权对实验室开展的活动和认可证书及认可标识/联合标识的使用情况进行监督，并且对不符合 CNAS 规定的实验室，有权作出暂停、恢复、撤销认可资格的决定。在义务方面，CNAS 有义务利用其网站公开获准认可实验室的认可状态信息并及时更新，有义务向获准认可实验室提供与认可范围有关的适宜的测量结果溯源途径的信息，有义务及时向申请/已获准认可实验室提供最新版本的认可规则、准则和其他有关文件等。

1.4.9.2 实验室的权利和义务

1. 申请认可实验室的权利和义务

实验室有权获得 CNAS 的相关公开文件，有权获得实验室认可评审安排进度、评审组成员及所服务的单位等信息，有权对与认可有关的决定提出申诉，有权对 CNAS 工作人员及评审组成员的工作提出投诉。实验室有义务了解 CNAS 的有关认可要求和规定。实验室有义务按照 CNAS 的要求提供申请文件和相关信息，并保证内容真实、准确。

2. 获准认可实验室的权利和义务

实验室有权在规定的范围内宣传其从事的相应的技术能力已被认可，有权在其获准认可范围内出具的证书或报告以及拟用宣传刊物上使用认可标识/联合标识。实验室有义务确保其运作和提供的服务持续符合相关规定。实验室有义务做到公正诚实，不弄虚作假，不从事任何有损 CNAS 声誉的活动。实验室有义务及时将认可资格的暂停、缩小、撤销及相关后果告知受影响的客户，不得有不当延误。

第 2 章 EMC 检测实验室认可要点解析

2.1 EMC 检测实验室认可基础知识

EMC 检测实验室可以独立申请认可，也可作为整体组织的一个部分（或部门）纳入其管理体系申请认可。对于电子电气产品研发或生产企业，如建立专门的实验室承担产品原材料、半成品、成品等 EMC 检测工作，也可以作为企业内部实验室申请认可。

建立并运行一个满足认可要求的 EMC 检测实验室，需要从 EMC 检测实验室认可基本要求、EMC 检测领域的专业要求和 EMC 检测标准的具体试验要求三方面来考虑。本节主要介绍 EMC 检测实验室认可的一些共性基本要求。

由于 CNAS 的认可规范等文件随着要求的变化动态更新较快，因此除个别必要的本章列举的文件没有注明版本号，实验室可在中国合格评定国家认可委员会官方网站（网址为 www.cnas.org.cn）下载并采用最新有效版本文件。

2.1.1 EMC 相关认可规范简介

中国合格评定国家认可委员会（CNAS）发布了系列规范文件作为实验室认可的依据，主要包括，认可规则、认可准则、认可指南、认可方案、认可说明和技术报告等文件。其中，认可规则、认可准则、部分认可方案属于强制性要求类文件，认可指南和技术报告属于非强制性要求文件，供实验室参考。

2.1.1.1 认可规则

认可规则是 CNAS 根据法规及国际组织等方面的要求制定的实施认可活动的政策和程序。认可规则是认可机构运作和认可对象获得与维持认可资格需要满足的强制性要求。EMC 检测实验室认可涉及最主要的认可规则如下：

CNAS—R01《认可标识使用和认可状态声明规则》
CNAS—R02《公正性和保密规则》
CNAS—RL01《实验室认可规则》
CNAS—RL02《能力验证规则》

其中，CNAS—RL01《实验室认可规则》规定了 CNAS 实验室认可体系运作的程序和要求，CNAS—RL02《能力验证规则》阐述了 CNAS 能力验证的政策和要求，包括 CNAS 对能力验证的组织、承认和结果利用的政策，以及合格评定机构参加能力验证的要求，需要实验室重点掌握。

2.1.1.2 认可准则

认可准则是 CNAS 为规范认可对象的合格评定活动制定的要求，是认可对象获得和维持认可资格需要满足的强制性要求,包括基本认可准则和认可应用准则。认可应用准则是 CNAS 制定的在特定领域或特定行业中实施相应准则的应用要求,如应用说明等。EMC 检测实验室涉及最主要的认可准则有如下两个,需要实验室重点掌握:

CNAS—CL01《检测和校准实验室能力认可准则》

CNAS—CL01—A008《检测和校准实验室能力认可准则在电磁兼容检测领域的应用说明》

同时,还有一些认可准则涉及各专业领域检测实验室的通用内容,也是 EMC 领域检测实验室应当符合的要求,例如下列几个:

CNAS—CL01—G001《检测和校准实验室能力认可准则的应用要求》

CNAS—CL01—G002《测量结果的计量溯源性要求》

CNAS—CL01—G003《测量不确定度的要求》

2.1.1.3 认可指南

认可指南是 CNAS 为认可对象提供的能够满足或达到认可规则、认可准则等要求的建议或指导性文件,并不是实验室需要满足的强制要求。与 EMC 检测实验室直接相关的认可指南有两个需要实验室重点掌握,分别如下:

CNAS—GL052《电磁兼容检测领域设备期间核查指南》

CNAS—GL053《电磁兼容实验室场地确认技术指南》

同时,还有一些认可指南涉及各专业领域检测实验室的通用内容,也可以作为 EMC 领域参考,例如下列几个:

CNAS—GL001《实验室认可指南》

CNAS—GL011《实验室和检验机构内部审核指南》

CNAS—GL012《实验室和检验机构管理评审指南》

2.1.1.4 认可方案

认可方案是 CNAS 根据法律法规或制度所有者等的要求,对特定认可制度适用的认可规则、认可准则和认可指南的补充。目前,暂无与 EMC 检测实验室直接相关的认可方案文件。

2.1.1.5 认可说明

认可说明是 CNAS 在认可规范实施上,对特定要求进行的说明或对特定工作实施的进一步明确。认可说明也不属于强制类文件,但由于部分内容属于对强制性文件的详细解释说明,因此在实验室实际使用中,应引起必要的重视。与 EMC 检测实验室直接相关的主要的认可说明如下:

CNAS—EL—03《检测和校准实验室认可能力范围表述说明》该文件主要阐释了检测和校准实验室认可能力要如何描述,涉及认可申请、评审、评定和证书附件的检测能力,实验室应重点掌握。本书有专门章节对 EMC 检测领域的能力如何表述进行详细解析。另外,还有一些认可说明涉及各专业领域检测实验室的通用内容,也可以作为 EMC 领域参考,例如以下两个:

CNAS—EL—13《检测报告和校准证书相关要求的认可说明》

CNAS—EL—15《检测和校准实验室认可受理要求的说明》

2.1.1.6 技术报告

技术报告是 CNAS 发布的对有关合格评定机构的运作具有指导性的技术说明文件。与 EMC 检测实验室直接相关的主要的认可技术报告如下：

CNAS—TRL—019《电磁兼容检测领域关键设备量值溯源指南》

CNAS—TRL—020《电磁兼容检测领域质量控制方法》

CNAS—TRL—021《电磁兼容检测相关人员能力模型》

CNAS—TRL—019《电磁兼容检测领域关键设备量值溯源指南》的主要内容包括 EMC 检测实验室校准方案的制订、校准的实施、校准方案的监控与改进、校准周期的确定、设备分类和主要校准参数等，并给出了资料性附录供 EMC 检测实验室参考，可用于指导 EMC 检测实验室科学合理、有效地制订和实施校准方案，促进校准结果的准确应用，提高实验室 EMC 关键设备量值溯源的有效性；CNAS—TRL—020《电磁兼容检测领域质量控制方法》针对 EMC 检测的技术特点，给出了实验室内外部质量控制方法，确保实验室 EMC 检测结果的准确可靠；CNAS—TRL—021《电磁兼容检测相关人员能力模型》的主要内容包括 EMC 检测相关人员能力模型指标、指标分级及指标应用等，可以帮助提升 EMC 检测实验室人员能力建设的科学性、系统性，对 EMC 检测相关人员的能力评价，也可帮助 EMC 检测相关人员更加精准、系统地提升专业水平。

2.1.2 EMC 实验室认可基本条件

实验室认可是一种自愿性制度。申请人在遵守国家的法律法规、诚实守信的前提下，具备了一定的条件就可以向认可机构自愿提出申请。根据 CNAS—RL01《实验室认可规则》的规定，实验室需要满足下列三个基本条件：

1）具有明确的法律地位，具备承担法律责任的能力；
2）符合 CNAS 颁布的认可准则和相关要求；
3）遵守 CNAS 认可规范文件的有关规定，履行相关义务。

无论 EMC 实验室是独立的法人主体，还是作为具备独立法律地位主体的一部分，都需要具备明确的法律地位，具备承担法律责任的能力。所谓"明确的法律地位"，是指我国境内依法注册、登记的企业、个体工商户、事业单位、机关、社会组织及其他组织机构。如果 EMC 检测实验室是独立的法人主体，则应提供相应的证照或其他法律地位证明文件，如"事业单位法人证书""民办非企业单位登记证书""社会团体法人登记证书""中华人民共和国外商投资企业批准证书"等；检测或校准业务应为其主要业务，检测或校准活动应在法人注册核准的经营范围内开展。如 EMC 检测实验室为具备独立法律地位主体的一部分，其申请的检测能力应与法人机构核准注册的业务范围密切相关，除应提供其具备独立法律地位母体的上述证明文件外，还应具备其隶属的法人主体单位的证明文件及其法定代表人对申请认可实验室管理者的授权文件。该授权文件应对两者之间的隶属关系、法律责任的承担、经营权利授权等问题做出清晰的界定，以确保实验室能够合法经营并承担相应的法律责任。

EMC 检测实验室应符合 CNAS 颁布的认可准则和相关要求，主要是指 CNAS—CL01《检测和校准实验室能力认可准则》和 CNAS—CL01—A008《检测和校准实验室能力认可准则在电磁兼容检测领域的应用说明》，同时也包含了其他的一些通用的应用准则。CNAS—CL01：2018《检测和校准实验室能力认可准则》等同采用了 ISO/IEC 17025：2017《检测和校准实验室能力的通用要求》，规定了实验室能力、公正性以及一致运作的通用要求，是实验室认可的基本依据。CNAS—CL01—A008《检测和校准实验室能力认可准则在电磁兼容检测领域的应用说明》是 CNAS 在 EMC 特定技术领域的应用要求，是根据 EMC 检测领域的专业特点而对 CNAS—CL01《检测和校准实验室能力认可准则》给出的进一步说明，其内容不增加或减少该准则的要求。对于 EMC 检测实验室而言，这两份准则文件应共同使用，其内容的条款号也是相互一一对照的。CNAS—CL01—G001：2024《检测和校准实验室能力认可准则的应用要求》是 CNAS—CL01：2018《检测和校准实验室能力认可准则》相关条款的具体实施细化要求。如果实验室实际情况对照 CNAS—CL01：2018 的条款存在模糊的情况，可对照 CNAS—CL01—G001：2024 相同条款进行判断。

需要遵守的 CNAS 认可规范文件，包含前面所述的认可规则、认可准则、认可指南、认可方案、认可说明和技术报告等文件。其中，认可规则、认可准则等强制性要求文件是必须满足的，其他文件可参照执行。同时，CNAS—RL01《实验室认可规则》规定了申请认可的实验室需要履行的义务如下：

1) 实验室有义务了解 CNAS 的有关认可要求和规定；

2) 实验室有义务按照 CNAS 的要求提供申请文件和相关信息，并保证内容真实、准确；

3) 实验室有义务服从 CNAS 秘书处的各项评审安排，为评审活动提供必要的支持，并为有关人员进入被评审的区域、查阅记录、见证现场活动和接触工作人员等评审活动提供方便，不得拒绝 CNAS 秘书处派出的见证评审活动的人员（包括国际同行评审的见证人员）。

需要特别注意的是，认可是以诚信为基础的一种活动。如果实验室提交的申请资料与事实不符，或者提交的申请资料有不真实的情况，或者存在欺骗行为、隐瞒信息或故意违反认可要求，或者不能遵守公正诚信、廉洁自律等要求，按照现行规定，CNAS 秘书处在做出不予受理的决定之后的 36 个月内不再接受该实验室的申请，且在对该实验室诚信、廉洁自律重拾信心之前，不再受理其再次提出的认可申请。

2.2 EMC 检测实验室认可管理体系要点

2.2.1 公正性和保密性

EMC 检测实验室无论是单独的一个实体，还是作为一个实验室整体的一部分，都应当公正地实施实验室活动，并从组织结构和管理上保证公正性并采取必要的措施。具体而言，包括以下 3 方面：

1) 实验室管理层做出公正性的承诺；

2) 实验室要对其开展活动的公正性负责，不允许商业、财务或其他方面的压力损害公正性；

3）持续识别影响公正性的风险，并予以消除或最大限度地降低这种风险。

需要注意的是，对于 EMC 检测实验室而言，公正性的风险不仅存在于检测人员和检测过程本身，还包括实验室活动及内外部各种关系，如所有权、控制权、管理、人员、共享资源、财务、合同、市场营销（包括品牌推广）、给介绍新客户的人销售佣金或其他好处等。

实验室应通过做出具有法律效力的承诺，对在实验室活动中获得或产生的所有信息承担管理责任。这里所说的实验室"具有法律效力的承诺"，通常可以采取书面承诺书和建立《保护客户信息和所有权程序》的方式实现。对于 EMC 检测实验室而言，除客户公开的信息，实验室与客户有约定的其他所有信息都被视为专有信息，如客户信息、受试样品信息、检测合同信息、测试过程的数据、记录、检测报告等。另外，还需要注意在客户和客户以外的渠道获取信息时，应相互保密。实验室外部人员（如客户、供应商、外部审核人员等）在实施实验室活动过程中获得或产生的所有信息，也应遵守实验室的保密规定。

2.2.2 组织结构

实验室应当作为法律实体，或者法律实体中被明确界定的一部分。实验室应该建立一个清晰的组织结构，并确定实验室的组织和管理结构、其在母体组织中的位置，以及管理、技术运作和支持服务间的关系。EMC 检测实验室可以是一个单独的实验室，也可以是实验室的一个部门，主要有以下三种情况：

1）EMC 检测实验室是单独的法律实体；

2）EMC 检测实验室是某检测机构的一个部门，该检测机构是单独的法律实体；

3）EMC 检测实验室是某检测机构的一个部门，该检测机构是法律实体中被明确界定的一部分。

对于上述情况 1），EMC 检测实验室需要确定对实验室全权负责的管理层，该管理层通常由实验室最高管理者、质量负责人、技术负责人组成。对于上述情况 2）和情况 3），一种推荐的做法是由母体机构构建管理层，由最高管理者、质量负责人和技术管理层构成。最高管理者任命 EMC 检测实验室部门领导实施部门内部管理，任命 EMC 技术负责人出任母体机构技术管理层人员之一（如 EMC 领域技术负责人），必要时也可以任命一位 EMC 领域质量负责人。实验室应规定对实验室活动结果有影响的所有管理、操作或验证人员的职责、权力和相互关系，这一规定不仅包含上述管理层，也包含具体的检测人员、内审员、设备管理员、文件管理员等普通员工。

实验室应以文件化的形式清晰地界定符合规定的实验室活动范围，并以满足准则、实验室客户、法定管理机构和提供承认的组织所要求的方式开展实验室活动，包括在固定设施、固定设施以外的场所、临时或移动设施、客户的设施中实施的实验室活动。这意味着对于 EMC 检测实验室，如果使用户外开阔场地或在客户现场（如某些大型受试设备、现场的屏蔽效能试验等）进行测试时，应当在文件中予以清晰的说明。

实验室应有人员具备相应的职责和权力，来实施、保持和改进管理体系并降低管理体系运行的风险，确保体系的有效性，通常这一任务由质量负责人承担。管理层应确保对管理体系有效性、满足客户和其他要求的重要性进行沟通，并在策划和实施管理体系变更时，保持管理体系的完整性。

2.2.3 管理体系

实验室应建立、编制、实施和保持管理体系，该管理体系应能够支持和证明实验室持续满足准则要求并且保证实验室结果的质量。EMC 检测实验室建立管理体系的文件依据应至少包括 CNAS—CL01《检测和校准实验室能力认可准则》和 CNAS—CL01—A008：2023《检测和校准实验室能力认可准则在电磁兼容检测领域的应用说明》。实验室建立管理体系有方式 A 和方式 B 两种。方式 A 通常用于实验室建立和运行独立的管理体系用于检测或校准业务；方式 B 是指实验室按照 GB/T 19001—2016《质量管理 体系要求》中的要求建立并保持管理体系，并能够支持和证明持续满足 CNAS—CL01《检测和校准实验室能力认可准则》的相关要求。在实践当中，为了独立开展检测业务，大多数实验室按照方式 A 建立管理体系，本书也以此为例进行解析。

根据 CNAS—RL01 的要求，实验室应建立符合认可要求的管理体系，正式有效运行 6 个月以上；管理体系应覆盖全部申请范围，满足认可准则及其在特殊领域应用说明的要求，并具有可操作性的文件；实验室组织机构设置合理，岗位职责明确，各层文件之间接口清晰。

通常情况下，一个典型的实验室管理体系文件采用四级结构，包括管理手册、程序文件、作业文件和记录表单，如图 2-2-1 所示。

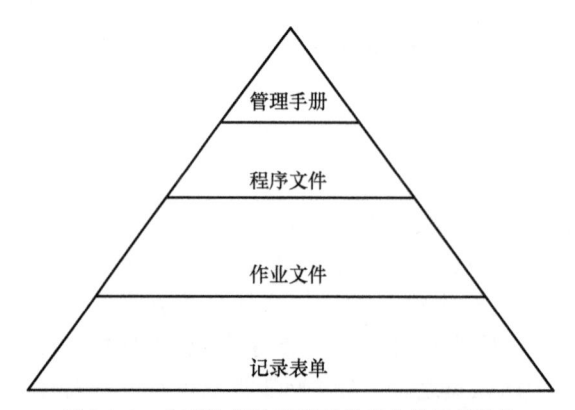

图 2-2-1 典型的实验室管理体系文件四级结构

管理手册，是整个管理体系的纲领性文件，描述了实验室的质量方针、质量目标、组织架构、岗位职责等，规定了管理体系的各个要素，是各项管理工作必须遵循的根本准则，也是制修订下级文件的依据。程序文件，描述了开展检测活动各质量控制环节的过程，是管理手册的支持性文件，规定了质量活动全过程的目的、适用范围、职责、定义、运作流程，为方便使用程序文件宜与管理手册规定的要素形成对应关系。作业文件，包括了作业指导书、检测标准等，是用以指导某个具体过程、技术细节描述的可操作性文件，是检测活动的技术指导性文件。作业文件既可以是针对某项具体工作的，如制定《××仪器设备操作作业指导书》；也可以是对某一检测方法进行细化的，如制定 GB ××××《检测作业指导书》；还可以是对某个技术环节进行描述的，如制定《××检测抽样作业指导书》。记录表单用于记录实验室的管理和技术活动，是体系运行的见证性文件，包含了机构设置文件、人员任命文件、质量活动和检测活动的记录和全部资源配置档案,如人员档案、设备档案、客户满意度记录、采购记录、供应商评价记录、检测原始记录、测试申请表、设备运行记录、设备维护记录、环境记录、内审记录、培训记录表、各种计划等。

2.2.4 文件和记录控制

EMC检测实验室如单独作为机构申请认可,应建立独立管理体系文件。如果作为一个整体组织的一个部分(或部门)纳入其管理体系,在此种情况下应确保管理体系能够覆盖EMC领域的特殊要求,必要时针对实验室开展的EMC检测项目制修订相应的程序文件、作业指导书和记录表格。实验室建立管理体系文件,还应当符合以下要求:

1) 文件发布前由授权人员审查其充分性并批准;
2) 定期审查文件,必要时进行更新;
3) 识别文件更改和当前修订状态;
4) 在使用地点是否可获得适用文件的相关版本,必要时要控制其发放;
5) 对文件进行唯一性标识;
6) 防止误用作废文件,对于保留的作废文件,建立适当标识。

采用方式A管理体系的实验室,要建立并实施相应的程序文件(如《记录控制程序》)以满足准则的要求规定记录要求,该程序通常要包含记录的标识、存储、保护、备份、归档、检索、保存期限和处置等内容。CNAS—CL01《检测和校准实验室能力认可准则》没有对记录的保存期限做出硬性规定,但是CNAS—CL01—G001规定,除特殊情况外,所有技术记录,包括检测或校准的原始记录,应至少保存6年。如果法律法规、CNAS专业领域认可要求文件或客户规定了更长的保存期限要求,则实验室应满足这些要求。无论是电子还是纸面方式的技术,应包括从样品的接收到出具检测报告或校准证书过程中观察到的信息和原始数据,并全程确保样品与报告证书的对应性。EMC检测实验室记录保存期限通常为6年。近年来,EMC检测实验室自动化、信息化程度越来越高,部分检测仪器具备自动生成检测记录的功能,实验室应根据实际情况,制定恰当的程序以适应信息化的发展趋势,但仍要符合记录的保存要求,尤其应当关注电子记录的唯一性标识、存储和定期备份。

2.2.5 应对风险和机遇的措施

实验室还应策划应对风险和机遇的措施,以确保管理体系能够实现其预期结果,增强实现实验室目的和目标的机遇,预防或减少实验室活动中的不利影响和可能的失败,实现改进。风险是指不确定性对目标的影响。机遇是对实验室有利的时机、境遇、条件、环境。EMC检测实验室在实验室质量和技术活动的过程中既存在影响检测结果的不确定性,也存在持续改进的机遇。有时风险与机遇也是互相伴随的,解决风险的过程本身就是实现改进的机遇。因此,实验室应建立基于风险思维的运作与管理体系,通过风险监测、识别、评估和处理,实施与实验室检测结果有效性的潜在影响相适应的应对风险和机遇的措施,实现检测能力的持续改进及管理体系有效性持续提升。

值得注意的是，CNAS—CL01《检测和校准实验室能力认可准则》对于风险管理的要求参考了 ISO 9001：2015《质量管理体系要求》第 6.1 条，但并不要求实验室必需单独建立风险管理体系，也未要求实验室运用正式的风险管理方法或形成文件的风险管理过程。实验室可自主决定采用更广泛的风险管理方法。图 2-2-2 给出了一个 EMC 检测实验室风险和机遇控制流程示例，风险识别环节是在实验室工作过程中对可能发生的各种风险进行识别，可以从公正性、体系运行等各个方面进行识别输入；风险评估环节是对识别出来的风险进行评价，确定其发生的概率、可能性和产生影响的程度；制订和实施应对风险和机遇的措施及计划，是采取有效措施，减少或消除风险，实现改进；跟踪验证实施效果是对已经采取的风险控制措施进行检测验证，及时发现问题并采取措施，实现实验室的持续改进。

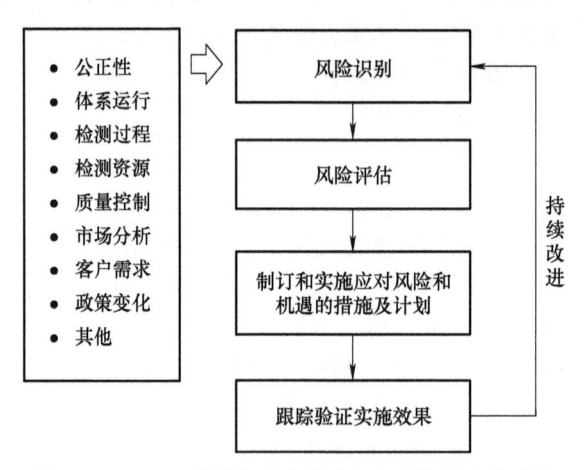

图 2-2-2　EMC 检测实验室风险和机遇控制流程示例

2.2.6　纠正措施和改进

实验室的运行和管理是动态的，因此实验室能力和水平的持续提升是实验室体系运行的本质需求，实验室不仅要建立、实施、保持管理体系，更重要的是要持续改进管理体系。CNAS—CL01《检测和校准实验室能力认可准则》提出了改进要求，不仅是对实验室风险的控制实现改进，更包括了通过评审操作程序、实施方针、总体目标、审核结果、纠正措施、管理评审、人员建议、风险评估、数据分析和能力验证结果等多种途径识别改进机遇，实现改进效果。实验室应当制定实施持续改进的相关政策，管理层和员工全员参与，在自身工作范围内积极地识别改进机遇并得以实施完善。改进应以实现质量方针和质量目标为主要方向，必要时应当适时调整质量方针和质量目标，以不断提升管理体系的适宜性、充分性和有效性，以确保实验室提供更为优质的检测服务。

向客户征求反馈是一种非常普遍的改进方式，客户可以是外部的，也可以是内部的（如企业内部实验室）。服务客户不是仅指为客户提供 EMC 检测服务，还包括与客户的交流、配合、沟通合作，不仅包含了对客户的服务意识，也包括了客户的体验感。EMC 检测实验室应采用客户满意度调查、与客户的沟通记录和共同审查报告等多种灵活的方式征求客户的反馈意见，通过对反馈的信息搜集、整理、统计、分析，充分利用这些反馈结果，来改进管理体系、实验室活动和客户服务。

纠正措施是为消除已发现的不符合或其他不期望情况的原因所采取的措施。不符合或不期望问题的产生是采取纠正措施的前提条件。在实验室管理中，纠正措施的概念经常和"纠正""预防措施"的概念相混淆。纠正是为消除已发现的不符合情况所采取的行动。"纠正"和"纠正措施"的区别在于"纠正"是一种应急的补救的措施。而"纠正措施"则需要查找并解决问题发生的原因，采取一定的活动杜绝该问题或类似问题再次发生。"预防措施"和"纠正措施"的区别在于，"预防措施"是为了消除潜在的不符合或其他潜在不期望情况的原因采取的措施，预防措施实际上是一种风险防范措施，是在不符合尚未发生时采取措施。在 CNAS—CL01：2018《检测和校准实验室能力认可准则》(ISO/IEC 17025：2017)中已不再强调"预防措施"的概念，而采用应对风险和机遇的措施来预防或减少实验室活动中的不利影响和可能的失败，实现改进。当发生不符合情况时，实验室应立即对其做出应对，适用时采取措施以控制和纠正不符合项，处置后果。同时，采取纠正措施以消除产生不符合情况的原因，避免其再次发生或在其他场合发生。纠正措施应该从对不符合项的分析开始，通常包括以下几个方面：

1）评价和分析不符合项，包括其影响；
2）调查和分析不符合项产生的原因；
3）确定是否存在或可能发生类似的不符合项，以确定是采取"纠正"还是"纠正措施"，或者是两者一起实施；
4）实施所需的具体措施，包括必要的方法、流程、资源和行动等；
5）评审所采取的纠正措施的有效性，即对纠正措施的实施效果进行验证，以确保纠正措施的有效性。

纠正措施应与不符合情况产生的影响相适应，当不符合情况或偏离性质比较严重，导致对实验室的政策和程序产生怀疑，则应尽快重新审查管理体系的规范性和合理性，必要时变更管理体系。同时，当不符合情况影响到实验室对风险与机遇的分析时，应及时更新对风险和机遇的应对措施及计划。

2.2.7　内部审核

为了验证实验室运行是否持续符合管理体系的要求，实验室应定期对其活动进行内部审核。内部审核是一种对实验室的管理体系是否满足 CNAS—CL01《检测和校准实验室能力认可准则》和其他相关认可文件的符合性检查，也是对质量手册及相关文件中的各项要求是否在工作中得到全面贯彻的检查。EMC 检测实验室内部审核流程示例如图 2-2-3 所示。

EMC 检测实验室的内部审核的依据应至少覆盖 CNAS—CL01《检测和校准实验室能力认可准则》和 CNAS—CL01—A008《检测和校准实验室能力认可准则在电磁兼容检测领域的应用说明》。内部审核的周期和覆盖范围应当基于风险分析予以确定，应确保质量管理体系的每一个要素的审核至少每 12 个月被覆盖一次，对于关键过程或要素必要时可增加频次。

质量负责人制订内审计划，通常包括年度内审计划和内审实施计划两种。年度内审计划通常是指按年度策划内审的方式（集中式或滚动式）、频次、实施日期等。内审实施计划是指对每一次审核的详细策划，包括审核范围、审核准则、审核日程安排、参考文件（如组织的质量手册和审核程序）、内部审核组成员的名单及分工、编制审核表等。

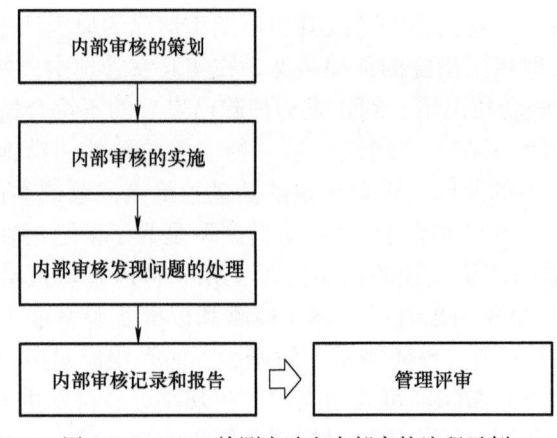

```
┌─────────────────┐
│  内部审核的策划  │
└────────┬────────┘
         ↓
┌─────────────────┐
│  内部审核的实施  │
└────────┬────────┘
         ↓
┌───────────────────────┐
│ 内部审核发现问题的处理 │
└───────────┬───────────┘
            ↓
┌───────────────────┐     ┌──────────┐
│ 内部审核记录和报告 │ ⇒  │ 管理评审 │
└───────────────────┘     └──────────┘
```

图 2-2-3　EMC 检测实验室内部审核流程示例

内部审核实施以首次会议开始，根据审核计划的安排，审核组成员进入现场收集客观证据。审核的方式可以是提问、观察活动、检查设施和记录等。内审员按照分工和审核表，检查实际的活动与管理体系的符合性。审核完所有的活动后，内审组应认真评价和分析所有审核发现的问题，确定哪些问题为不符合项，哪些问题只需给出改进建议，并根据分析结论客观编写不符合报告。内审组应与实验室管理层（或被审核部门负责人）召开末次会议，沟通审核结果，确认审核发现。

内部审核是一项重要的管理工具。对于内部审核确认的不符合项及改进建议，提出纠正、纠正措施、预防措施并实施改进是内部审核工作的重要组成部分。与外部审核不同，内审员可以参与到纠正、预防和改进措施的制订。措施实施后，应对实施的有效性进行评价，确保措施能较好地解决问题，消除和预防类似问题的发生。

实验室应当保存完整的审核记录并编制最终内部审核报告，报告应包括审核方案（计划）、审核发现、审核结果、采取的纠正/预防措施、措施实施的结果等。为确保审核和纠正措施能有助于质量管理体系运行的持续有效性，质量负责人应对内部审核的结果和采取的纠正措施的趋势进行分析，并形成报告，在下次管理评审会议时提交给最高管理层。

2.2.8　管理评审

管理评审是实验室管理体系运行最重要的质量活动，也是最高管理者实施全面管理的一项重要手段。CNAS—CL01《检测和校准实验室能力认可准则》要求实验室管理层按照策划的时间间隔对实验室的管理体系进行评审，以确保其持续的适宜性、充分性和有效性，并进行必要的变更或改进。管理评审通常每年开展一次，每一次评审应当制订方案。管理评审的输入通常包括但不限于以下相关信息：

1) 与实验室相关的内外部因素的变化，如组织机构的调整等；
2) 目标实现，如 EMC 检测实验室的经营目标、质量目标的实现等；
3) 政策和程序的适宜性，如体系文件的修订需求等；
4) 以往管理评审所采取措施的情况；
5) 近期内部审核的结果；
6) 纠正措施，如内部审核、日常监督发现不符合的纠正措施等；

7）由外部机构进行的评审，如来自于认可机构的评审等；

8）工作量和工作类型的变化或实验室活动范围的变化；

9）客户和人员的反馈，如来自于客户的满意度调查及数据分析等；

10）投诉；

11）实施改进的有效性；

12）资源的充分性，如实验室人员、设备、环境等需求；

13）风险识别的结果；

14）保证结果有效性的输出，如参加能力验证或实验室间比对的结果等；

15）其他相关因素，如监控活动和培训。

实验室管理评审通常以会议的形式组织，会议由最高管理者组织实施，质量负责人、技术管理者和各部门的负责人及各重要职能岗位也须到会，对上述管理评审的输入进行充分讨论和评议之后，形成管理评审的输出，通常包括与下列事项相关的决定和措施：

1）管理体系及其过程的有效性；

2）履行本准则要求相关的实验室活动的改进；

3）提供所需的资源；

4）所需的变更。

实验室应形成管理评审报告并保存所有管理评审的记录，管理评审所形成的决定和措施应得到有效的实施和验证。

2.3 EMC 检测实验室认可技术要求要点

EMC 检测实验室应配置管理和实施实验室活动所需的资源，包括人员、设施和环境条件、设备、量值溯源、外部提供的产品和服务。由于本书第 3 章将对 EMC 检测实验室的人员能力、设备管理、量值溯源、环境设施进行专题介绍，本节主要对上述要素的一些通用要点进行解析。

2.3.1 人员

实验室人员的能力直接关系到检测结果的准确性和可靠性。实验室应将影响实验室活动结果的各职能的能力要求形成文件，并根据文件要求对人员的教育和专业资格、培训、技能和经验、可证明的技能、相关授权进行资格确认。实验室人员应遵从质量手册中的公正性、保密性声明和服务承诺，根据体系文件实施公正、有能力的检测行为。实验室通过从人员能力要求、人员选择、人员培训、人员监督、人员授权、人员能力监控等关键环节入手，确保人员能持续满足实验室开展检测业务的要求。

CNAS—CL01—G001《检测和校准实验室能力认可准则的应用要求》和 CNAS—CL01—A008《检测和校准实验室能力认可准则在 EMC 检测领域的应用说明》均对 EMC 检测相关人员的能力做出规定：

（1）从事检测或校准活动的人员应具备相关专业大专以上学历，具有相应的 EMC 基础理论和专业知识并且具有相关的实践经验。如果学历或专业不满足要求，应有 10 年以上相关检测或校准经历。

(2) 对 EMC 检测实验室整体而言，具有相关领域 3 年以上工作经历的人员应不低于 50%，检测人员应经过必要的本领域培训和考核，考核合格后才能上岗，同时应满足特殊检测领域（如医疗检测领域）中对人员的相关要求。

(3) 对于关键人员，如进行检测或校准结果复核、检测或校准方法验证或确认的人员，除满足上述要求外，还应有 3 年以上本专业领域的检测或校准经历。

(4) EMC 领域的技术负责人除满足上述要求外，应具备 5 年以上的检测工作经历。

(5) 签发证书或报告的人员（包括授权签字人）除满足上述要求外，还应具有相关专业中级以上（含中级）技术职称或同等能力，且从事相关领域检测工作至少 5 年，并熟悉授权签字范围内的标准。

2.3.2 设施和环境条件

实验室应根据符合自身检测活动和现实条件、检测方法和设备存放条件等要求，建立专业的 EMC 设施和环境条件。实验室应将从事实验室活动所必需的设施及环境条件的要求形成文件，如制定《设施环境条件控制程序》，从设施与环境条件、控制原则、要求、监控与维持，实验室的内务管理、EMC 试验特殊要求、设备和环境条件的资料和记录归档保管等方面，对可能影响检测结果和人员健康的设施和环境条件进行控制，确保检测工作能正常、正确实施，检测结果不会无效或准确性受到影响，保护检测人员的健康。

EMC 检测实验室根据所申请认可的业务范围和相应标准，应具备满足相应指标要求的设施环境条件，常见的设施环境如下：

(1) 进行辐射骚扰检测的，应具备半电波暗室或全电波暗室或开阔试验场。

(2) 进行骚扰功率检测的，应具备屏蔽室；进行辐射抗扰度检测的，应具备电波暗室或混响室（混波室）或横电磁波室（TEM 或 GTEM 小室）或开阔试验场等。

(3) 进行灯具辐射发射检测的，应具备大环天线系统（LLAS）。

(4) 进行天线检测的，应具备开阔试验场或电波暗室或空口性能（OTA）暗室。

实验室的上述设施应为自有设施，或者拥有设施的使用权；如采用租赁设施，应按照准则要求保证足够的租赁期限且拥有完全使用权和支配权的设施。对于 EMC 检测实验室来说，还要注意的一点是，租赁环境设施不包括设施内的检测设备，如天线系统等。另外，还应当注意的是，环境设施要确保对相互干扰的设备进行有效隔离。

2.3.3 设备

仪器设备是检测工作的基础保证，其性能、状态直接影响检测结果的准确性与有效性。实验室应配备与 EMC 检测项目参数相匹配的仪器设备，并有效地对实验室的仪器设备进行控制。EMC 检测实验室常用的设备不仅包含测量天线、测量接收机等直接用于检测的设备，也包含了测量软件、人工电源网络、射频电缆等辅助设备。

实验室应建立设备台账，规范实验室仪器设备的管理，通常包括设备名称、型号、序列号、唯一性编号、制造商、放置地点等，也可以根据实验室的具体情况增加保管人、参数/量程/校准范围、校准日期、校准周期等信息。另外，还应制定设备管理程序文件，如《检测设备控制程序》来规定采购和验收仪器设备的流程，对检测仪器设备相关档案、检定 / 校准、保管和使用、维护和保养、故障处理、编号和标识、运行期间核查、修正因子的控制、降级使用和报废等进行规定，规范设备管理。人员配备上，实验室应指定专人（通常设置设备管理员的岗位）负责设备的管理，包括校准、维护和期间核查等。

EMC 检测的仪器设备和辅助设备的测量准确度或测量不确定度应满足 GB/T 6113.101 ～ 104、106 和 GB/T 17626 系列标准等所申请认可的检测对象（检测能力）及相应检测标准的要求。如租用设备，应确保在租赁期内有完全使用权和支配权，并自主对设备进行维护、保养、校准等，保证仪器设备的功能和性能满足检测要求。

2.3.4　量值溯源

实现量值溯源是实验室获得准确数据和结果的基本前提。量值溯源是通过一条具有规定的不确定度的不间断的比较链，使测量结果或测量标准的值能够与规定的国家测量标准或国际测量标准联系起来。建立量值溯源的目的，就是为了保证量值的准确统一。实验室通过对仪器设备量值溯源，使得实验数据更加准确、可靠，确保测量精度和不同设备测量结果的一致性、可比性。

EMC 检测实验室应制定程序文件对各类检测设备、辅助设备的计量溯源做出详细的规定，如《测量溯源控制程序》，确保测量结果溯源到国际单位制（SI）或有效的参考对象。应注意到的是，并非实验室的每台设备都需要校准，实验室应评估该设备对结果有效性和计量溯源性的影响，合理地确定是否需要校准。对于不需要校准的设备，实验室应核查其状态是否满足使用要求。对于需要校准的设备，还应关注校准的量值范围能够覆盖实验室检测范围，如实验室按照 GB/T 9254.1—2021 进行 1GHz 以上频率的辐射发射试验，对于测量天线的天线系数校准就需要覆盖 1 ～ 6GHz 的范围。

由于 EMC 检测自动化程度较高，检测结果往往是通过测试系统自动计算得出的，因此应当特别值得注意的一点是，对于影响测量结果的关键设备应确保其校准数据中包含的参考值或修正因子得到适当的更新和应用，包括测量接收机、人工电源网络（AMN）、不对称人工网络、标准天线、接收天线、电场探头、高阻抗电压探头、电流探头、预置放大器、脉冲限幅器、功率吸收钳、发射测试用耦合去耦网络（CDNE）、磁场感应线圈等。

2.3.5　外部提供的产品和服务

为保证实验室检测结果的有效性，确保与检测工作有关的服务和供应品符合规定要求。为了防止外部服务和所采购供应品对检测结果和实验室正常运行造成不良影响，应有措施确保外部提供产品和服务的适宜性。EMC 检测实验室通常涉及的产品和服务如下：

1）EMC 检测标准（电子或纸质版本）；
2）EMC 测试设备、设施、辅助设备；
3）消耗性材料和参考装置，如电缆、屏蔽胶带梳状信号发生器等；
4）校准服务；
5）检测服务，如对场地参数的检测、部分检测项目分包等；
6）设施和设备维护服务，如对电波暗室的改造、定期维护等；

7）能力验证服务；

8）评审和审核服务，如聘用外部机构或人员对某些项目进行审核。

实验室应对外部提供的产品和服务的质量保证能力和实物实施有效控制，包括确定、审查和批准实验室对外部提供的产品和服务的要求，对外部供应商确定评价、选择、监控表现和再次评价。EMC 检测实验室在选择校准服务的外部供应商时应关注其校准资质和能力，特别是针对特定设备参数，供应商具备的能力范围能够覆盖实验室的检测需求。

2.3.6 合同评审

CNAS—CL01《检测和校准实验室能力认可准则》的 4.4 节名称为"要求、标书和合同的评审"。"要求"主要是指实验室客户的要求。"标书"在这里泛指招标书和投标书，也叫招标文件和投标文件，是为了明确招投标双方对于检测服务的技术、数量、质量、工期、价格等要求和相应做出的书面证明。"合同"是指实验室和客户之间以任何方式（书面或口头）传递的双方同意形成民事权利义务关系的协议。EMC 检测实验室在上述服务关系中，往往处于检测服务的"供方"，为了确保实验室有能力全面、按时地履行义务，满足客户要求，应制订要求、标书和合同评审文件，实施合同评审程序，并确保以下几点：

（1）客户的要求应予充分规定，形成文件，并易于双方理解，以确保双方的约定清晰明了，在执行过程中不产生分歧。

（2）实验室有能力和资源满足客户的要求，包括实验室具备的资质、技术能力、人力资源、仪器设备、环境条件等，也包括质量管理的能力等综合能力。

（3）当实验室使用外部供应商时，应满足对外部提供的产品和服务的要求，实验室应告知客户由外部供应商实施的实验室活动，并获得客户同意。这里主要是指实验室可能会将部分检测服务或检测服务的部分环境"分包"给供应商的情况。其中，既包含了实验室有实施活动的资源和能力，但由于不可预见的原因不能承担部分或全部活动的情况；也包含了实验室没有实施活动的资源和能力，由外部供应商"补充"部分实验室活动的情况。

（4）选择适当并能满足客户要求的检测方法或程序。当客户要求的方法不合适或过期时，实验室应当通知客户并进一步征求意见。

（5）当客户要求针对检测做出与规范或标准相关的符合性声明时（如通过/未通过、在允许限内/超出允许限），应明确规定规范或标准以及判定规则，如果使用的检测标准或规范本身已包含判定规则，可以使用该判定规则。如果使用的检测标准或规范本身不包含判定规则，或者需要对原有的判定规则偏离（如更加严格的判定），那么对选择的判定规则应与客户达成一致并形成约定。

通过合同评审活动，实验室对客户的要求、标书和合同中的差异在工作开始前进行解决。确定的合同应被供需双方接受和确认。在执行合同的过程中，如果因为其他因素对合同有所偏离，应立即通知客户。如果需要修改合同，需要实验室和客户对合同内容重新确认，并通知所有受到影响的人员。譬如修改客户委托检测的检测样品，就应当通知样品管理人员重新接收样品。

2.3.7 检测方法的选择、验证和确认

实验室应使用适当的方法和程序开展所有实验室活动，包括测量不确定度的评定以及使用统计技术进行数据分析等。对于 EMC 检测实验室，主要使用的方法还是检测方法，常见的检测方法有如下几类：

1）如 GB/T 9254.1—2021《信息技术设备、多媒体设备和接收机 电磁兼容 第 1 部分：发射要求》等国家标准规定的检测方法；

2）如 CISPR 14—1《家用电器、电动工具和类似器具的电磁兼容要求 第 1 部分：发射》、IEC 61000—6—1《电磁兼容性（EMC）第 6—1 部分：通用标准居住、商业和轻工业环境中的抗扰度试验》、EN55035《多媒体设备的电磁兼容性—抗扰度要求》等国际标准规定的检测方法；

3）如 YD/T 1483—2016《无线电设备杂散发射技术要求和测量方法》、YY 9706.102—2021《医用电气设备 第 1—2 部分：基本安全和基本性能的通用要求 并列标准：电磁兼容 要求和试验》等行业标准规定的检测方法；

4）地方标准规定的检测方法；

5）如美国的 FCC Part 15 射频设备（有意和无意的辐射器）的电磁干扰标准等国外标准规定的检测方法；

6）如中国通信工业协会发布的 T/CA102—2018《移动终端无线充电装置 第 2 部分：电磁兼容性》等团体标准规定的检测方法；

7）企业标准规定的检测方法；

8）非标准方法，如知名技术组织或有关科技文献或期刊中公布的方法、实验室自制方法，或设备制造商规定的方法等。

EMC 检测实验室选择相关标准的方法时，应定期跟踪标准的制修订情况，及时采用最新有效版本标准的方法。在引入检测方法之前，实验室应对其能否正确运用这些标准方法的能力进行验证，不仅需要识别相应的人员、设施和环境、设备等，还应通过试验来证明结果的准确性和可靠性，必要时应进行实验室间比对。当检测标准发生变化时，如修订部分内容或发布新的版本，应根据标准方法变化的部分重新进行验证，确保实验室能够正确地使用这些方法。当方法中规定的检测操作不够明确，或者实验室检测人员在标准方法的理解和掌握上存在困难时，应编制相应的作业指导书，对相关的试验操作进行细化和补充，避免影响检测结果。

EMC 检测实验室选择非标准方法、实验室开发的方法、超出预定范围使用的标准方法、或其他修改的标准方法时，应当对方法进行确认，以保证该方法能够满足预期用途或应用领域的需要。方法确认可以通过使用参考标准或标准物质、对影响结果的因素进行系统性评审、与其他已确认的方法（或标准）进行结果比对、实验室间比对等方式来进行实施。实验室应当使用并保存方法确认的记录，包括使用的确认程序、确认方法应达到的详细要求、方法性能的确定记录、方法确认的结果以及该方法经确认有效性的声明。

2.3.8 EMC 检测物品的处置

在 EMC 检测领域，检测物品通常也被称为受试设备（EUT），或者简称为"样品"。

实验室应制定程序，规定检测物品的运输、接收、处置、保护、存储、保留、处理或归还等措施，以保护物品的完整性、确保不因检测物品的问题影响检测结果；同时，还要保护客户的利益需求，譬如对检测后物品的处理、保密性等。在对检测物品进行处置、运输、保存和试验的过程中，遵守随物品提供的操作说明，要避免检测物品丢失或损坏。对于一些构造或运行复杂的检测物品，必要时在检测前应由客户专人协助调试，确保其正常的工作状态，避免在检测过程中受损。对于一些具有破坏性的试验，如静电放电抗扰度等项目，应在合同评审时约定对检测物品如何处理，明确在试验过程中造成物品损害的责任和处理方式。

实验室应建立检测物品的系统，这一标识系统是由多重标识构成的标识体系，如唯一性编码、标签、流转记录、状态标识、存放标识等，传统的标识体系通常由粘贴在检测物品上的样品标签和流转记录实现。随着实验室管理和信息技术的发展，标识体系的形式也越来越灵活和丰富，如样品条码、二维码、电子标签等得到了广泛应用。检测物品标识体系的相关标识在实验室负责的整个期间都应当被保留，且应确保检测物品在实物上、记录、检测报告或其他文件中不会发生混淆。如果检测物品需要在规定环境条件下（如特定的温度、湿度、供电电压等）储存或状态调节时，还应保持、监控和记录这些环境条件。

2.3.9 技术记录

技术记录是对检测实施过程中产生各类信息的记录。记录的总体原则是，实验室要确保每一项实验室活动的技术记录，包含结果、报告和充分的信息，以便在需要时识别影响测量结果及其测量不确定度的因素，并确保能在尽可能接近原条件的情况下重复该实验室活动。EMC检测项目实施涉及的原始观察结果、试验数据和计算过程、结果，应在试验观察或获得时进行记录，避免后期补录数据。EMC检测实验室的技术记录通常包含如下内容：

1）样品信息（如名称、型号、唯一性标识、工作状态等）；
2）所用的检测方法；
3）检测的环境条件（如温度、湿度、背景噪声、大气压力等）；
4）检测设备信息（如名称、型号、校准有效期等）；
5）检测数据及计算（如直接数据、图像、曲线、计算过程等）；
6）检测过程的原始观察（如抗扰度试验中检测物品的状态等）；
7）实施实验室活动的人员（如检测人员、出具报告人员、签发人员等）；
8）检测地点或设施（包括固定地点和非固定地点、场地条件等）；
9）检测报告副本；
10）试验限值和性能判据；
11）其他重要信息（如试验布置照片等）。

通常，对于每一项EMC检测项目，实验室都可以制定相关记录格式和控制清单，便于检测人员随时使用。当技术记录需要改变（如修改笔误）时，不宜直接擦除修改，应采取适当的方式确保技术记录的修改可以追溯到前一个版本或原始观察结果。对于电子设备中获得的数据记录，应在试验结束时及时导出并保存、定时备份，电子记录也应符合实验室记录管理的要求。

2.3.10 EMC 测量不确定度的评定

测量不确定度是衡量测试结果可靠性和准确性的重要参数。它与测量结果相关联，并用以表征合理的赋予被测量之值的分散性。EMC 检测实验室应分析检测结果的测量不确定度，应该评定每一项用数值表示的测量结果的测量不确定度，如发射类检测项目。对于检测结果不是用数值表示或不是建立在数值基础上的抗扰度检测项目，实验室宜采用其他方法评估测量不确定度，如检测物品本身误触发 / 误报错的概率。

根据测量不确定度的评定方法，可以分为"不确定度的 A 类评定"和"不确定度的 B 类评定"两类。其中，"不确定度的 A 类评定"是指用观测列进行统计分析的方法来评定的标准不确定度；"不确定度的 B 类评定"是指用不同于对观测列进行统计分析的方法来评定的标准不确定度。获得 B 类标准不确定度的信息来源一般如下：

1）以前的测试数据；
2）对有关技术资料和测量仪器特性的知识和经验；
3）客户或设备制造商提供的技术说明文件；
4）校准证书、检定证书或其他文件提供的数据、准确度；
5）手册或某些资料给出的参考数据及其不确定度；
6）规范实验方法的国家标准或类似技术文件中给出的数据。

EMC 检测实验室根据不同的检测项目，建立不确定度的测量模型，确定测量值不确定度的主要来源，列出各不确定度分量的表达式，并根据"不确定度的 A 类评定"和"不确定度的 B 类评定"分类分别判断评估。根据各分量的合成标准差计算合成标准不确定度。合成标准不确定度主要用于一些基础性研究。在实际检测过程中通常使用扩展不确定度，即将合成标准不确定度乘以一个包含因子 k，以给测量不确定度一个较高的包含概率（包含概率取 95% 或约等于 95%）的包含区间，得到扩展（范围）不确定度。EMC 检测领域测量不确定度的评定专业性强、涉及面广，详细的评定和表示方法可以参考国标 GB/T 27418—2017《测量不确定度评定和表示》、GB/Z 17624.6—2021《电磁兼容 综述 第 6 部分：测量不确定度评定指南》等标准。

关于测量不确定度在检测结果中的使用，在下列情况下实验室应在检测报告中报告检测结果的不确定度：

1）当测量不确定度与检测结果的有效性或应用有关时；
2）当检测方法标准有要求时，应满足检测标准的要求；
3）当客户要求时，应满足合同对于不确定度报告的要求；
4）当测量不确定度影响与对限值的符合性时。

报告的形式可以采用与被测量相同单位的扩展不确定度，或者以百分比表示的相对扩展不确定度。在 EMC 领域，通常使用 dB 来表示。

2.3.11 确保结果有效性

为了确保实验室检测结果的准确性和稳定性，实验室应制定程序对影响检测结果的各项活动采取适当的质量监控措施。对于某些检测项目，如果检测的结果具有一定的统计规律，便于使用数据统计的方式识别异常，则应采用统计技术审查结果。

EMC 检测实验室应根据开展的检测项目策划和制订相应的质量监控方案，尽可能覆盖所有检测项目或参数。实验室制订质量监控方案时应重点考虑以下几方面的因素：

1) 检测工作的业务量；
2) 检测方法本身的稳定性与复杂性及方法的变更；
3) 对技术人员经验的依赖度；
4) 技术人员的经验、能力和人员变化情况；
5) 检测设备的状态和稳定性；
6) 与检测结果相关的风险分析等。

在质量监控中采取的方式可以分为内部质量监控活动和外部质量监控活动。本书第 3 章将对 EMC 检测常用的质量监控手段进行详细解析，并给出了示例。实验室应按计划实施监控活动，并分析监控活动的数据，用于策划和实施相应的改进措施。如果发现监控活动数据分析结果超出偏离预定的准则时，应及时采取适当措施分析、查找并纠正问题，防止错误的检测结果。质量监控的执行和结果还应当作为管理评审的输入，以便实现检测质量的持续改进。

2.3.12 EMC 检测报告

实验室通常以报告的形式提供检测结果，也可以说检测报告是实验室向客户提供服务的承载形式。检测报告既反映了实验室与客户的合同约定的完成情况，又反映了实验室提供的检测结果的全面信息。实验室应建立关于检测报告内容、符合性声明、意见解释以及审查、批准、修改、管理的程序，明确相关的人员和职责，应有具备能力且获得授权的人员进行批准签发。对于 EMC 的检测项目而言，检测报告通常要包括如下信息，以最大程度地减少误解或误用的可能性：

1) 标题（如"检测报告"或"电磁兼容检测报告"）；
2) 实验室的名称和地址；
3) 实施实验室活动的地点，包括客户设施、实验室固定设施以外的场所及相关的临时或移动设施；
4) 标记报告中各部分为完整报告一部分的唯一性标识，以及表明报告结束的清晰标识；
5) 客户的名称和联络信息；
6) 使用的检测方法；
7) 被测设备的描述、明确的标识，被测设备的连接图，配置及工作状态（运行的模式）；
8) 被测设备的接收日期；
9) 实施实验室活动的日期；
10) 测量设备名称、型号、校准状态；
11) 辅助设备名称、型号、校准状态；
12) 与被测设备有关的辅助设备名称、型号；
13) 测试软件名称、版本号；
14) 对环境有要求时，检测的环境条件（如静电放电抗扰度检测时的环境温湿度等）；

15）检测布置图、检测布置照片；
16）限值及性能判据；
17）检测数据（和/或曲线图）；
18）检测结果，适当时带有测量单位，相关时带有满足要求或规范的符合性声明；
19）结果仅与被检测、被校准或被抽样物品有关的声明；
20）报告的发布日期；
21）报告批准人的识别标识（如签字、签名章等）；
22）当结果来自于外部供应商时，需要清晰标识；
23）适用时，对方法的补充、偏离或删减；
24）适用时，意见和解释；
25）适用时，测量不确定度的报告；
26）适用时，特定方法、法定管理机构或客户要求的其他信息。

实验室要对报告中的所有信息负责，应注意检测报告与原始技术记录信息的一致性，对于客户或外部供应商提供的数据应予以明示。当更改、修订或重新发布已发出的报告时，要在报告中清晰标识修改的信息，适当时标注修改的原因。发布新的报告替换原有报告时，应对新报告予以唯一性标识，并注明所替代的原报告。对于使用认可标识或表明实验室认可状态的检测报告，还应注意符合 CNAS—R01《认可标识使用和认可状态声明规则》。

2.4 EMC 检测实验室认可常见问题

对 EMC 检测实验室的认可评审，要依据认可规则、认可准则和实验室的管理体系等文件要求，来对实验室运行和技术能力的符合性进行评价。在进行技术能力评价时，还要依据检测方法或标准，包括实验室申请认可的 EMC 标准，以及对 EMC 检测场地（如半电波暗室、全电波暗室等）、设备（如 EMI 接收机等）等进行规定的基础标准，如 GB/T 6113 系列标准和 GB/T 17626 系列标准等。对于在认可中发现的问题，评审组可以开具不符合项或观察项，由实验室分析原因并进行整改。本节给出了 EMC 检测实验室在认可评审实践中收集的典型不符合案例并进行了分析，从设备及校准问题、设施环境常见问题、检测方法实施常见问题、检测报告常见问题、实验室管理常见问题等几个方面进行了分类。

2.4.1 EMC 检测设备及校准问题

案例 1：某 EMC 检测实验室依据 GB/T 17626.6—2017《电磁兼容 试验和测量技术 射频场感应的传导骚扰抗扰度》进行射频场感应的传导骚扰抗扰度测试时，实验室未使用与被测设备（EUT）接地端子连接提供电流回路的 CDN-M1 型耦合/去耦合网络。

案例分析：CNAS—CL01《检测和校准实验室能力认可准则》第 6.4.1 条规定"实验室应获得正确开展实验室活动所需的并影响结果的设备包括但不限于：测量仪器、软件、测量标准、标准物质、参考数据、试剂、消耗品或辅助装置。"CNAS—CL01—A008《检测和校准实验室能力认可准则在电磁兼容检测领域的应用说明》也根据 GB/T 17626.6—2017《电磁兼容 试验和测量技术 射频场感应的传导骚扰抗扰度》的要求给出了该项目测试使用的耦合/去耦合网络有效工作频率、共模阻抗等参数。对于该检测项目，实验室不仅要具备试验信号发生器、宽带功率放大器、耦合/去耦合网络等必要的检测设备，还应当确保设备的主要参数满足标准方法的要求，才能够确保检测结果的有效性。在实际中，如实验室具备上述满足要求的 CDN-M1 型耦合/去耦合网络，只是在实际测试时未使用，则属于对标准方法的掌握问题；如实验室本身不具备该项目所必须的检测设备，则不能够被推荐该项目的检测能力。

案例2：某 EMC 检测实验室的编号为 ABC××× 抗扰度测试系统的校准证书中缺少 10/700μs 波形校准数据，不满足 GB/T 17626.5—2019《电磁兼容 试验和测量技术 浪涌（冲击）抗扰度试验》的要求；另外，编号为 ABC××× 抗扰度测试系统的校准证书中测量设备的电快速瞬变脉冲群发生器的脉冲输出，在 50Ω 负载和 1000Ω 负载上的校准值不符合 GB/T 17626.4—2018《电磁兼容 试验和测量技术 电快速瞬变脉冲群抗扰度试验》的方法要求。实验室用于传导发射测试的设备编号为 ABC××× 的 EMI 测量接收机（校准证书编号为 ××22005544-0001），缺少孤立脉冲以及重复频率为 1Hz、2Hz、5Hz 的相对脉冲响应特性的校准数据。

案例分析：该案例属于实验室仪器设备校准的问题。量值溯源是检测结果可信性的基础，实验室应通过对设备进行必要的校准保证其检测涉及的量值可以溯源到国家或国际测量基准。在上述案例中，虽然对实验室抗扰度测试系统的设备进行了校准，但是校准结果却不能够满足测试活动的要求。部分实验室由于对量值溯源的概念和作用理解不足，将设备校准当作一个法定的"规定动作"，认为只要将设备定期送校准机构即可，而忽略了校准的实质意义。有的实验室在委托校准机构校准时需求不明确，按照低价"套餐"进行校准，导致校准结果不能覆盖实际测试时涉及的全部参数和量程范围；有的校准机构本身校准不规范，导致校准数据遗漏或错误；有的校准结果本身不满足标准的检测要求，还有部分实验室忽略了辅助设备的校准，如传导抗扰度试验校准用电阻等。这些都会导致检测结果无效。为避免以上情况，首先应按照标准规定的校准要求制订校准方案，明确应校准的设备、参数和量值范围。当完成设备校准后，实验室还应在投入使用前对照标准或校准计划中规定的校准参数要求对校准结果进行确认，以保证校准结果满足检测标准或方法的要求。

案例3：在查验某 EMC 检测实验室的 EMC 自动测试软件校准数据配置库时，发现复合天线 V×××9162 的天线系数与校准证书的天线系数不一致，仪器设备修正因子在测试系统中未及时更新。

案例分析：随着自动测试技术的发展，EMC 检测实验室大多采用了自动化程度较高的测试系统，按预先设定的标准程序软件对检测设备进行控制并自动获取、计算检测结果。自动检测系统虽然在简化 EMC 检测操作、大幅提高检测效率方面作用显著，但其测试系统的集成度、复杂度更高，增加了设备的管理难度。实际上，部分 EMC 检测实验室的设备管理员和检测工程师由不同人员担任，设备管理员负责 EMC 测试系统中仪器设备的日常管理和校准，而检测工程师负责测试程序的使用和维护。在设备完成校准后，测试控制程序中未根据校准结果及时更新相应的校准数据配置，或者更新时已超过设备原有的校准周期，都会造成检测结果不准确。部分实验室还存在，在测试系统中使用了修正因子，却无法提供相应的校准依据的问题。为避免上述情况，实验室相关人员应将测试控制程序纳入设备管理，评估各类测试软件中可能影响测试结果的仪器设备的修正因子，如天线、电流探头、人工电源网络、不对称人工网络、功率吸收钳、衰减器、预放大器、脉冲限幅器等，使设备的修正因子的更新与校准计划同步。对软件中的标准测试程序进行受控管理（如设置管理权限和密码等），防止随意修改，提高检测效率的同时确保检测结果的准确性。

2.4.2 EMC 检测设施环境常见问题

案例 1：某 EMC 检测实验室不能提供其使用的电磁屏蔽室满足屏蔽效能要求的证据。

案例分析：EMC 检测项目通常都对检测的环境和设施条件有严格的要求，大多数实验室配备了屏蔽室、电波暗室等必要的测试场地。部分实验室对上述场地实验室建设完成并验收，但忽略了对场地条件的确认；也有的实验室在初次验收时能够进行场地确认，但使用过程中又忽视该项工作，不能够确认其对场地的维护和设施性能持续符合要求。CNAS—CL01—A008《检测和校准实验室能力认可准则在电磁兼容检测领域的应用说明》对电磁兼容各类别的场地条件给出了要求。以本案例实验室使用的电磁屏蔽室为例，要求屏蔽室的屏蔽效能应能达到如下要求：

频率范围屏蔽效能

0.014～1MHz>60dB

1～1000MHz>90dB

为避免屏蔽室在使用过程中因老化、损坏和人为的影响而发生参数变化，从而影响检测结果，还要求屏蔽室的屏蔽效能至少每 5 年进行 1 次测量验证。类似的问题还有，实验室不能够提供屏蔽室接地电阻、电源进线对屏蔽室金属壁的绝缘电阻及导线与导线之间的绝缘电阻的确认数据；不能够提供辐射发射试验的电波暗室的归一化自由空间传输损耗的场地验证记录；不能提供射频电磁场辐射抗扰度试验的场分布均匀性检查确认记录；不能够提供电波暗室的屏蔽效能确认记录等。实验室应对环境设施的使用和保养情况进行评估并定期进行性能参数确认，以确保场地和设施条件满足认可要求。

案例 2：某 EMC 检测实验室提供不出 GB/T 17626.2—2018《电磁兼容 试验和测量技术 静电放电抗扰度试验》场地的温度、湿度、大气压力等环境记录，且该测试场地仅使用大厦中央空调进行环境控制，未配备加湿器等环境控制设施。

案例分析：CNAS—CL01《检测和校准实验室能力认可准则》第 6.3.3 条规定"当相关规范、方法或程序对环境条件有要求时，或环境条件影响结果的有效性时，实验室应监测、控制和记录环境条件。"这里的"规范、方法或程序"主要是指检测标准/方法。在 EMC 静电放电抗扰度试验中，为了使环境参数对试验结果的影响减少至最小，GB/T 17626.2—2018《电磁兼容 试验和测量技术 静电放电抗扰度试验》规定，受试设备应该在规定的气候条件下进行工作。

在空气放电试验的情况下，气候条件应该在下述范围内：

- 环境温度，15～35℃；
- 相对湿度，30%～60%；
- 大气压力，86～106kPa。

为了满足上述环境条件，实验室应当对试验时的温度、湿度、大气压力进行记录，以确保试验结果的准确性。同时，由于我国幅员辽阔，大多数地方四季分明、气候多样，在自然条件下很难保证持续满足上述环境条件。譬如冬季北方通常比较干燥、相对湿度较低，春夏南方多雨、潮湿闷热、相对湿度较高，仅通过一般功能的中央空调很难保证试验所需要的环境条件，需要配备加湿器、除湿机或具备除湿功能的空调等必要的环境控制设施。

案例3：某EMC检测实验室进行辐射骚扰试验时，使用的3m法半电波暗室内除了进行试验的EUT外，还存放着其他的大型设备样品，且该样品的机壳为影响测量结果的金属反射物面。

案例分析：用于辐射骚扰测量的半电波暗室（semi-anechoic chamber），除地面为金属反射面外，其余五面均贴有吸波材料，使电磁波不会在内部反射，主要模拟开阔场的测试条件。进行辐射骚扰测试时，半电波暗室的场地电性能和有效性应满足GB/T 6113.104—2021《无线电骚扰和抗扰度测量设备和测量方法规范 第1—4部分：无线电骚扰和抗扰度测量设备 辐射骚扰测量用天线和试验场地》的要求；进行频率在1GHz以下的检测时，应按照GB/T 6113.104—2021规定的场地确认方法，对归一化场地衰减进行测量验证并保证归一化场地衰减满足4dB范围内。在该案例中，实验室虽然对检测使用的半电波暗室进行场地确认，满足测试要求。但在进行测试时，对于半电波暗室内还存放的其他大型设备样品，其机壳的金属反射面会导致受试设备发射的电磁波在暗室内形成反射，此时该暗室的参数也相应发生变化，从而影响天线接收到的信号，影响检测结果的准确性。CNAS—CL01《检测和校准实验室能力认可准则》第6.3.4条规定"实验室应实施、监控并定期评审控制设施的措施，这些措施应包括但不限于：a）进入和使用影响实验室活动区域的控制；b）预防对实验室活动的污染、干扰或不利影响；c）有效隔离不相容的实验室活动区域。"该案例不满足b）款的要求，实际上相当于对正在进行的辐射骚扰测试的环境条件产生了污染，对测试结果产生了干扰和不利影响。

2.4.3 EMC检测方法实施常见问题

案例1：某EMC检测实验室每季度核查检测使用的标准，发现标准变更后认为目前实验室的环境和设备条件满足新版标准的要求，直接按照新版标准开展对外检测业务，评审时实验室提供不出关于测试方法、人员、场地、设备等的验证记录。

案例解析：EMC检测涉及航空航天、装备、信息通信、轨道交通、机动车、电子电气、医疗器械等众多产业，包含不同的技术领域，涉及面广。其测试标准既有基础方法标准，还有各类产品测试标准。对于不同行业、不同产品，其测试频段、测试环境、测试设备等要求各不相同，实验室经常会面临标准版本更新的情况。CNAS—CL01：2018《检测和校准实验室能力认可准则》第7.2.1.5条规定"实验室在引入方法前，应验证能够正确地运用该方法，以确保实现所需的方法性能。应保存验证记录。如果发布机构修订了方法，应在所需的程度上重新进行验证。"当EMC检测标准发生版本变更时，实验室应首先对新旧版本标准差异和变化进行对照检查。如果新版本使用的检测方法、步骤、要求和条件与旧版本一致，可以通过文件评审确认具备当前的检测能力。如果新版本使用的检测方法、步骤、要求和条件与旧版本相比发生了变化，则应对照新版本标准的要求，对实验室相关人员进行新方法的培训考核，对环境、场地、设备等硬件设施进行评估，及时修订作业指导书、检测记录和报告模板、不确定度评定报告等文件，确保实验室具备新版标准的测试能力。

案例2：某EMC检测实验室检测人员依据GB/T 17626.2—2018《电磁兼容 试验和测量技术 静电放电抗扰度试验》的标准方法进行静电放电抗扰度测试，将某台式受试设备放置于10cm厚的木板上。该木板作为受试设备与水平耦合板隔开的绝缘支撑。

案例分析：静电放电抗扰度试验的试验布置对检测结果有较大影响。GB/T 17626.2—2018《电磁兼容 试验和测量技术 静电放电抗扰度试验》第7条规定了该项目试验布置由试验发生器、受试设备和以下列方式对受试设备直接和间接放电时所需的辅助仪器组成。本案例属于在实验室进行的型式（符合性）试验，且受试设备为台式设备，该标准第7.2.2条已经明确说明受试设备应"放在桌面上的水平耦合板（HCP）尺寸为(1.6 ± 0.02) m $\times$ (0.8 ± 0.02) m，并用一个厚(0.5 ± 0.05) mm的绝缘支撑将受试设备和电缆与耦合板隔离"，检测人员使用10cm厚的木板作为绝缘支撑，显然不是正确地按照标准方法进行检测的。在EMC检测项目中，由于涉及电磁场的耦合、传导和反射等效应，试验布置非常重要，测试方法标准里大多对试验布置进行了详细描述，包括样品类型、场地环境、摆放位置、相邻间隔、接地条件、线缆连接等，检测人员应严格按照标准规定进行布置，确保检测结果的准确性和一致性。

案例3：某EMC检测实验室检测人员依据GB/T 9254.1—2021《信息技术设备、多媒体设备和接收机 电磁兼容 第1部分：发射要求》对个人笔记本计算机进行辐射发射测试。测试开始时计算机为正常初始开机状态，测试过程中由于长时间未操作，受试笔记本计算机自动变换为屏幕保护状态。

案例分析：与食品、金属材料等静态的样品不同，EMC发射类测试检测的物品通常是电子零部件、设备、系统等。因在实际使用过程中会处于特定工作状态，所以受试设备在不同工作状态下的检测结果也有较大差别。就本案例而言，笔记本计算机是一个复杂的电子系统，其屏幕在正常显示状态和保护状态下，内部电子元器件、电子线路的运行状态不一致，因此对外产生的辐射发射也大不相同。GB/T 9254.1—2021《信息技术设备、多媒体设备和接收机 电磁兼容 第1部分：发射要求》附录B规定了发射测量期间运行受试设备（EUT）的方法，"EUT典型情况下会有几种不同的功能，对于每一种功能会有不同数量的运行模式。应选择一种功能或一组功能运行EUT，在测试中应考虑运行一些具有代表性的模式，包括低功率/待机模式。正式测量应选择产生最大发射的模式进行。"对个人计算机的显示器也给出了在实验中视频信号的显示要求。因此，在实施EMC检测时，不仅要关注检测方法本身对设备、环境、布置的要求，还要使受试设备的处于正确的运行情况（抗扰度类项目受试设备的工作状态及其性能判定也至关重要），才能确保检测结果的准确性。

2.4.4　EMC 检测报告常见问题

案例 1：某 EMC 检测实验室出具编号为 EMC×××的传导骚扰项目检测报告中没有清晰标识出受试设备的连接示意图、检测布置示意图。

案例分析：检测报告是 EMC 检测实验室向客户提供服务的承载形式，CNAS—CL01《检测和校准实验室能力认可准则》规定了检测报告应当具备的必要信息。在 EMC 检测领域，CNAS—CL01—A008《检测和校准实验室能力认可准则在电磁兼容检测领域的应用说明》又对检测报告提出了附加要求，需要包含如下信息：

- 测量设备名称、型号、校准状态；
- 辅助设备名称、型号、校准状态；
- 与被测设备有关的辅助设备名称、型号；
- 测试软件名称、版本号；
- 被测设备的连接图，配置及工作状态（运行的模式）；
- 检测布置图；
- 检测布置照片；
- 限值及性能判据；
- 检测数据（和 / 或曲线图）。

部分 EMC 标准也对检测报告的内容做出规定，以本案例中使用的 GB/T 9254.1—2021《信息技术设备、多媒体设备和接收机 电磁兼容 第 1 部分：发射要求》为例，标准第 9 条"试验报告"也详述了编写试验报告的要求，其中包含"试验报告应提供足够的细节以便于测量的可重复性，应包括正式测试时的测量配置照片"的原则。因此，检测人员出具 EMC 检测报告时应同时满足 CNAS—CL01、CNAS—CL01—A008 和相应检测标准的要求，以便用户清晰地了解试验过程是否科学，确保测试结果的可复现性。

案例 2：CISPR 14—2：2015 变更为 CISPR 14—2：2020 后，某 EMC 检测实验室当前获得认可的能力范围仍然是 CISPR 14—2：2015 版的，尚未完成标准变更备案和确认，但依据 CISPR 14—2：2020 出具了检测报告（编号为 TEMC××A091702B）。该报告没有使用 CNAS 标识，但在报告的 4.4 节有实验室通过 CNAS 认可的状态声明。

案例分析：获准认可的实验室可以在其获认可能力范围内发布带有认可标识的检测报告。在本案例中，该实验室获得的认可能力是 CISPR 14—2：2015 版的，标准已经变更新版后，实验室尚未获得新版标准的认可。该实验室依据 CISPR 14—2：2020 出具的检测报告虽然没使用 CNAS 认可标识，但有实验室通过 CNAS 认可的状态声明，也会使检测报告使用方产生误解认为该实验室 CISPR 14—2：2020 的检测能力已经通过认可，属于不规范的检测报告。CNAS—R01《认可标识使用和认可状态声明规则》对实验室如何使用认可标识和认可状态声明进行了详细规定，EMC 检测实验室应根据该文件的规定，制定相应的体系文件，进一步规范认可标识和认可状态声明在检测报告当中的使用。

2.4.5　EMC 检测实验室管理常见问题

案例 1：某 EMC 检测实验室，本次申请新增 YY 9706.102—2021《医用电气设备 第 1—2 部分：基本安全和基本性能的通用要求 并列标准：电磁兼容 要求和试验》检测能力，实验室无法提供检测人员参加新检测标准的培训和考核授权记录。

案例分析：实验室应确保检测人员能够持续满足从事检测活动的需求。CNAS—CL01—A008《检测和校准实验室能力认可准则在电磁兼容检测领域的应用说明》第6.2条规定"检测人员应经过必要的本领域培训和考核，考核合格后才能上岗，同时应满足特殊检测领域（例如：医疗检测领域中对人员的相关要求。""检测实验室应保存所有在职人员的相关记录，记录内容包含但不限于：身份信息、学历和专业、培训记录、工作经历（履历）、聘用时间、岗位（或工作范围）及变化情况、离职信息、工作表现等。"在本案例中，实验室对原有 EMC 检测能力进行了扩增，增加了 YY 9706.102—2021 检测项目，实验室应对标准的主要内容、涉及的检测项目/参数、检测方法、检测记录和报告编写以及医疗领域的一些特殊要求进行人员培训，经考核符合要求后授权上岗。实验室应按照体系文件中的记录保存要求，保存相应的人员记录。

案例2：某 EMC 检测实验室不能提供关于其设备校准服务商××计量检测集团股份有限公司的合格供应商评价记录；而另一家校准服务提供商××计量校准中心的合格供应商评价记录中只有对其获得认可资格的评价，未评价其获得认可的能力范围是否包括对 EMC 检测实验室提供校准服务。

案例分析：实验室应当确保影响实验室活动的外部提供的产品和服务的适宜性。对于检测实验室而言，要获得可靠的校准服务，需要选取具备能力的供应商。CNAS—CL01《检测和校准实验室能力认可准则》要求实验室应当制定程序，在使用外部供应商提供的服务前确定、审查和批准该项服务满足实验室和相关规定、标准的要求。值得注意的是，对外部供应商的评价目的是确保其提供的产品或服务的质量，而不用对供应商本身过于关注，如一个非常优质的供应商提供不了实验室所需要的产品，亦不是合格供应商。在本案例中，前一个校准服务供应商××计量检测集团股份有限公司未获得满意评价，则无法证明其提供的校准服务满足要求。后一个供应商××计量校准中心，虽然在供应商评价中获得了认可资格，但未评价其认可的校准能力范围，也不能证明其提供的校准服务是否满足实验室要求，这样的校准服务可能为实验室仪器设备的量值溯源带来无法预估的不确定性。

2.5 EMC 检测能力的表述解析

随着数字基础设施和数字技术不断成熟，认证认可和检验检测行业的业务模式正在发生深刻变革。实验室信息管理（LIMS）、行业监管和认可评价业务系统得到了广泛应用。检测能力范围成为实验室运行和行业监管的核心数据，覆盖了实验室能力建设、检测实施、报告出具和流通、能力评价和行业监管全部流程。EMC 是一项基础的检测项目，不仅是衡量产品和系统的重要质量指标，也是全球各国（地区）强制性检测认证的重要组成部分，是各国对于产品市场监管的重要指标。目前，我国 EMC 检测机构数量众多，已具备全球最大规模的检测能力，但各机构检测能力差异较大。整体来看，行业面临检测能力信息数据量大、检测项目繁杂多样、标准和法规错综复杂等特点，导致了行业信息不透明、市场监管界定难、公众查询到的信息不准确以及国际贸易中检测结果互认不足等诸多难题。

国际实验室认可合作组织在 2022 年发布文件 ILAC G18 *Guideline for describing Scopes of Accreditation*，要求各国进一步规范检测能力范围信息的描述，并提供了新的参考范式。从国内来看，检测能力表述规范性问题和重要性得到了业内诸多学者的关注，部分期刊均有文献对检测能力信息描述的探讨，国家认可机构 CNAS 也发布了多项认可说明文件加以规范，但在 EMC 检测领域尚属空白。为了提高 EMC 检测能力信息数据的标准化和规范化，提高 EMC 检测能力评价的准确度和一致性，推动 EMC 检测结果的市场采信，通过标准化、规范化的方式建立 EMC 检测能力表述方法，规范检测机构对 EMC 检测项目内部管理、能力评价、合同评审和检验检测报告中对检测能力的描述，对于推动 EMC 检测和相关产业的规范发展具有重要意义。

2.5.1 EMC 检测能力表述基本结构

IEC 17011《合格评定 认可机构要求》给出了认可范围的定义：寻求认可或已获得认可的特定合格评定活动。对于 EMC 检测实验室而言，其认可的能力范围就是实验室申请或者获得认可的检测能力范围，代表了实验室实施 EMC 检测活动的能力。检测能力范围，是实验室认可的最终结果，也是其在认可申请、评审、评定、结果发布等全流程中开展各项工作所围绕的核心数据。因此，一个检测能力范围表述的结构，既要能够满足技术能力的关联度，还要符合 ILAC G18 *Guideline for describing Scopes of Accreditation* 等国际文件要求和国际互认的基本条件，还要能够满足实验室开展内部管理和接受评审（外部评价）时的应用。

确定 EMC 检测能力表述基本结构，首先要选取恰当的技术要素表征 EMC 检测能力。从对国内外调研结果来看，实验室开展内部管理和接受评审（外部评价）时，对于能力范围考虑最为重要的技术要素为"检测标准（方法）"和"检测参数/项目"，绝大多数的实验室都希望将"检测标准（方法）"作为数据互通的主要途径；国际上，检测标准（方法）、检测对象（产品/材料）、检测项目（参数），是表征检测能力的最具共识的 3 项要素。其中，检测标准（方法）是各机构在检测能力表征中的"必选项"。从检测技术能力关联度的角度来看，"检测标准（方法）"的描述中对于适用范围、检测所需要的环境、设备参数、计算公式、判断依据等内容都有较为详细的规定；"检测参数/项目"能够更具体地对测试内容进行分解。这两个维度可以准确、严谨地刻画检测技术能力，表征的边界也更为清晰。"检测对象"贴近了企业用户和消费者的认知，便于实验室对外宣传。因此，应该选取"检测标准（方法）""检测项目（参数）""检测对象"三项作为基本的表征技术要素，同时增加必要的"说明"作为补充，形成 4 个维度的检测能力表征，这也符合国际认可机构和实验室的主流做法。

如图 2-5-1 所示，EMC 检测能力信息可以由检测对象、检测标准（方法）、检测项目/参数、相关说明 4 个维度信息进行描述。检测对象是指接受检测的一种或一类产品、设备、系统、零部件、原材料或元器件。检测标准（方法）是实验室开展检测所依据的 EMC 检测标准或非标准方法。检测标准包含产品标准和方法标准两类：产品标准是指规定产品需要满足的要求以保证其适用性的标准（见 GB/T 20000.1—2014 中的 7.9）；方法标准是指描述实施特定检测活动的检测原理、检测条件、实施过程、以及获得或计算检测数据、判断检测结果等方式的标准。检测项目/参数是指 EMC 检测实施的具体试验项目或物理参数。相关说明就是对前述技术要素中各类特殊情况的限制或者补充说明。

序号	检测对象	检测标准(方法)	检测项目/参数	相关说明
			检测项目/参数	相关说明
			检测项目/参数	相关说明

图 2-5-1　EMC 检测能力表述的结构

2.5.2　检测对象的表述

在 EMC 检测能力表述中，检测对象应描述为检测活动所针对的一种或一类产品、设备、系统或分系统、零部件、原材料或元器件的名称，如"个人计算机""机动车""信息技术产品""电磁屏蔽材料"等。通常情况下，检测对象不应超过检测标准（方法）规定的适用范围，如 GB/T 9254.1—2021《信息技术设备、多媒体设备和接收机 电磁兼容 第 1 部分：发射要求》的适用范围为"其额定交流电压有效值或直流电压不超过 600V 的信息技术设备、音频设备、视频设备、广播接收设备、娱乐灯光控制设备及其组合"，那么 EMC 检测实验室在描述检测能力时，检测对象不宜表述为范围更广的"电子电器设备"。

如果 EMC 检测机构具备的检测能力能够覆盖标准（方法）的适用范围，应采用标准规定的检测对象名称，再拿上述例子来说如果实验室具备适用范围为"其额定交流电压有效值或直流电压不超过 600V 的信息技术设备、音频设备、视频设备、广播接收设备、娱乐灯光控制设备及其组合"的全部测试能力，则该实验室检测能力范围的"检测对象"宜按照标准表述为"信息技术设备、多媒体设备和接收机"。

如果检测机构具备的检测能力只能够覆盖标准（方法）的部分适用范围，或者标准（方法）名称未明确其对应检测对象的名称，可根据实验室的实际检测能力概括为产品/设备/材料名称或一类产品/设备/材料名称，且描述不应超过检测标准（方法）规定的适用范围。例如，实验室按照 GB/T 9254.1—2021《信息技术设备、多媒体设备和接收机 电磁兼容 第 1 部分：发射要求》进行检测，只具备适用范围内"笔记本计算机"的检测能力，则该实验室检测能力范围的"检测对象"宜按照标准描述为"笔记本计算机"，而不能够扩大表述为"信息技术设备"。

2.5.3　检测项目/参数的表述

检测项目/参数应描述为 EMC 检测实施的具体试验项目"静电放电抗扰度"，也可以描述为检测对象被测的某一项特征物理量，如"天线端口骚扰电压"。EMC 检测项目/参数中的术语应参照 GB/T 4365—2023《电工术语 电磁兼容》和 GB/T 29259—2012《道路车辆 电磁兼容术语》进行描述。常见的 EMC 检测项目/参数见表 2-5-1。

EMC 同一个检测方法标准对应多个项目/参数的，应对项目/参数展开分别描述。以标准（方法）为基准，项目/参数应按照检测标准（方法）的条款顺序排列，确保同一标准（方法）的检测项目/参数相邻。例如，表 2-5-1 所示的 GB/T 18655—2018《车辆、船和内燃机 无线电骚扰特性 用于保护车载接收机的限值和测量方法》有三个检测项目/参数，应当分别予以描述。产品标准如涉及 EMC 项目的，宜对相应的项目/参数进行展开描述。例如，检测机构具备该产品标准中全部的 EMC 检测能力，可简要概括为"电磁兼容性"。

表 2-5-1 常见的 EMC 检测项目/参数

序号	检测项目/参数	对应的检测标准（方法）
1	交流电源端口的传导发射	GB/T 9254.1—2021 等
2	模拟/数字数据端口的传导发射	
3	广播接收机调谐器端口的传导发射	
4	射频调制输出端口的传导发射	
5	辐射发射	
6	静电放电抗扰度	GB/T 17626.2—2018、GB/T 19951—2019 等
7	射频电磁场辐射抗扰度	GB/T 17626.3—2023 等
8	电快速瞬变脉冲群抗扰度	GB/T 17626.4—2018 等
9	浪涌（冲击）抗扰度	GB/T 17626.5—2019 等
10	射频场感应的传导骚扰抗扰度	GB/T 17626.6—2017 等
11	工频磁场抗扰度	GB/T 17626.8—2006 等
12	电压暂降、短时中断和电压变化抗扰度	GB/T 17626.11—2023 等
13	谐波电流发射	GB 17625.1—2022 等
14	电压变化、电压波动和闪烁	GB 17625.2—2007 等
15	零部件/模块的传导发射	GB/T 18655—2018 等
16	零部件/模块的辐射发射	
17	车载天线接收到的发射	
18	电压瞬态发射	GB/T 21437.2—2021 等
19	瞬态抗扰性	
20	电磁辐射抗扰性——电波暗室法	GB/T 33014.2—2016 等
21	电磁辐射抗扰性——横电磁波（TEM）小室法	GB/T 33014.3—2016 等
22	电磁辐射抗扰性——大电流注入（BCI）法	GB/T 33014.4—2016 等

2.5.4 检测标准（方法）的表述

EMC 检测实验室对检测标准（方法）应描述为实施 EMC 检测所依据的检测标准或检测方法，包括但不限于（和本章 2.3.7 节的保持一致）以下几项：

1）国家标准；
2）国际标准；
3）行业标准；
4）地方标准；
5）国外标准；
6）团体标准；
7）企业标准；

8）超出预定范围使用的标准方法；
9）包含检测方法的技术法规；
10）行业主管部门正式发布的检验检测方法；
11）书籍、有关科技文献或期刊中公布的检测方法；
12）检测机构自制的检测方法；
13）客户指定的检测方法。

对于检测标准（方法）的描述应包含检测标准（方法）的编号、版本（年代）号及完整名称。各类别检测标准信息描述应符合其规范的书写格式，如对于国家标准、行业标准的描述应符合 GB/T 1.1—2020《标准化工作导则 第 1 部分：标准化文件的结构和起草规则》的规定，应特别注意"空格"":""—""数字"等字符的标准数据格式。例如，对于国家标准应表述为"GB/T 9254.1—2021《信息技术设备、多媒体设备和接收机 电磁兼容 第 1 部分：发射要求》"；国际标准则应描述为"CISPR 32：2015+AMD 1：2019《信息技术设备、多媒体设备和接收机 电磁兼容 第 1 部分：发射要求》"。

对于非标准检测方法信息描述应适当选择包括方法名称、编号、版本号、文号、书籍（文献/期刊）名称、卷（期）号、页码、发布时间等必要信息，确保描述可以作为该非标准方法的唯一性识别信息。部分法规编号包含了其发布时间，可以只填写编号。对于部分动态实时更新的技术法规，在确保实验室具备最新版本检测能力的前提下，可不填写法规的具体日期。不包含检测方法仅用于符合性判断的标准或规范、法规，不应作为检测能力信息进行描述。

对于 EMC 检测实验室具备的多项 EMC 检测标准能力信息，建议按照方法标准、产品标准进行排列，且确保该机构方法标准中涉及的 EMC 检测项目/参数能够覆盖产品标准中涉及的 EMC 检测项目/参数范围。

对于 EMC 检测实验室具备的多种标准类别的 EMC 标准检测能力信息，方法标准建议根据本小节所列举的各类标准方法表述的顺序进行排列，产品标准信息也建议参照上述顺序排列。对于检测机构具备的多种类别的 EMC 非标准方法的检测能力信息，宜根据本小节列举的各类非标准方法的顺序排列。

2.5.5 相关说明的表述

相关说明，作为 EMC 检测实验室检测能力信息的补充，用于描述检测机构 EMC 检测能力信息的检测对象、项目/参数、检测标准（方法）的限制或需要说明的情况，包括但不限于以下几项：

1）EMC 检测实验室实际具备的检验检测能力范围小于检测标准（方法）规定的适用范围；
2）EMC 检测实验室实际开展的检验检测活动范围偏离检测标准（方法）的规定；
3）EMC 检测实验室使用非标准方法检测；
4）EMC 检测实验室不具备在标准规定的某一个或多个项目/参数全部量程范围的检测能力；
5）检测对象的描述需要予以限制或说明的情形；
6）EMC 检测实验室的仪器设备、场所等与检测能力相关的信息需要限制或说明的情形；

　　7）其他需要予以限制的情形，如非现行标准的使用。

　　如果检测能力信息中的检测对象、项目/参数、检测标准（方法）的结合已经能够准确地描述出检测机构具备的 EMC 检测能力，那么无需再进行限制说明。例如，某一检测标准有 5 项检测项目，检测机构具备其中 4 项，当项目/参数将这 4 项分别展开描述后，上述信息已能够充分描述检测机构具备的实际检测能力。

　　可用"只测"或"不测"对部分项目/参数、检测量程、特定使用范围等方面进行说明。当"不测"时，对于检测标准（方法）的全部检测项目，应确保除"不测"的内容，实验室具备其余全部检测能力。比如，对于 GB/T 9254.1—2021《信息技术设备、多媒体设备和接收机 电磁兼容 第 1 部分：发射要求》辐射发射项目，实验室只不具备 1GHz 以上辐射发射的检测能力，可以在辐射发射对应的说明中注明"辐射发射不测 1GHz 以上频率"或"辐射发射只测 30MHz～1GHz"。在增加限制说明时，应注明限制的具体项目及检测范围，如需对某些检测标准（方法）的部分条款进行限制，应注明被限制条款的条款号及具体名称，不宜只对条款号进行限制。

　　如过检测对象超出检测标准的使用范围，应填写参考的检测标准，在相关说明中注明非标准方法，并对检测标准的使用范围进行限定。如检测方法为检测机构自制或非标准方法，应在相关说明栏注明该方法为检测机构自制方法或非标准方法。

　　如 EMC 检测实验室涉及可移动设施、租用设备等对检测能力有影响的事宜，应在相关说明中予以注明。

2.5.6　其他表述要求

　　如果 EMC 检测实验室具备多个固定检测场所，应在各固定场所下分别描述该场所的 EMC 检测能力。这里说的"场所"，是按照市场主体住所（经营场所）登记管理办法以及认可机构对多场所检测实验室的规定对关键场所的划分，一般以行政区划和地理位置进行区分。

　　如果检测机构仅具备一个固定场所，部分检测项目需要在可移动设施（如无线电监测车）或客户现场（如屏蔽室的屏蔽效能），应在相关说明中对场所的特征予以注明。

　　由于 EMC 是一个国际化程度较高的检测领域，检测实验室经常会使用多种语言的检测标准。在这种情况下，检测实验室的其他语言（如英语）能力范围描述应与中文完整、等同对应，并且 EMC 检测能力信息的检测对象、项目/参数、检测标准（方法）、相关说明等的描述应为同一种语言。

　　如果检测能力信息涉及国际标准、国外标准等其他语言信息，检测标准（方法）信息描述应按照国际标准、国外标准等原文规范描述，其他信息应参照 GB/T 4365—2003《电工术语 电磁兼容》和 GB/T 29259—2012《道路车辆 电磁兼容术语》等 EMC 方面的专业术语准确翻译。

2.5.7　检测能力表述的数据质量

　　随着信息技术快速发展，数字技术对传统行业的赋能作用逐步增强，越来越多的实验室使用信息化手段对检测能力进行管理。从实验室认可的角度来看，对于检测能力评价也由传统的现场见证模式,逐步向数字化和远程化发展,对于检测机构认可的全流程均与检测能力数据的采集、分析和处理紧密相关,检测能力表述的信息也成为认可的核心数据之一。EMC 检测能力表述的数据质量也成为确保实现相关的业务功能和对数据资产的有效利用的重要方面。

对于 EMC 检测能力表述数据而言,数据质量应关注数据准确性、数据一致性和数据时效性三个方面:

(1) EMC 检测能力数据准确性是指,数据是否能够准确、真实反映实际信息。一方面,需要实验室的技术能力范围能够真实客观的反映其技术能力;另一方面,需要其能够使用正确的检测能力表述方法,实验室在业务管理系统或在认可申请材料中填报的数据准确、清晰、规范;实验室应定期对检测能力的数据检查,可以结合文件审查、现场评审、实验室内审等工作,进一步提高检测能力数据的准确性。

(2) EMC 检测能力数据一致性主要体现在,数据是否符合逻辑,反映同一业务实体的数据及其属性是否具有一致的含义。这也是检测能力数据质量控制的难点,需要各实验室、评审组遵循统一的规则和方法,采取一致的标准来记录、传递检测能力数据,使同一项能力在多家检测机构能够获得一致的表述。

(3) EMC 检测能力数据时效性是指,在数据全生命周期过程中,能否把合适的数据及时发送给合适的业务人员反映当前业务情况,供业务人员及时决策。对于检测能力数据时效性,尤其需要关注该项能力的认可状态,使相关人员能够采取正确的处理措施;同时,还应关注检测能力所依据标准的时效性,如是否为当前最新或者有效版本等方面的内容。

第 3 章　EMC 检测实验室检测能力的提升

EMC 检测实验室的检测人员能力、关键设备量值溯源、实验室质量控制是制约行业发展的共性质量问题。本章在满足 EMC 检测实验室相关认可要求的基础上，结合 EMC 检测领域的技术发展趋势和专业技术特点，从人员能力模型、检测设备全生命周期管理、检测量值溯源、设施环境确认和内外部质量控制等环节进一步细化和深入地展开讨论，具体内容不作为认可要求，可供 EMC 检测实验室提升 EMC 检测活动质量管理水平和技术能力参考使用。

3.1　EMC 检测实验室人员能力

EMC 检测相关人员应与其岗位职责及授权范围内的检测活动相匹配，以确保实验室检测结果的准确性。EMC 检测项目繁杂、复杂度高，不仅需要对测试场地和设施进行确认，还需要操作各类复杂设备，对被测物（EUT）、设备和环境进行规范化的布置，熟悉 EUT 的运行情况并对其进行实时监测，排查测试过程中的干扰和风险点。除此之外，EMC 检测人员还要对产品和系统的 EMC 设计有一定的经验，以区分产品及系统、分系统带入的电磁干扰和测试环境、测试设备的干扰，获得准确的检测结果。在实践中发现，有些 EMC 检测人员电磁理论薄弱，对于设备操作、标准方法的理解不够透彻，由于人员能力问题而造成检测结果不准确、不一致的问题。因此，加强 EMC 检测实验室人员专业能力建设是 EMC 检测质量提升的关键之一。本节内容由人员能力模型、人员能力指标体系、人员能力指标分级和人员能力模型应用四部分组成。构建的人员能力模型能够较为全面、客观地刻画 EMC 检测人员的核心能力。通过对指标体系的分级可以进一步对人员能力评价提供客观依据，通过评价比较给予检测人员一定的正向反馈、差距提示，如帮助科研人员了解同行动态、及时查漏补缺等，从而达到 EMC 检测人员能力整体提升的目标。

3.1.1　人员能力模型

能力是指人员应用知识、技能和素质，实现预期结果的本领。CNAS—CL01《检测和校准实验室能力认可准则》和 CNAS—CL01—A008《检测和校准实验室能力认可准则在电磁兼容检测领域的应用说明》规定了 EMC 检测相关人员应具有的专业和工作经历，作为评价考核的基本依据。其内涵包括以下三个方面：

（1）EMC 检测相关人员应具有相应的 EMC 基础理论和专业知识，并且具有相关的实践经验。通常来讲，应至少具备 EMC 相关专业大专以上学历。相关专业是指物理学、仪器科学与技术、电气工程、电子科学与技术、信息与通信工程、控制科学与工程等一级学科中与电磁学相关的领域。

（2）EMC 检测相关人员还应理解实验室的管理体系，明确自身在组织中的定位及岗位职责，熟悉实施检测及相关活动所必要的资源和过程，掌握实验室的质量方针和质量目标，掌握与其岗位职责相匹配的管理要求。譬如，EMC设备管理员，除了解EMC设备的功能、性能、使用方法等技术内容以外，还应当了解实验室设备管理的各项要求；EMC授权签字人还应当掌握EMC检测报告签发的流程、各类标识、印章使用的规定等。

（3）EMC检测相关人员还应具备与实施EMC检测及相关活动所需的素质，包括但不限于诚信、行为态度等。

能力模型发源于西方，是提升组织竞争力和提升人员能力建设系统性、科学性的有效工具。目前，职业能力模型在我国不同行业、企业、政府机构得到广泛应用并起到了良好效果。EMC检测人员能力建设需要科学性、系统化、体系化的支撑。为了提升EMC检测实验室人员能力建设水平，帮助EMC检测相关人员更加精准、系统地提升专业水平，对EMC检测人员能力进行归纳和总结，充分挖掘EMC检测人员的能力要素和指标，进一步整合、构建了EMC检测人员能力总体模型，如图3-1-1所示。

该模型分为三个层级共63个指标。第一层级分别为基本要求和知识、技能、素质三类指标。其中，"基本要求"是指CNAS—CL01《检测和校准实验室能力认可准则》和CNAS—CL01—A008《检测和校准实验室能力认可准则在电磁兼容检测领域的应用说明》规定的EMC检测相关人员应具有的专业和工作经历等原则性要求。一级指标3个。其中，"知识"包括，4个二级指标，17个三级指标；"技能"包括，4个二级指标，20个三级指标；"素质"包括，3个二级指标，12个三级指标。后面将对各项指标展开进行讨论。该模型可为检测机构培养EMC检测专业人员、提升人员能力提供可

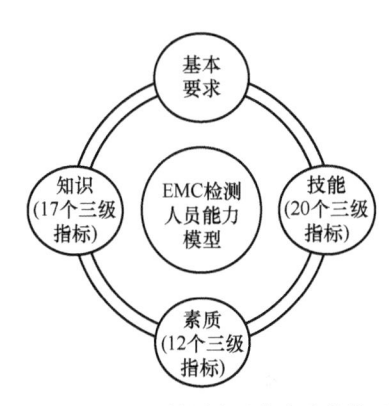

图3-1-1 EMC检测人员能力总体模型

操作的指导性建议，也可以指导EMC实验室选择、培养、考核、授权专业检测人员，以及实验室认可评审人员对于EMC检测实验室关键技术人员的能力评价。

3.1.2 人员能力指标体系

3.1.2.1 知识

知识是指通过教育或实践获得的事实、信息、真理或理解。这里所说的教育可以是学校的专业教育，也可以是人员接受的内外部培训，如在实验室接受的职业培训、内部培训等。EMC检测人员要开展检测相关活动，应至少具备关于检验检测和EMC的通用知识、EMC专业知识、EMC检测知识和实验室管理体系知识四个方面的知识，构建属于自己的知识体系。为了便于在后续章节对各项指标进行应用，以英文缩写加编号的形式对指标进行简写。

1. 通用基础知识（KG）

EMC检测人员应具备的通用基础知识方面主要包括以下4个指标：
1）检验检测、认证认可、标准化相关法律法规和制度（KG1）。
2）国际标准化和合格评定体系的基础知识（KG2）。

3）合格评定相关的专业术语和基本原理、基本概念（KG3）。
4）逻辑分析和调查的知识/理论（KG4）。

其中，检验检测、认证认可、标准化相关法律法规和制度是指与 EMC 检测活动最为相关的法律法规，如《中华人民共和国计量法》《中华人民共和国标准化法》及其实施细则、《中华人民共和国认证认可条例》《检验检测机构资质认定管理办法》《检验检测机构监督管理办法》等，确保检测人员能够知法懂法、合法从业。国际标准化和合格评定体系的基础知识、合格评定相关的专业术语和基本原理、基本概念等知识能够帮助 EMC 检测人员更好地理解检测活动实施的依据，并提高从事检测活动的专业性。EMC 检测活动是一项复杂的技术活动，检测过程及结果计算中需要对样品信息、检测条件、检测数据等进行充分的调查分析，因此逻辑分析和调查的基础知识/理论也是必要的。

2. EMC 专业知识（KF）

EMC 检测人员应具备的 EMC 专业知识方面主要包括以下 5 个指标：
1）电磁学专业基础知识（KF1）。
2）电路理论专业基础知识（KF2）。
3）电子测量和自动测试技术（KF3）。
4）EMC 的数据处理技术（KF4）。
5）EMC 检测中的安全防护（KF5）。

其中，电磁学和电路理论是 EMC 学科的理论基础，是检测人员了解检测对象、检测原理、实施检测的基础。随着技术发展，EMC 检测自动化、信息化、智能化程度越来越高，因此电子测量和自动测试技术、EMC 数据处理技术的相关知识也是检测人员需要掌握的。另外，还应掌握用电安全、静电防护、防火、防辐射等安全防护知识，以确保在检测过程中人身健康和设备安全。

3. EMC 检测相关知识（KT）

EMC 检测相关人员应具备的 EMC 检测相关知识方面主要包括以下 4 个指标：
1）EMC 现有标准/技术法规（KT1）。
2）EMC 检测方法的验证和确认相关知识（KT2）。
3）EMC 量值溯源知识（KT3）。
4）EMC 被测样品的相关知识（如功能、特性等）（KT4）。

EMC 是多个国家和地区实施强制性产品认证或市场监管的重点检测项目，各国都制定了相应的法律法规和标准，掌握这些技术法规对于实施产品检测也非常重要，如我国的《强制性产品认证管理规定》、欧盟 EMC 指令 2014/30/EU、美国联邦通信委员会 FCC Part 15 等。具体的 EMC 检测项目则大多依据相关的 IEC、CISRP、EN 等国际标准或 GB 等国家标准、行业标准，掌握这些标准的技术内容和应用方法，以及如何将标准方法进行验证/确认，从而转化为实验室实际的检测能力，对于实施相应检测项目的关键人员也是非常必要的。为了使 EMC 的测量结果或测量标准的值能够溯源到规定的参考标准（通常是国家计量基准或国际计量基准），从而确保检测结果的准确性，EMC 检测人员还应了解 EMC 量值溯源的原理、方法过程、溯源结果确认和应用等基础知识。另外，为了能够准确地观察记录样品特性，保证在测量过程中保持被测样品恰当的工作状态，还应该掌握常见的 EMC 被测样品的相关知识等（如功能、特性等）。

4. 管理体系相关知识（KM）

EMC 检测人员应具备的管理体系相关知识方面主要包括以下 4 个指标：

1）实验室的质量方针和质量目标，管理体系一般要求（KM1）。
2）实验室组织结构，相关岗位职责、授权条件和岗位权限（KM2）。
3）对实验室 EMC 检测资源掌握（KM3）。
4）检测活动的实施的程序（KM4）。

EMC 检测人员对于管理体系知识掌握的范围和程度，与其担任的岗位职责具有比较强的相关性。管理体系的要素和知识点非常丰富，上述 4 个指标是 EMC 检测人员普遍应具备的共性知识。首先，实验室的质量方针和质量目标，管理体系一般原则和要求是实验室全员应当掌握的。EMC 检测人员还应当了解实验室组织结构和自身在组织结构中的位置，应当知晓自身及与自身关联人员的岗位职责、授权条件和岗位权限。譬如，检测人员在执行新的检测项目时应当能够正确识别项目开发人员的确认记录，应知晓样品管理人员的职责权限以便确认样品的数量、状态等信息。EMC 检测人员还应当了解并掌握实验室的检测资源，如检测场地的参数、仪器设备的数量、状态和性能指标等，以便合理安排试验。检测活动的实施程序是实验室管理体系和检测标准中规定的实施检测活动的步骤，如合同评审、样品接收、环境确认、检测布置、检测系统搭建、检测实施、试验记录、数据处理、出具检测报告等。

3.1.2.2 技能

根据 GB/T 27203—2016《合格评定 用于人员认证的人员能力词汇》的定义，技能是指通过教育、培训、经历或其他方式获得的，完成某项任务或活动并达到特定预期成果所应具备的本领。对于 EMC 检测实验室，技能就是相关人员实施检测活动的实践能力，主要通过日常工作积累、实验室专业培训以及实践锻炼得以提升。EMC 检测人员的技能主要包括通用基础技能、实施检测活动的一般技能、实施 EMC 检测的专业技能和 EMC 检测领域的技术管理技能四个方面。

1. 通用基础技能（SG）

EMC 检测相关人员应具备的通用基础技能方面主要包括以下 5 个指标：

1）语言、沟通与表达（SG1）。
2）查询、购买、阅读检测标准/技术法规/技术文献（SG2）。
3）项目管理或实施（如资源配置、流程控制等）（SG3）。
4）与客户或实验室相关人员合作（SG4）。
5）确定相关方的需求和期望（SG5）。

其中，语言、沟通与表达技能主要是指 EMC 检测人员和客户、实验室其他人员在学习和工作中的交流能力；为了实施某些特定的检测项目，检测人员通常需要学习、查阅检测方法和相关的文献，这就需要独立的查询、购买、阅读检测标准/技术法规/技术文献的能力。在实施 EMC 检测过程，需要协调检测的场地、设备、人员以及其他的资源支持，需要控制检测的流程和进度，确保检测质量，就需要检测人员具备一定的项目管理或实施的技能；对于某些特定的检测项目，检测人员无法独立完成。譬如，对于一些抗扰性试验,需要在操作检测设备时有人帮助监测样品的工作状态;对于一些复杂的受试系统,在检测前必须经过客户的专业调试等。这就需要检测人员具备客户或实验室相关人员合作的技能。有些时候,客户对检测的要求并不是非常清晰,还需要检测人员在项目合同评审阶段甚至在试验阶段,不断明确、调整以确定客户或者相关方的需求和期望,以更好、更高效地完成检测活动。

2. 实施检测活动的一般技能(ST)

EMC检测相关人员实施检测活动应具备的一般技能方面主要包括以下5个指标:

1)检测环境确认和测试布置(ST1)。
2)检测系统配置、设备操作、软件使用(ST2)。
3)检测技术记录(ST3)。
4)检测结果分析和符合性判定(ST4)。
5)检测报告编写/审查(ST5)。

检测环境确认和测试布置能力包括,根据检测方法和被测样品的需求,确认检测所需要的温度、湿度、电源或背景噪声等环境条件;选择适当的场所按照标准方法所要求的布置方式,恰当合理地安排好样品、天线、接地平板、电源网络等摆放位置,以便能够正确地实施检测活动。检测系统配置、设备操作、软件使用技能是指,能够熟练地对检测系统所需的仪器设备、辅助设备、导线等进行正确配置,能够正确地操作检测设备,并能够熟练使用自动化测试中的嵌入式软件或在控制计算机中安装的测试软件。EMC检测人员还要对检测过程和数据进行原始记录,记录的详细程度应确保在尽可能接近的条件下能够重复实验室活动,包括样品信息、检测方法、检测参数、环境条件、检测过程中的原始观察以及检测的时间、场所、人员等信息;EMC检测人员还需要能够编写符合要求的检测报告,部分人员还需要具备审查检测报告的能力。

3. EMC检测专业技能(SR)

EMC检测人员在具备实施检测活动应具备一般技能的基础上,在EMC检测的专业技能方面,主要包括以下5个指标:

1)EMC检测设备维护/期间核查(SR1)。
2)电波暗室/开阔场的场地确认(SR2)。
3)EMC测量不确定度要素确认(SR3)。
4)EMC能力验证及质量控制结果的处理(SR4)。
5)基于EMC检测结果的改进建议(SR5)。

这5项指标是在检测人员具备一般的检测技能的基础上,针对EMC检测的技术特点提出的。EMC检测设备不仅复杂性高、灵敏度高,而且有价值高、容易损坏的特点,要具备对检测设备日常维护的能力和对设备期间核查的能力,确保设备功能性能持续符合要求,确保EMC检测实验室在检测过程中量值溯源规范性和准确性。EMC检测对环境的要求除了有温度、湿度等一般要求外,电波暗室和开阔场也是最常见的试验场所,检测人员应掌握对于场地的各项指标要求并进行确认。例如,进行辐射骚扰测试时,半电波暗室或全电波暗室的场地电性能和有效性应满足GB/T 6113.104—2021《无线电骚扰和抗扰度测量设备和测量方法规范 第1—4部分:无线电骚扰和抗扰度测量设备 辐射骚扰测量用天线和试验场地》要求；进行辐射杂散测试时，全电波暗室应按照 YD/T 1483—2016《无线电设备杂散发射技术要求和测量方法》规定的场地确认方法，全频段归一化场地衰减的偏差在 4dB 范围内等。测量不确定度作为测量结果的一部分，合理表征了被测量量值的分散性，对测量结果的可信性、可比性和可接受性都有重要影响，是评价测量活动质量的重要指标。EMC 检测人员则应能够具备识别检测中测量不确定度的要素及其贡献的能力，以便正确评定、报告和应用测量不确定度，确保结果的准确性。EMC 检测人员还应该掌握利用能力验证等质量控制结果的能力，以便必要时发现检测当中的问题，剔除无效或者低质量的检测数据，提高检测结果的质量。有些时候，除了得到准确的检测结果之外，检测人员还要在检测过程和检测数据之中分析被测样品问题产生的原因并给出改进的建议，这也是多数 EMC 检测发现问题的意义所在。因此，对于一个高水平的 EMC 检测人员，这也是一项需要掌握的技能。

4. EMC 领域技术管理技能（SM）

EMC 检测人员应具备的 EMC 领域技术管理技能方面主要包括以下 5 个指标：
1）EMC 检测方法开发、验证/确认（SM1）。
2）EMC 检测方法的培训、考核（SM2）。
3）确保 EMC 检测结果有效性（如能力验证）（SM3）。
4）EMC 检测领域的内部审核技能（SM4）。
5）EMC 物品和服务的考核验收（如外部提供的产品和服务）（SM5）。

考虑到 EMC 检测人员岗位职责设置的多样性，以及为检测机构培养 EMC 检测复合型人员，也为 EMC 检测相关人员提升职业技能、规划职业的原因，这里也提出了 EMC 领域技术管理技能方面的指标，主要面对的是和 EMC 技术关联度较大的职业技能。EMC 检测方法开发、验证/确认是指，对新的 EMC 检测项目、发生变更（升级）的检测标准进行验证，或者对于非标准的检测方法、实验室自制的检测方法进行确认，以便实验室能够完成从标准或方法理论到实验室能力的转化，从而具备实际操作的能力。EMC 检测实验室要完成检测人员梯队的建设，要有高水平的人员完成对普通检测人员的技术培训和考核、监督，确保每位检测人员的能力能够匹配其获得授权的检测项目。确保 EMC 检测结果有效性是指，根据实验室的检测项目和技术风险识别的结果，选择恰当的质量控制方法、制订质量控制计划和方案、实施质量控制活动、应用质量控制结果，以确保实验室采用的内部质量控制技术合理适用，内部质量控制活动充分有效。EMC 检测实验室还要有人员具备能力实施对 EMC 检测的技术活动，如方法、设备、场地条件、检测过程、检测记录和报告等，进行内部审核的能力；要有对 EMC 检测设备、易耗品、元器件等产品以及校准、分包等服务质量的考核验收能力，保证实验室检测结果的准确可靠。

3.1.2.3 素质

根据 ISO/IEC TS 17027：2014《合格评定 用于人员认证的与人员能力有关的词汇》的解释，素质是指人的固有品质，如视敏度、对他人的敏感性、坦率、诚信等。EMC 检测人员的素质主要包括基本品质、专业态度和科学素养三个方面。

1. 基本品质（QC）

EMC 检测人员应具备的基本品质方面主要包括以下 4 个指标：

1）公正/客观/无歧视（QC1）。
2）诚信/真实/严谨（QC2）。
3）责任/担当（QC3）。
4）积极/自我管理/持续提升（QC4）。

这里提到的公正/客观/无歧视和诚信/真实/严谨等品质与很多实验室的质量方针相一致，突出的是检测人员的共性品质，也是检测行业的根本属性。责任/担当强调的是检测人员对结果负责、对客户负责、对实验室负责的责任意识，而积极/自我管理/持续提升则强调了 EMC 检测人员在个人成长和职业发展中应具备的素质。

2. 专业态度（QA）

EMC 检测人员应具备的专业态度方面主要包括以下 4 个指标：

1）准确/精确/细致（QA1）。
2）合作/协调/灵活性（QA2）。
3）宽容/谦恭/礼貌（QA3）。
4）思维开放/勤于思考（QA4）。

准确/精确/细致等品质与很多实验室的质量方针相一致，突出的是检测人员的共性品质，也是检测行业的根本属性。合作/协调/灵活性和宽容/谦恭/礼貌强调了 EMC 检测的复杂性和服务属性。思维开放/勤于思考强调了 EMC 检测人员在个人成长和职业发展中应具备的素质。

3. 科学素养（QS）

EMC 检测人员应具备的科学素养方面主要包括以下 4 个指标：

1）洞察力/感知力/敏锐（QS1）。
2）逻辑性/系统性/分析能力（QS2）。
3）果断/判断力/有见解（QS3）。
4）智慧/快速学习（QS4）。

洞察力/感知力/敏锐更多强调检测人员对 EMC 客户需求和检测过程的观察和把握能力。逻辑性/系统性/分析能力主要强调 EMC 检测人员对检测方法、检测数据以及检测实施过程、检测结果的分析能力，对于检测活动的整体性、系统性的把握能力。果断/判断力/有见解更多强调 EMC 检测人员对于检测结果符合性的判断能力，解读检测结果的能力，以及遇到突发应急情况等应变性和果断处理的品质；智慧/快速学习强调 EMC 检测人员在个人成长和职业发展中应具备的素质。

3.1.3 人员能力指标分级

对于上述的 EMC 检测人员能力指标，可分为 A、B、C 三个等级。其中，A 级为最高级，代表检测人员某一方面的能力为"优"；B 级为中间级，代表检测人员某一方面的能力为"良"，具备一定的提升空间；C 级为基础级，代表检测人员某一方面的能力为"一般"，能够达到该指标最基本的上岗标准。

3.1.3.1 知识指标分级

A级要求：能够深刻理解、全面掌握EMC、质量管理的相关知识，能够对EMC检测过程中的现象、数据等独立进行观察、分析、计算、判断，并能够进行系统性总结，能够对其他人员实施教育培训、考核，能够制（修）订EMC领域检测方法、程序、指导性文件等。

B级要求：能够熟练掌握EMC、质量管理的相关知识，能够对EMC检测过程中的现象、数据等进行观察、分析、计算、判断，能够对其他人员实施监督，能够参与制（修）订EMC领域检测方法、程序、指导性文件等。

C级要求：能够掌握EMC、质量管理的相关知识，能够快速学习并理解EMC领域的检测方法和原理，并合理运用到EMC检测及相关活动中。

3.1.3.2 技能指标分级

A级要求：能够深刻理解EMC检测标准和方法，具备丰富的全流程EMC检测项目经验；能够独立查找、阅读EMC标准，能够开发实验室的EMC检测项目，实施方法验证/确认，对测试进行不确定度分析；熟悉EMC测试设施设备的工作原理和限制范围，掌握设备校准状态，具备实施期间核查的能力；熟悉实验室EMC检测领域的规范、程序及其他文件，有能力对相关检测结果进行评定；能够指导培训他人完成EMC检测项目。

B级要求：能够熟练掌握EMC检测标准和方法，具备EMC检测项目经验；能够熟练使用EMC测试设施设备，掌握设备校准状态；熟悉实验室EMC检测领域的规范、程序及其他文件，能够独立完成EMC检测，解决检测活动中出现的各种问题，并出具结果报告，可以对检测结果进行审查；能够监督他人完成EMC检测项目。

C级要求：能够掌握EMC检测标准和方法，能够使用EMC测试设施设备，掌握设备校准状态，独立完成EMC检测项目，并进行记录、出具结果报告。

3.1.3.3 素质指标分级

A级要求：具有优秀的个人品质和专业态度，具备较强的科学素养，能够长期保持良好的个人品行记录和质量记录；能够发挥模范作用，感染、影响他人，在实验室内推动形成良好风范；具有一定的大局观，具有带领团队经验，善于团结协作，能够帮助培养检测人员；善于思考、善于学习，能够根据不同的情况积极、灵活解决实验室的各类问题。

B级要求：具有良好的个人品质和专业态度，具备一定的科学素养，能够保持良好的个人品行记录和质量记录；能够发挥模范作用，感染、影响他人，在实验室内推动形成良好风范；善于思考、善于学习，能够自我驱动，主动提升。

C级要求：具有合格的个人品质、专业态度，在EMC检测中坚持科学思维和科学方法，无不良品行记录和质量记录；遇到问题能够迅速查找原因、消除影响并及时纠正。

3.1.4 应用模型提升人员能力

实验室可根据EMC检测相关人员工作任务、岗位职责及授权范围内的检测活动选取适当的指标作为本实验室的人员能力模型，并根据实际需求制定相应的考核、授权要求。指标选取时主要考虑如下因素（包括但不限于）：

1）EMC 检测相关的法律法规和认可规范中关于人员能力的要求。
2）实验室开展的 EMC 检测项目。
3）EMC 检测相关人员的岗位职责、授权范围。
4）新采用的 EMC 检测方法或方法的变更。
5）实验室人员的能力和经验、人员数量及变动情况。
6）实验室人力资源培养计划和目标。
7）实验室 EMC 检测业务量、资源配置和客户的需求。
8）实验室质量控制的方式和结果。
9）实验室控制风险和利用改进机遇的需求。
10）实验室内外部审核中与人员能力相关的结果。
11）实验室管理评审中与人员能力相关的输出。

EMC 检测实验室可以制定某一岗位的人员能力模型，作为该岗位人员监督、考核、授权的依据（见表 3-1-1）。相关岗位的工作人员也可以根据此模型对照各项指标的要求和分级原则进行自我评价，以了解自身能力的符合性。

表 3-1-1 某实验室 EMC 领域"授权签字人"岗位能力模型示例

岗位名称	岗位职责	能力指标	指标级别
EMC 检测领域授权签字人	1. 审核 EMC 检测报告的有效性，确保报告中的检测结果按照标准/方法的要求实施 2. 审核 EMC 检测报告中检测数据和结果的真实性、客观性、准确性，以及内容完整性和可追溯性 3. 履行最终审查职责，批准签发 EMC 领域的检测报告，并保存相关记录；否决不符合要求的结果和报告	KG1	A
		KG2	B
		KG3	A
		KG4	A
		KF1	A
		KF2	A
		KF3	A
		KF4	A
		KF5	B
		KT1	A
		KT2	B
		KT3	A
		KT4	B
		KM1	B
		KM2	A
		KM3	B
		KM4	A
		SG1	B
		SG2	B
		SG3	B
		SG4	B

能力指标列中，"知识"对应 KG1–KG4、KF1–KF5、KT1–KT4、KM1–KM4；"技能"对应 SG1–SG4。

(续)

岗位名称	岗位职责	能力指标	指标级别
EMC 检测领域授权签字人	1. 审核 EMC 检测报告的有效性，确保报告中的检测结果按照标准/方法的要求实施 2. 审核 EMC 检测报告中检测数据和结果的真实性、客观性、准确性，以及内容完整性和可追溯性 3. 履行最终审查职责，批准签发 EMC 领域的检测报告，并保存相关记录；否决不符合要求的结果和报告	SG5 （技能）	B
		ST1	A
		ST2	A
		ST3	A
		ST4	A
		ST5	A
		SR1	B
		SR2	B
		SR3	A
		SR4	A
		SR5	B
		SM1	B
		SM2	B
		SM3	A
		SM4	B
		SM5	B
		QC1 （素质）	A
		QC2	A
		QC3	A
		QC4	B
		QA1	A
		QA2	B
		QA3	B
		QA4	B
		QS1	A
		QS2	A
		QS3	A
		QS4	B

注：1. 本表只作为典型的岗位人员能力模型的示例，不作为 EMC 检测领域授权签字人的普遍要求。
2. 为了示例效果，本表给出了 EMC 检测人员能力的全部指标。实际中实验室可根据实际情况进行适当的删减、选择。

EMC 检测实验室可根据本标准所述模型评估人员能力现状、制订能力培养计划（见表 3-1-2）。检测人员也可以确定自我能力提升和职业发展目标，比照当前评估结果，了解自身优势、检视能力不足的关键点，从而形成正向反馈，提升自我能力。

表 3-1-2　某实验室检测工程师"张某"能力模型应用示例

姓名	能力指标		当前评估结果	发展目标
张某	知识	KG1	C	C
		KG2	C	C
		KG3	A	A
		KG4	B	B
		KF1	C	B
		KF2	C	B
		KF3	C	C
		KF4	C	C
		KF5	不符合	C
		KT1	B	B
		KT2	C	C
		KT3	C	C
		KT4	B	B
		KM1	C	C
		KM2	C	C
		KM3	C	C
		KM4	B	B
	技能	SG1	A	A
		SG2	B	B
		SG3	C	B
		SG4	B	B
		SG5	B	B
		ST1	C	C
		ST2	C	C
		ST3	B	B
		ST4	C	C
		ST5	C	B
		SR1	C	C
		SR2	N/A	C
		SR3	C	C
		SR4	C	C
		SR5	N/A	N/A
		SM1	C	C
		SM2	N/A	N/A
		SM3	C	C
		SM4	N/A	N/A
		SM5	N/A	N/A

(续)

姓名	能力指标		当前评估结果	发展目标
张某	素质	QC1	B	B
		QC2	B	B
		QC3	C	C
		QC4	B	B
		QA1	B	B
		QA2	C	C
		QA3	B	B
		QA4	B	B
		QS1	C	C
		QS2	C	C
		QS3	C	C
		QS4	B	B

注：1. 本表只作为典型的人员能力模型的示例，不作为普遍要求。
　　2. 表中，"不符合"代表该人员对应的指标没有能够达到基本标准；"N/A"代表该人员当前的工作内容不涉及对应的指标，或者未对该指标进行评估。

该指标体系还可以用于 EMC 实验室检测人员能力监控、内外部审核、人力资源风险评估等方面，能够更加精准、更加及时地发现人员能力问题，提升 EMC 检测实验室人员的整体能力。

3.2 EMC 检测设备管理

检测设备作为 EMC 检测实验室开展活动的基础设施，不仅是实验室能力的重要组成部分，并且与实验室检测方法、人员管理、数据溯源等关键要素紧密相关，检测设备的性能、状态直接影响了 EMC 检测结果的准确性与有效性。国际标准 ISO/IEC 17025：2017《检测和校准实验室能力认可准则》把检测设备的管理作为实验室能力的重要组成部分，并给出了详细的规定。正确使用检测设备并建立科学有效的管理体系，无论对于保证试验数据、检测结果质量，还是对于实验室的安全高效运行都具有十分重要的意义。

3.2.1 检测设备的生命周期

EMC 检测实验室应具备正确开展实验室活动所需的并影响结果的设备。这里所说的检测设备不仅包括测量仪器，也包括软件、测量标准、标准物质、消耗品和辅助装置等。典型的 EMC 检测设备见表 3-2-1。实验室对于检测设备的管理应当覆盖设备的生命周期。对于 EMC 检测设备而言，通常意义上的生命周期是指设备进入实验室到报废的一个闭环过程，包括购置期、使用期和报废期三个阶段。购置期包含设备采购、安装调试、设备验收三个节点；使用期是指检测设备的日常使用、维护保养以及使用期间的校准和期间核查等节点，直至设备报废，见图 3-2-1。

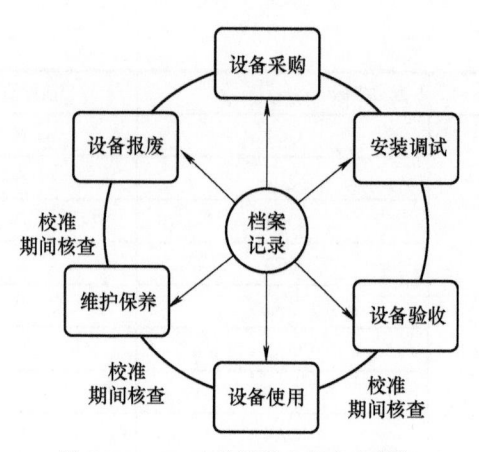

图 3-2-1　EMC 检测设备的生命周期

EMC 检测实验室应按照 CNAS—CL01《检测和校准实验室能力认可准则》（ISO/IEC 17025：2017）等文件的要求建立设备质量控制管理文件，覆盖检测设备的全生命周期，进一步实施细化管理。

表 3-2-1　典型的 EMC 检测设备

序号	类别	设备名称
1	发射测量类设备	测量接收机
2		断续骚扰分析仪
3		谐波分析仪
4		闪烁分析仪
5		人工电源网络
6		不对称人工网络
7		测量发射的耦合去耦网络
8		电流探头
9		电压探头
10		功率吸收钳
11		接收天线
12		其他
13	抗扰度试验类设备	信号发生器
14		功率放大器
15		耦合去耦网络
16		电流注入探头
17		电磁注入钳
18		静电放电发生器
19		电快速瞬变脉冲群发生器
20		电快速瞬变脉冲群发生器耦合去耦网络
21		电快速瞬变脉冲群发生器容性耦合夹

(续)

序号	类别	设备名称
22	抗扰度试验类设备	浪涌发生器
23		场强探头
24		功率探头
25		定向耦合器
26		电流监测探头
27		发射天线
28		其他
29	天线类设备	喇叭天线
30		环天线
31		杆天线
32		双锥天线
33		对数周期天线
34		复合天线
35	其他	稳压电源
36		天线升降塔
37		射频电缆
38		温湿度计
39		控制设备
40		射频切换开关
41		测量/控制软件

3.2.2 检测设备的采购与验收

EMC检测实验室在提出采购需求前，首先需要明确自身的需求，如设备需求的背景及紧迫度、实验室的资金预算、设备适用的检测项目，以及检测方法/标准中对设备的要求、预期的检测任务量等因素；构建EMC测试系统，还要考虑拟采购的仪器设备和当前实验室已经具备的场地、设备等适配性，在采购计划中明确所需设备的名称、型号规格、技术参数（含准确度等）、到货周期和数量，以及验收标准。

采购需求确立后，实验室需要寻找合格的供应商进行设备采购。EMC检测设备的供应商包括设备制造商、设备集成商、设备代理商等。实验室应有明确的要求确定、审查和批准仪器设备供应商，对于已经纳入合格供应商名录的应监控其表现和/或进行再次评价，以确保供应商能够具备必要的资质，并提供合格的安装、维护、维修等后续服务和技术培训的能力。EMC检测实验室应根据供应商评价结果选择最终供应商签订采购合同，出于风险考虑，建议采购合同包含的技术信息不少于采购需求中的信息，并约定设备安装、验收的方式。

在购置的检测设备到达后，实验室在安装前对设备及其附属资料进行清点核验，包括但不限于以下 4 个方面：
   1) 检测设备主机及其附属配件、连接线、控制软件等。
   2) 检测设备的装箱单、产品合格证、关键零部件清单等。
   3) 检测设备的使用说明、维护说明、原理图、安装示意图等技术资料。
   4) 其他资料，如关键参数的测试报告、质量证明文件或证书等。

在双方共同确认仪器设备清点核验结果后，实验室应根据采购合同的约定明确设备安装调试的主体，对于大型复杂的设备通常由供应商负责安装调试，实验室技术人员也需要进行必要的配合。对于 EMC 检测实验室，要特别注意选择恰当的安装位置，考虑的要素包括但不限于以下 5 个方面：
   1) 温度、湿度、电磁屏蔽、照明、噪声、洁净度等环境要求。
   2) 电源、接地等供电要求。
   3) 防火、防触电、疏散等安全要求。
   4) 与其他设备连接和组装要求，包括其他设备、控制器和互联网。
   5) 与其他项目的相互影响和隔离要求。

EMC 检测设备安装完成后，安装人员对仪器设备进行安装后的测试或调试，确保设备能够正常投入使用；对于有自动测试系统的设备，调试过程中应注意对于检测结果有影响的某些参数的输入和确认。

实验室应根据采购合同的要求，对检测设备进行验收，必要时可引入外部专家或第三方实施验收活动。验收主要包括工程验收和功能验收。工程验收指按照设备采购需求、检测方法和设备技术手册，根据实验室实际情况核查设备安装的空间位置、环境条件、供电、安全、连接等是否满足要求。对原有环境条件进行改造的工程，还要确认对原有环境条件的影响，如在屏蔽室上增加输入输出通道需考虑是否影响原屏蔽室的屏蔽效能。对于检测设备的功能验收，主要是考察设备能够按照预定的要求运行，实现设备的各项功能点，设备主要技术指标和参数能够达到采购合同的约定，必要时需进行校准或检定，还要通过多次测量等手段考察设备运行稳定性和可靠性。EMC 检测设备通过验收合格后方可投入使用。实验室要保留验收记录并按要求存档。

3.2.3 检测设备的使用和维护

当仪器设备投入使用或重新投入使用前，实验室须验证其符合规定要求。如果设备第一次投入使用前的设备验收已经包含了这一验证过程，则可以合并这一过程。对于 EMC 检测设备，如果因送至校准机构校准或返回供货商维修或租借等原因短暂脱离实验室管理，在其返回后实验室须依据验证方案对其重新进行验证，确保检测设备的功能性能满足要求。

对于 EMC 检测实验室，有时需要到室外开阔场或客户现场实施检测活动，在运输仪器设备的过程中应关注设备说明书中关于防潮、防震、防挤压等运输要求，避免设备损坏。使用前和返回实验室后，应对设备进行验证，确保设备的功能性能满足检测要求。

当测量准确度或测量不确定度影响报告结果的有效性或者为建立报告结果的计量溯源性时，需要对设备进行校准。实验室应当制订校准方案，并进行复核和必要的调整，本章 3.3 节将会对仪器设备的校准进行详细解析。

实验室根据检测设备供应商提供的使用说明书，按照检测标准/方法正确使用设备，必要时（如操作复杂或有特殊要求）应制定关键仪器设备的作业指导书对操作人员进行指导。在使用前对其校准状态及使用状态进行检查。实验室保留检测设备的使用记录并定期存档。移动设备外出检测时，应该在设备出库时和入库时对其进行适当的功能和技术性能核查并记录。现场检测开始前，应当检查设备是否可正常运行，环境条件是否符合规定，确认后方可使用。

在检测设备使用期间，当需要利用期间核查以保持对设备性能的信心时，则需要进行设备的期间核查。期间核查是指，在检测设备、设施、系统在相邻两次校准之间或在使用过程中，按照规定程序验证其计量特性或功能能否持续满足方法要求或规定要求而进行的操作。这是一种基于实验室能力对仪器设备的质量控制措施，在设备投入使用后到报废前，根据检测设备、设施、系统的日常使用状况、上次校准结果等因素来确定核查时间和频次。本章3.5节将会对EMC检测设备的期间核查进行详述。

EMC检测设备在日常使用中，为降低检测设备的故障率，保证其正常稳定运行，要进行维护。特别是精密、敏感、特定用途以及使用频次高、使用环境恶劣、移动使用的仪器设备要进行重点维护。设备的维护通常由实验室的专门人员负责，维护人员应了解仪器设备的基本原理和结构，熟悉仪器设备的使用与操作和必要的校准要求等，也可委托专业维护机构或供应商进行维护。

实验室要有切实可行的措施以防止仪器设备被意外调整而导致结果无效。如果设备有过载或处置不当、给出可疑结果、已显示有缺陷或超出规定要求时，要及时停止使用，对这些设备予以隔离加贴标签/标记以清晰表明该设备已停用，防止这些设备被当作正常设备使用。发生此类情况时，实验室还应及时检查设备缺陷或偏离规定要求的影响，并对其所出具的可能存疑的数据予以追溯。对于停用设备，应采取必要的措施进行验证，符合要求方可重新投入使用。

3.2.4 检测设备的报废

EMC检测实验室的设备管理程序应明确给出仪器设备报废的条件和要求。EMC检测设备通常在以下情况下可考虑报废：

1）达到或超过检测设备的使用期限，主要部件或结构已损坏，设备功能和性能不能达到最低使用要求，且失去修复价值。
2）因设备质量问题或损坏无法修复或修复费用超过、接近新购价格。
3）因相关标准方法、检测原理的变化而不符合现在使用要求，且不能改装利用。
4）无零配件提供修理且无法用其他零部件替代的待修理仪器设备。
5）检测设备技术落后，现行使用的检测质量和效率过低，不能满足实验室发展要求。
6）无法转移或继续使用的具有较大安全风险的设备。
7）已经被新设备取代或已经升级的软件，并且没有复用价值。

实验室根据设备管理程序按要求申请、审批、报废、处置作废设备，如果设备自带存储装置，或者其连接的主机中包含了原有的检测数据，应及时备份保存并进行安全处理后再进行报废，避免数据丢失或外泄的安全风险。

EMC 检测实验室尽快将已报废的检测设备撤离实验室实施检测活动的场所，对因特殊原因短期内无法撤离的仪器设备明确标识报废状态，防止实验室人员误用。对于在电波暗室、屏蔽室中暂时存放的报废设备，应注意评估其对环境的影响，避免对检测结果形成干扰。

3.2.5 检测设备的档案管理

实施对检测设备的档案管理，首先要建立仪器设备标识系统，所有 EMC 检测设备都要使用标识系统进行唯一标识以准确识别。检测设备标识系统包括仪器设备台账、设备唯一性标识、设备功能状态标识、标准物质标签等。典型的仪器设备台账包括设备名称、型号、序列号、唯一性编号、制造商、放置地点等，也可以根据实验室的具体情况增加保管人、参数/量程/校准范围、校准日期、校准周期等信息。设备标签或状态标识则是为了使设备使用人方便地识别设备、校准状态、有效期和设备功能状态，防止误用。

实验室应建立 EMC 检测设备的档案并妥善保管，及时更新。EMC 检测设备的档案主要包括仪器设备的基本技术资料以及全生命周期管理过程中的所有活动记录，通常包括以下内容：

1）仪器设备的名称、唯一性识别标识，包括软件和固件版本。
2）存放的位置。
3）设备的购置合同、票据。
4）设备安装和验收的技术文件及记录。
5）设备品牌、制造商、型号、序列号等标牌信息。
6）设备的使用记录。
7）设备的验证记录。
8）设备的校准报告/证书、期间核查记录。对设备校准的记录应包括校准日期、校准结果、设备调整、验收准则、下次校准的预定日期或校准周期。
9）设备维护保养计划和已进行的维护。
10）设备的损坏、故障、改装或维修的详细信息。
11）适用时，设备的操作指导书。

实验室应从设备采购期开始建立设备档案，建议每台（套）设备单独建档，以便准确了解和掌握设备整个生命周期内的状态变化；同时，需要注意设备档案不能随着设备报废而销毁，而应按照记录的保存规定期限进行保存。

3.2.6 检测设备的风险管理

实验室识别改进机遇、应对风险也是实验室能力的重要组成部分。EMC 检测设备通常结构复杂、精度较高，实际中容易受安装、使用、保养、环境等诸多因素影响，发生故障或性能降低的随机性强，部分情况还可能产生一定触电、火灾等安全隐患。精准的 EMC 检测结果依赖检测设备的正常工作，因此将风险管理的思维运用到 EMC 检测实验室的设备管理工作中，及时识别和评估仪器设备的风险，可以预防或减少测量试验活动中此类问题带来的不利影响和潜在的风险，提升 EMC 检测实验室的技术能力。

实验室仪器设备的风险管理，如图 3-2-2 所示，可以从风险识别、风险分析、风险评价、风险应对、跟踪验证 5 个步骤进行考虑。风险识别就是识别检测过程的每个风险点，查找存在的风险源，理清风险的来源和类别，总结出风险源清单，为下一步的风险分析提供依据。在 EMC 检测设备管理中风险源通常有人员操作、设备使用负荷、环境影响、设备过载、设备移动，以及其他风险源（如维修保养、与其他设备连接，以及校准、期间核查中发现的问题）。风险分析时应注意充分考虑每个风险点发生的可能性和概率、对检测结果的危害程度，做出正确的评估。应结合实验室自身特点和实际管理分析评估相应的风险水平综合判断，避免风险过度评估或评估不足。在分析设备管理的风险之后，要准确客观地评价风险的可接受程度，制订风险防控的应对措施。应对措施要能够消除风险当前的影响，还要分析风险产生的原因以消除潜在的影响，从而对不同类别风险实施有效应对，降低或消除设备管理的风险。还要定期对风险进行验证，以确定实施的效果，确保仪器设备能够持续满足 EMC 检测能力的要求。

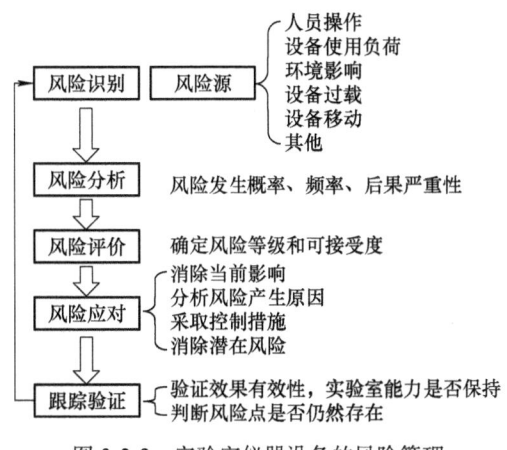

图 3-2-2　实验室仪器设备的风险管理

3.2.7　通过设备管理提升能力

检测设备作为实验室开展活动的基础设施，不仅是实现实验室检测能力的重要组成部分，并且与实验室新项目开发和人员能力提升紧密相关。基于检测设备管理的视角完善各项措施，也有助于实验室能力的提升。

在人员能力提升方面，EMC 检测实验室活动离不开人员与设备交互，实验室人员能力管理如培训、考核、授权和监督等，均与设备的维护、使用和操作紧密相关，因此实验室的人员能力的教育、资格、培训、技术知识、技能和经验等也都将影响实验室的活动结果，实验室应当确保相关人员具备其负责的实验室活动的能力。从设备管理的角度提升人员能力，可从以下几个方面考虑：

1）确定 EMC 检测实验室人员的岗位职责时应对安装调试、维护保养、操作使用等职责权限予以清晰界定，必要时设置专业的设备管理人员。

2）对特定岗位职责的人员实施设备使用和管理的专业培训，并评估考核培训效果。对于复杂的检测、测量和研究方法，以及使用条件苛刻、操作难度大的仪器设备，还应当根据方法对设备功能的需求制定必要的设备操作指南并给予相关人员专业培训,提高人员设备操作能力,保证不同人员操作设备获得测试结果的一致性。

3)为确保设备的正确使用和维护设备及人员安全,还需要对使用特定设备(如高精度、易损坏设备,或者高压设备)的人员进行授权,并对设备的状态予以监测,防止设备误用滥用。

4)通过对单台设备不同人员操作、多台设备操作比对等现场观察等方式,监控实验室人员能力保持和活动质量,同时也要提升实验室设备管理人员的技术水平。

实验室检测设备的功能、性能和规格指标要求是与实验室的检测标准方法紧密相关的。EMC 检测实验室开发新的检测项目,通常是以方法验证(确认)的方式进行的。首先需要考虑的就是 EMC 检测设备的配置问题。无论是购买、租赁还是分配设备,都需要对拟开展的项目依据的检测标准(方法)进行分析,以确定恰当的设备数量和型号、技术指标、随机配件、耗材等,并对设备的实用性、先进性、经济性、合理性进行分析。在确定设备需求时,应考虑方法的改进和变更,以检测设备发挥最大作用并保留一定的提升空间为宜。

除此之外,还应考虑检测标准方法和设备对于环境设施条件的要求,以及设备在使用过程中应采取何种维护措施以保证能够准确地支持实验室活动。一方面,检测设备的正常运行则需要匹配恰当的环境条件或隔离措施,如温度、湿度、振动屏蔽、接地、电磁场强度等。譬如,静电放电抗扰度设备在实施放电试验时应符合特定的温湿度条件。另外,还要避免设备受到环境影响或设备之间的相互干扰。譬如,高精度的 EMC 设备不宜与环境试验的振动实验装置距离较近,避免造成设备损坏或者对检测结果造成不良影响。另一方面,如果方法本身对测试的设施环境有要求,还应当选用适当的环境监测设备,预防对实验室活动的污染、干扰或不利影响。有些 EMC 检测方法还要求设备在每次开机使用前进行必要的维护,如功能自检或自校准等。

3.3 EMC 检测量值溯源

3.3.1 基本概念

量值溯源是实验室确保其结果有效性的重要方式之一。它包括了实验室制订校准方案、实施校准、应用校准结果等一系列的活动。

如果仅从定义上看,量值溯源并没有出现在计量术语相关文件中。这里提到的计量相关的术语和定义主要来自国家计量技术规范 JJF 1001—2011《通用计量术语及定义》。JJF 1001—2011 中"量值传递"的定义:"通过对测量仪器的校准或检定,将国家测量标准所实现的单位量值通过各等级的测量标准传递到工作测量仪器的活动,以保证测量所得的量值准确一致。"

量值传递和量值溯源其实是同一过程的两种不同的表达。量值传递是自上而下逐级传递的,是各级校准实验室将国家测量标准实现的单位量逐级传递到实验室仪器的活动。量值溯源则是自下而上的溯源,是实验室通过将仪器送校准实验室校准,从而使仪器的量值溯源到国家测量标准的活动。

量值溯源的源头一般是各个实验室所在国家的计量基准或标准。各个国家之间通过签署《国家计量基（标）准和国家计量院签发的校准与测量证书互认协议》（CIPM MRA），开展国家计量标准的国际比对，证明国家计量标准的国际等效，从而实现对国家计量院签发的校准和测量证书的国际互认，进而实现量值统一的全球化。根据中国计量科学研究院官网"交流合作"中"国际计量体系"的介绍，目前已签署 CIPM MRA 的机构包括 97 个国家计量院、149 个指定机构以及 4 个国际组织；国际关键比对数据库（KCDB）共发布了 1800 项对比结果和 25900 多项校准与测量（CMC）能力。国际 KCDB 由国际计量局负责建立和维护，并在其网站上发布（网址为 kcdb.bipm.org）。根据国家市场监督管理总局 2024 年 3 月 1 日发布的国家计量基准目录，我国共有 200 个国家计量基准。

我国是首批签署 CIPM MRA 的成员国之一，代表我国的国家计量机构是中国计量科学研究院。目前，经过国际同行评审，中国计量科学研究院实现测量能力国际互认 1958 项（见其官网上"走进计量院"的"院简介"）。

在 JJF 1001—2011 的计量术语中出现的有关溯源的名词是"计量溯源性"，其定义原文如下：

通过文件规定的不间断的校准链，测量结果与参照对象联系起来的特性，校准链中的每项校准均会引入测量不确定度。

注：

1）本定义中的参照对象可以是实际实现的测量单位的定义，或包括无序量测量单位的测量程序，或测量标准。

2）计量溯源性要求建立校准等级序列。

3）参照对象的技术规范必须包括在建立等级序列时所使用该参照对象的时间，以及关于该参照对象的任何计量信息，如在这个校准等级序列中进行第一次校准的时间。

4）对于在测量模型中具有一个以上输入量的测量，每个输入量本身应该是经过计量溯源的，并且校准等级序列可形成一个分支结构或网络。为每个输入量建立计量溯源性所作的努力应与对测量结果的贡献相适应。

5）测量结果的计量溯源性不能保证其测量不确定度满足给定的目的，也不能保证不发生错误。

6）如果两个测量标准的比较用于检查，必要时用于对量值进行修正，以及对其中一个测量标准赋予测量不确定度时，测量标准间的比较可看作一种校准。

7）两台测量标准之间的比较，如果用于对其中一台测量标准进行核查以及必要时修正量值并给出测量不确定度，则可视为一次校准。

8）国际实验室认可合作组织（ILAC）认为确认计量溯源性的要素是向国际测量标准或国家测量标准的不间断的溯源链、文件规定的测量不确定度、文件规定的测量程序、认可的技术能力、向 SI 的计量溯源性以及校准间隔。

9）"溯源性"有时是指"计量溯源性"，有时也用于其他概念，诸如"样品可追溯性""文件可追溯性"或"仪器可追溯性"等，其含义是指某项目的历程（"轨迹"）。所以，当有产生混淆的风险时，最好使用全称"计量溯源性"。

GB/T 27025—2019《检测和校准实验室能力的通用要求》（采标为 ISO/IEC 17025：

2017）第 6.5 条引用了上述定义。作为实验室应建立并保持测量结果的计量溯源性；确保测量结果溯源到国际单位制（SI）；技术上不可能溯源到 SI 时，实验室应证明可计量溯源至适当的参考对象。作为 EMC 检测实验室，一般不涉及标准物质，所以保证测量结果的计量溯源性的主要方式是将测量设备送具备能力的实验室进行校准。

根据实验室认可的要求，当测量准确度或测量不确定度影响报告结果的有效性时，和（或）未建立报告结果的计量溯源性时，应对测量设备进行校准。JJF 1001—2011 中"校准"的定义原文如下：

在规定条件下的一组操作，其第一步是确定由测量标准提供的量值与相应示值之间的关系，第二步则是用此信息确定由示值获得测量结果的关系，这里测量标准提供的量值与相应示值都具有测量不确定度。

注：

1）校准可以用文字说明、校准函数、校准图、校准曲线或校准表格的形式表示。某些情况下，可以包含示值的具有测量不确定度的修正值或修正因子。

2）校准不应与测量系统的调整（常被错误称作"自校准"）相混淆，也不应与校准的验证相混淆。

3）通常，只把上述定义中的第一步认为是校准。

在实验室送仪器设备计量校准时，经常会说是将仪器设备送检。这里的送检通常是指送计量机构检定。有时候实验室也会有疑问，为什么送检的设备拿到的是计量机构出具的校准证书，而不是检定证书？

校准与检定是两个不同的计量名词。校准属于实验室自发的计量活动，而检定属于法制计量活动，是根据计量法的规定强制开展的。《中华人民共和国计量法》要求：县级以上人民政府计量行政部门对社会公用计量标准器具，部门和企业、事业单位使用的最高计量标准器具，以及用于贸易结算、安全防护、医疗卫生、环境监测方面的列入强制检定目录的工作计量器具，实行强制检定。未按照规定申请检定或者检定不合格的，不得使用。实行强制检定的工作计量器具的目录和管理办法，由国务院制定。

随着我国市场经济的发展，为深化"放管服"改革，进一步优化营商环境，国家市场监督管理总局组织对依法管理的计量器具目录（型式批准部分）、进口计量器具型式审查目录、强制检定的工作计量器具目录进行了调整，制定了《实施强制管理的计量器具目录》。根据 2020 年 10 月发布的该目录，列入的计量器具已经大幅度缩减到 40 个种类。只有强制检定的计量器具才会根据国家计量检定规程进行检定，并出具检定证书。需要注意的是，计量检定规程中规定的实际是一种校准的方法，因此是可以依据检定规程来出具校准证书的。

3.3.2 校准方案的制订

校准方案的制订是量值溯源的第一步。校准方案应包括实验室在用的所有可能影响报告结果的有效性的仪器设备。实验室应判断所使用的仪器是否应校准。在 CNAS 最新版文件 CNAS—CL01—A008：2023《检测和校准实验室能力认可准则在电磁兼容检测领域的应用说明》的附录中已经详细给出了大多数设备的计量要求。实验室可以参照该文件附录表格中的计量要求和校准周期，制订校准方案。

3.3.2.1 校准方案制订人员的作用和职责

实验室应有专业人员制订校准方案，该人员应进行以下工作：

1）根据实验室实际工作需要和任何已知的约束确立校准方案的范围。
2）适当时，通过分配角色、职责和权限，支持校准方案的制订。
3）确定并确保提供必要的资源。
4）确保准备和保持适当的记录，包括校准方案记录。
5）监视、评审和改进校准方案。
6）将校准方案与实验室相关工作人员进行沟通，适当时与受委托的校准机构沟通。

校准方案制订人员应请实验室管理层批准其方案。

3.3.2.2 确立校准方案的内容

实验室应根据设备用于检测所依据的技术标准及实验室相关体系文件确立校准方案的范围，实验室制订的校准方案应覆盖所有对检测结果有影响的设备。

校准方案应包括但不限于如下内容：

1）设备信息（设备名称、型号、编号等），适用时，加入设备所使用控制软件的名称和版本信息。
2）溯源方式。
3）需要校准的参数。
4）各参数校准范围、校准点（适用时）。
5）各参数最大允差或检测所依据标准规定的技术要求。
6）校准周期。
7）校准机构的资质要求。
8）各参数的校准结果（数据）是否能满足要求的确认方法。

如果测量设备因没有相应的检定规程/校准规范等原因，以非校准证书的形式作为溯源证明时，实验室应确认其技术有效性，以及是否满足使用要求。

实验室应准备和保持适当的记录，如编制校准设备计划表。设备校准计划表中推荐包括以下项目：设备名称、型号规格、设备编号、校准参数和范围、技术要求、测量不确定度要求、确认技术依据、校准机构的资质要求、校准周期、上次校准日期、有效日期等。

3.3.3 校准方案的实施

3.3.3.1 校准服务方的选择

校准服务方应满足 CNAS—CL01—G002：2021 的要求，实验室需索取和评价服务方的资质和能力范围，并保留相关资质证明材料和评价记录。还可以通过 CNAS 网站查询经过 CNAS 认可的校准服务方的校准能力范围。校准服务方提供的各参数的不确定度，应能满足实验室设备各参数最大允差或检测所依据标准规定的技术要求。

3.3.3.2 校准的实施

实验室应将校准方案中的校准参数、测量范围、最大允差、校准所依据的技术文件等技术信息提供给校准服务方，以便校准服务方按照实验室的要求进行校准。

实验室应及时记录校准的时间、结果、校准服务方等信息。

在校准实施过程中，如测量设备离开实验室控制范围，应有有效的措施保护设备在运输、校准服务方的存储、校准实施中的安全，确保其功能正常，并在投入使用前进行确认。

3.3.3.3 校准结果的确认

实验室拿到校准证书后，不应简单地认为仪器没有问题可以继续使用，而应对校准的结果予以确认。以保证校准后的仪器设备能够满足使用的要求。校准证书的确认应至少包括以下内容：

1）校准机构服务方是否满足要求。

2）是否按照实验室提供的技术信息予以校准。

3）各参数的校准结果（数据）是否能满足其校准方案的要求，并能做出相应判断结果，测量不确定度是否满足要求。

4）适用时，是否提供修正值/修正因子或示值误差、校准曲线等，是否根据提供的上述数据进行修正。

5）如果测量设备因没有检定规程/校准规范等原因，以非校准证书的形式作为溯源证明时，实验室应确认其技术有效性（技术上是否能够等效为校准证书），以及是否满足使用要求。

对于由多个子设备组成的成套检测设备，实验室应在对子设备进行校准的基础上，对成套设备所出具的检测结果进行核查。应制定核查作业指导书，明确核查方法和核查周期等，并对核查人员进行培训和授权，适用时给出核查结果的不确定度。

实验室应准备和保持适当的记录，如编制校准结果确认表（参见 CNAS—TRL—019：2022《电磁兼容检测领域关键设备量值溯源指南》中附录 A）。校准证书及校准证书的确认等记录应统一归档。推荐校准结果确认表包括以下项目：设备名称、型号规格、设备编号、校准参数、技术要求、确认技术依据、校准证书号、校准结果是否符合使用要求、校准机构名称、校准机构是否满足校准要求等。

3.3.4 校准结果的使用

实验室应监视、分析、评价和应用其测量设备的校准结果。校准结果的监视、分析、评价和应用，应至少包括以下内容：

1）确认测量设备各参数的校准结果（数据）是否符合校准方案的要求。

2）发生不符合时，①立即采取措施控制，并纠正不符合；②处理后果，包括追溯测量设备不符合带来的影响；③分析发生不符合的原因，必要时可送其他校准机构再校准，对校准结果进行再确认；④实施任何所需的纠正措施，包括修正使用、维修、停用和更换等；⑤评价所采取的纠正措施的有效性。

3）适用时，应用校准结果（数据）开展不确定度评定。

4）部分检测项目应考虑利用测量设备的校准结果（数据）修正检测系统。包含但不限于传导骚扰和辐射骚扰项目。

应用校准结果（数据）修正检测结果的典型测量设备及参数参见表 3-3-1。

需要注意的是，不理想的接收机的脉冲频率响应特性是不能进行修正的。因为在实际测量中干扰信号的脉冲重复频率通常是未知且无法确定的。抗扰度设备的参数一般不做修正（场强探头、感应线圈除外）。如果使用符合相关抗扰度标准规定的设备和设施进行试验，那么与试验仪器校准和试验电平有关的不确定度不需要记录在试验报告中，也不应予以考虑。标准规定的试验参数也不应由于考虑测量不确定度而改变。即，如果抗扰度设备的校准结果符合标准的规定，那么在实际的抗扰度试验中，无须考虑使用实际校准的电平值和校准不确定度，也不应考虑使用实际校准的电平值对抗扰度试验的设定参数进行修正。

表 3-3-1　应用校准结果（数据）修正检测结果的典型测量设备及参数

序号	检测设备	修正参数
1	测量天线	天线系数
2	预置放大器（需要时）	增益
3	人工电源网络	分压系数
4	不对称人工网络	分压系数
5	功率吸收钳	吸收钳系数
6	衰减器	衰减系数
7	容性电压探头	分压系数
8	电压探头	分压系数
9	电流探头	转移阻抗（导纳）
10	脉冲限幅器	衰减系数
11	射频同轴线缆	衰减系数
12	工频磁场线圈	线圈因数

3.3.5　不确定度

不确定度是测量不确定度的简称。它是与测量结果相联系的参数。原则上讲，如果没有测量结果，那么就没有测量不确定度。所以一般不建议使用"仪器的不确定度"这种说法。测量仪器的性能通常用最大允许误差（maximum permissibl eerrors，MPE）来表示。最大允许误差一般都是对称双侧误差限，因此最大允许误差的表示方法应在数值前面有符号"±"。但是，不确定度的表示方法是不带符号"±"的。当仪器最大允许误差被用于不确定度评定时，一般认为其概率分布为均匀分布。

3.3.5.1　不确定度的确认

校准证书会给出测量结果的扩展不确定度，以及扩展不确定度的包含因子和包含概率。根据 CNAS—CL01—A025：2022《检测和校准实验室能力认可准则在校准领域的应用说明》，实验室使用的测量标准的测量不确定度（或准确度等级、最大允许误差）应满足校准方法（如检定规程或校准规范）和国家溯源等级图（国家检定系统表）等的要求。

当没有相关规定时，其与被校设备的测量不确定度（或最大允许误差）之比应小于或等于1/3。

注意，当某些专业可能无法满足测量标准与被校设备测量不确定度（或最大允许误差）之比小于或等于1/3的要求时，实验室应能够提供相关技术证明材料（如相关文献），证明其测量标准配置的合理性。

在EMC领域中，测量标准与被校设备测量不确定度（或最大允许误差）之比大于1/3的情况主要出现在瞬态抗扰度发生器的校准中。例如，静电放电发生器的接触放电电流上升时间的最大允许误差为±25%，校准的扩展不确定度为U_{rel}=15%（k=2）；静电放电发生器的接触放电电流第一峰值的最大允许误差为±15%，校准的扩展不确定度为U_{rel}=6.3%（k=2）。电快速瞬变脉冲群发生器输出到50Ω负载的峰值电压的最大允许误差为±10%，校准的扩展不确定度为U_{rel}=8.6%（k=2）。浪涌发生器的开路电压峰值的最大允许误差为±10%，校准的扩展不确定度为U_{rel}=8.6%（k=2）；浪涌发生器的开路电压波前时间的最大允许误差为±30%，校准的扩展不确定度为U_{rel}=13%（k=2）。

3.3.5.2 不确定度的使用

通常实验室可以使用校准证书中的校准数据来修正测量结果，并得到较小的测量不确定度，相关利用校准结果（数据）修正检测结果的测量设备及参数见表3-3-1。

下面以接收机为例，介绍一种减小测量不确定度的简单方法。如果校准证书给出接收机的正弦波电压准确度在标准所规定的±2dB允差范围内，则仪器的正弦波电压准确度修正的估计值认为是0，并服从半宽度为2dB的矩形分布。如果校准证书给出接收机的正弦波电压准确度优于标准所规定，如±1dB，则可以将该值用于接收机的不确定度评定（此时正弦波电压准确度修正的估计值认为是0，并服从半宽度为1dB的矩形分布）。此时，使用的不是校准实验室校准的测量不确定度。

另一种减小测量不确定度的方法则是数据修正的方法。如果校准证书给出了正弦波电压测量值与参考值的偏差，那么可以使用该偏差对测量结果进行修正，此时是使用校准实验室校准的测量不确定度。在接收机数据修正的实际使用中，还要考虑接收机的工作状态和测试频率等因素。例如，检查内置衰减器和预放大器的状态是否和校准证书校准正弦波电压准确度时候的状态相同，如果不相同，那么还要考虑这些部分对不确定度的影响。测试频率与校准频率不同的时候，则需要采用线性插值的方法进行修正。由于接收机的各种设置状态比较复杂，因此并不推荐对接收机的数据进行修正，推荐使用第一种方法。

当且仅当使用测量设备的校准结果对检测结果进行修正的时候，可以使用校准证书中的测量不确定度来分析检测结果的不确定度。在未利用校准证书的数据进行修正的时候，则不能使用校准证书中的测量不确定度，应使用测量设备自身的最大允许误差（或测量不确定度）来分析检测结果的不确定度。

3.3.6 校准方案的监控与改进

实验室可根据自身管理体系的要求对校准方案进行复审和必要的调整。

实验室应监控校准方案的实施过程，并根据实施情况予以持续改进。

3.3.7 设备校准周期的确定和调整

设备校准周期的确定和调整方法可以参考 CNAS 的文件 CNAS—TRL—004：2017《测量设备校准周期的确定和调整方法指南》和 CNAS—CL01—A008：2023《检测和校准实验室能力认可准则在电磁兼容检测领域的应用说明》。

3.3.7.1 设备校准周期的确定

设备校准周期的确定应由具备相关测量经验、设备校准经验、熟悉设备使用情况的专业人员完成。确定设备初始校准周期时，实验室可参考检定规程/校准规范所采用的方法和仪器制造商的建议等信息。此外，实验室可综合考虑以下因素：

1）预期使用的程度和频次。
2）环境条件的影响。
3）测量所需的不确定度。
4）最大允许误差。
5）设备调整（或变化）。
6）被测量的影响（如大功率信号对衰减器的影响）。
7）相同或类似设备汇总或已发布的测量数据。
8）历次校准数据稳定性。

3.3.7.2 设备校准周期的调整

实验室应制订校准方案，并进行复审和必要的调整，以保持对校准状态的信心。实验室制订校准方案后，可在后续使用中结合设备的使用情况和性能表现做出必要的调整。设备的校准周期以及后续校准周期的调整一般应由实验室（或设备使用者）确定，并以文件化的形式规定。如果设备的校准证书中给出了校准周期的建议，实验室可根据自身情况决定是否采用。

设备后续校准周期的调整，一般应考虑以下因素：

1）实验室需要或声明的测量不确定度。
2）设备超出最大允许误差限值使用的风险。
3）实验室使用不满足要求设备所采取纠正措施的代价。
4）设备的类型。
5）磨损和漂移的趋势。
6）制造商的建议。
7）使用的程度和频次。
8）使用的环境条件（气候条件、振动、电离辐射等）。
9）历次校准结果的趋势。
10）维护和维修的历史记录。
11）与其他参考标准或设备相互核查的频率。
12）期间核查的频率、质量及结果。
13）设备的运输安排及风险。
14）相关测量项目的质量控制情况及有效性。
15）操作人员的培训程度。

3.3.8 典型设备校准参数

3.3.8.1 典型设备校准周期

从设备校准的角度，可以将 EMC 检测实验室的仪器设备按照如下分类确定其校准参数和周期。

1. 测量类设备

测量类设备直接参与测量，其读数用于计算测量值的设备。此类设备主要包括测量接收机、断续骚扰分析仪、频谱分析仪、谐波分析仪、闪烁分析仪等。

此类设备是 EMC 检测的主要设备，使用频次高，校准参数多，其参数直接影响测量结果。此类设备的推荐校准周期为 1 年。

2. 测量类辅助设备

测量类辅助设备直接参与测量，但不具有读数功能，其参数的校准值直接用于计算测量值的设备。此类设备主要包括各种类型的接收天线、人工电源网络（AMN）、不对称人工网络（AAN）、测量发射的耦合去耦网络（CDNE）、高阻电压探头、容性电压探头、电流探头、功率吸收钳、脉冲限幅器，以及衰减器、阻抗转换器和电缆等。

此类设备虽然是 EMC 检测的辅助设备，但其参数直接影响测量结果。由于此类设备多为无源设备，没有自检功能，一旦参数发生变化，比较难于察觉。此类设备的推荐校准周期为 1 年。

注意，对于那些已经固定安装、不方便拆卸的电缆，实验室可以使用经过校准的仪器，对其衰减值 / 插入损耗值定期进行测量。

3. 抗扰度类设备

抗扰度类设备是抗扰度试验的发生器，以及抗扰度试验的发射设备或耦合设备。此类设备包括信号发生器、功率放大器、发射天线、耦合去耦网络（CDN）、电流注入探头、静电放电发生器、浪涌发生器等。

对于一些类型的抗扰度类设备，其发生器和发射设备或耦合设备应分开校准，如信号发生器、功率放大器和发射天线、耦合去耦网络一般分开校准。对于另外一些类型的抗扰度设备，其发生器应和发射设备或耦合设备作为一个系统来校准，不能单独校准，如浪涌发生器和耦合去耦网络、电快速瞬变脉冲群发生器和容性耦合夹、工频磁场发生器和磁场线圈等。此类设备的推荐校准周期为 1 年。

4. 抗扰度类监测设备

抗扰度类监测设备是在抗扰度实验的实验前自校准和实验中用于监测的设备。此类设备主要包括场强探头、功率计和功率探头、定向耦合器、电流监测探头、示波器等。

此类设备的读数直接影响抗扰度实验的测试等级是否准确。此类设备的推荐校准周期为 1 年。

5. 辅助类设备

辅助类设备不参与测量。这些设备为测量提供一个稳定的状态。此类设备主要包括纯净电源、去耦网络、共模吸收装置（CMAD）、负载等。

如果实验室有此类设备的核查方案，那么此类设备不需要经常校准。此类设备的推荐校准周期为2年。

6. 期间核查类设备

期间核查类设备用于 EMC 检测系统的期间核查。此类设备主要包括梳状波发生器、噪声发生器、谐波源、静电放电靶、电快速瞬变脉冲群校准负载、高压差分探头、脉冲电流探头等。

此类设备的校准周期依据实验室的使用频次而定。此类设备的推荐校准周期为 1～2 年。

7. 其他类

其他类是指以上未能涵盖的 EMC 设备和设施此类设备主要包括无线电骚扰场强测量场地确认、吸收钳试验场地确认、屏蔽室屏蔽效能确认、大三环天线确认等。

3.3.8.2 设备主要校准参数及范围

常见设备主要校准参数见表 3-3-2。

表 3-3-2 常见设备主要校准参数

设备名称	参数	推荐校准周期	备注
测量接收机	正弦波电压幅度准确度	1年	
	总选择性		
	输入端口电压驻波比		
	RF 衰减		
	QP、PK、AV 检波器脉冲响应特性		
	线性刻度		
断续骚扰分析仪	喀呖声试验信号	1年	
	（相对/绝对）脉冲响应		
	正弦波电压幅度准确度		
	6dB 带宽		
	RF 衰减		
	时间、幅度、频率		
谐波分析仪	电压测量频率响应	1年	
	电压测量准确度		
	电流测量频率响应		
	电流测量准确度		
	功率测量准确度		
闪烁分析仪	矩形电压变化的闪烁值 Pst=1	1年	
	矩形电压变化的闪烁值 Pst=3		
喇叭天线	天线系数	1年	
	端口驻波		

(续)

设备名称	参数	推荐校准周期	备注
环天线	天线系数	1年	
杆天线	天线系数	1年	
双锥天线、对数周期天线、复合天线	天线系数	1年	
	端口驻波		
	对称性（可选）		
人工电源网络	分压系数	1年	
	端口阻抗（模和相角）		
	隔离度		
不对称人工网络	共模端口阻抗和相角	1年	
	隔离度		
	纵向转换损耗		
	分压系数		
测量发射的耦合去耦网络	共模阻抗和相角	1年	
	差模阻抗		
	纵向转换损耗		
	分压系数		
电流探头	插入阻抗	1年	
	转移阻抗		
电压探头	分压系数	1年	
功率吸收钳	钳因子（含6dB衰减器和电缆）	1年	
	去耦因子		
信号发生器	输出电平	1年	
	调制度		
功率放大器	增益	1年	
	1dB压缩点		
	谐波		
	输出功率		
耦合去耦网络	共模阻抗	1年	
	耦合系数		
电流注入探头	插入损耗	1年	
	转移阻抗		
电磁注入钳	耦合系数	1年	
	去耦系数		
	阻抗		

(续)

设备名称	参数	推荐校准周期	备注
静电放电发生器	输出电压	1年	
	放电的第一个峰值电流		
	放电电流的上升时间		
	在30ns时的电流		
	在60ns时的电流		
电快速瞬变脉冲群发生器	脉冲重复频率	1年	应分别在50Ω负载和1000Ω负载情况下校准
	脉冲群周期		
	脉冲群持续时间		
	脉冲电压峰值		
	脉冲上升时间		
	脉冲宽度		
电快速瞬变脉冲群发生器耦合去耦网络	脉冲电压峰值	1年	应配合电快速瞬变脉冲群发生器一起校准
	脉冲上升时间		
	脉冲宽度		
电快速瞬变脉冲群发生器容性耦合夹	脉冲电压峰值	1年	应配合电快速瞬变脉冲群发生器一起校准
	脉冲上升时间		
	脉冲宽度		
浪涌发生器	开路电压峰值	1年	
	开路电压波前时间		
	开路电压持续时间		
	开路电压下冲		
	短路电流峰值		
	短路电流波前时间		
	短路电流持续时间		
	短路电流下冲		
浪涌发生器耦合去耦网络	开路电压峰值	1年	应配合浪涌发生器一起校准
	开路电压波前时间		
	开路电压持续时间		
	短路电流峰值		
	短路电流波前时间		
	短路电流持续时间		
场强探头	频率响应	1年	
	场强线性		
功率探头	频率响应	1年	
	功率线性		

设备名称	参数	推荐校准周期	备注
定向耦合器	耦合系数	1年	
	端口驻波		
	插入损耗		
电流监测探头	插入损耗	1年	

3.4 EMC 检测设施与环境确认

在 EMC 检测领域，常用的设施有屏蔽室、开阔试验场地（OATS）、户外试验场地（OTS）、半电波暗室（SAC 或 ALSE）、全电波暗室（FAR）、混响室（混波室）或横电磁波室（TEM 或 GTEM 小室）等。CNAS—CL01—A008：2023《检测和校准实验室能力认可准则在 EMC 检测领域的应用说明》以及相关 EMC 标准对这些设施的技术要求都做了规定。

3.4.1 屏蔽室

根据 CNAS—CL01—A008：2023，屏蔽室应满足以下要求。

3.4.1.1 屏蔽效能

屏蔽室的屏蔽效能应满足表 3-4-1 给出的要求，屏蔽效能测量按照 GB/T 12190—2021《电磁屏蔽室屏蔽效能的测量方法》进行。屏蔽室的屏蔽效能应每 3～5 年进行测量验证。

表 3-4-1 屏蔽室的屏蔽效能要求

频率范围	屏蔽效能
0.014～1MHz	>60dB
1～1000MHz	>90dB
1～18GHz	>80dB（对于 SAC 或 FAR）

3.4.1.2 绝缘电阻

电源进线对屏蔽室金属壁的绝缘电阻及导线与导线之间的绝缘电阻应大于 2MΩ，且应每年进行测量验证。绝缘电阻的检测依据标准为 GB/T 16895.23—2020《低压电气装置 第 6 部分：检验》。

3.4.1.3 接地电阻

屏蔽室的接地电阻应小于 4Ω，且应每年进行测量验证，接地电阻的检测依据标准为 GB/T 16895.23—2020《低压电气装置 第 6 部分：检验》。

3.4.1.4 屏蔽效能测量频率要求

GB/T 12190—2021 将测量频段分为低频频段（9kHz～20MHz）、谐振频段（20～300MHz）和高频频段（0.3～18GHz）。在不同的频段上需使用不同的测量设备和测量方法。推荐的典型测量频率见表 3-4-2。

表 3-4-2 推荐的典型测量频率

频段	典型频率
低频频段	9～16kHz
	140～160kHz
	14～16MHz
谐振频段	20～100MHz
	100～300MHz
高频频段	0.3～0.6GHz
	0.6～1.0GHz
	1.0～2.0GHz
	2.0～4.0GHz
	4.0～8.0GHz
	8.0～18GHz

在屏蔽效能测量时，应注意以下方面：

（1）对于 9kHz～20MHz 频率范围内的测量，在 14～16MHz 频率范围内容易发现屏蔽缺陷，因此推荐在该频率范围内进行磁场测量，并确定有问题的区域。

（2）对于 20～300MHz 频率范围内的测量，因为大多数屏蔽室的最低谐振频率都在该频段内，所以在测量时要尽量避开这些频率点。

（3）对于 0.3～18GHz 频率范围内的测量，推荐在下列频段内各只选一个频点进行测量——0.3～0.6GHz、0.6～1GHz、1～2GHz、2～4GHz、4～8GHz 和 8～18GHz。

（4）所测频率应覆盖表 3-4-2 给出的推荐典型测量频率。

3.4.2 开阔试验场地（OATS）

OATS 应满足 GB/T 6113.104—2021《无线电骚扰和抗扰度测量设备和测量方法规范 第 1—4 部分：无线电骚扰和抗扰度测量设备 辐射骚扰测量用天线和试验场地》中有关 OATS 物理特性、电特性和场地确认的要求。

OATS 的特点是具有空旷的水平地势和接地平板。为了满足场地确认要求，需使用金属接地平板。这里需要提及的是还有一种类似 OATS 的试验场地，即用于整车辐射骚扰测量的 OTS，这类场地不需要接地平板，且尺寸和 OATS 不同。由于这类场地无接地平板，目前还没法提出具体的场地确认方法。

OATS 应避开建筑物、电力线、篱笆和树木等，并应远离地下电缆、管道等，除非它们是受试设备（EUT）供电和运行所必需的。GB/T 6113.104—2021 的附录 D 推荐了适用于 30～1000MHz 频率范围的 OATS 的详细结构。

如果OATS全年使用，则需要配备气候保护罩。此外，对于OATS，在EUT和场强测量天线之间需要一个无障碍区域。无障碍区域应远离较大的电磁场散射体，且应足够大，使得无障碍区域以外的散射不会对天线测量的场强产生影响。为了确定无障碍区域是否足够大，应进行场地确认试验。

3.4.2.1 归一化场地衰减（NSA）

对于辐射骚扰测量的符合性试验场地，GB/T 6113.104—2021规定了三种场地确认方法，分别为使用调谐偶极子的NSA法、使用宽带天线的NSA法和使用宽带天线的参考场地法（RSM）。对于OATS，可使用这三种方法中的任何一种进行场地确认。

使用两副极化相同的天线进行试验场地（OATS或SAC）确认。场地确认应分别在天线水平极化和垂直极化两个方向上进行。通过测量场地衰减（SA）进行场地确认。

SA为以下两个电压的差值：
- 施加给发射天线的源电压 V_i；
- 接收天线在规定高度扫描过程中在其端口测得的最大接收电压 V_R。

电压测量在50Ω系统中进行。将试验场地（OATS或SAC）上测得的SA与理想OATS上得到的SA特性进行比较，得到的结果即为SA的偏差 ΔA_S（单位为dB）。当 ΔA_S 值在允差 ±4dB 以内时，则认为该场地符合要求。

这里要强调的是，SA的偏差不应作为EUT测量场强的修正值。

对于OATS，归一化场地衰减应每3～5年进行测量验证。

3.4.2.2 OATS的等级评价

OATS的环境噪声电平与相应的辐射骚扰限值相比应足够低，试验场地的质量可以按以下4个等级进行评价：

（1）周围的环境噪声电平比相应的辐射骚扰限值低6dB。

（2）周围某些环境噪声电平比相应的辐射骚扰限值低，但不足6dB。

（3）周围某些环境噪声电平比相应的辐射骚扰限值高，但只在有限的可识别的频率上。它们可能是非周期的（即相对于测量来说，发射之间的间隔足够的长），也可能是连续出现的。

（4）周围的环境噪声电平在大部分测量频率范围内都比相应的辐射骚扰限值高，并且是连续出现的。

3.4.3 半电波暗室（SAC）或全电波暗室（FAR）

当在SAC或FAR中进行辐射骚扰测量时，其电性能和有效性应满足GB/T 6113.104—2021的要求，同时还应满足以下要求。

3.4.3.1 归一化场地衰减（NSA）

当在SAC或FAR中进行1GHz以下辐射骚扰测量时，应使用GB/T 6113.104—2021给出的宽带天线的NSA法或宽带天线的参考场地法（RSM）进行场地确认。当SA的偏差 ΔA_S（单位为dB）在允差 ±4dB 以内时，则认为该场地符合要求，且应每3～5年对NSA进行测量验证。

3.4.3.2 场地电压驻波比

当在 SAC 或 FAR 中进行 1GHz 以上辐射骚扰测量时，应按照 GB/T 6113.104—2021 规定的场地确认方法，确认场地电压驻波比满足 $S_{\text{VSWR, dB}} \leq 6\text{dB}$，且应每 3～5 年对场地电压驻波比进行测量验证。

3.4.3.3 屏蔽效能

SAC 或 FAR 的屏蔽效能应按照 GB/T 12190—2021《电磁屏蔽室屏蔽效能的测量方法》进行测量，在 1GHz 以下频率范围内，应满足屏蔽室屏蔽效能要求（见 3.4.1.1 节），在 1～6GHz（或 18GHz）的频率范围内满足屏蔽效能大于 80dB，且应每 3～5 年进行测量验证。

3.4.3.4 平面场分布均匀性

当在 SAC 或 FAR 中进行辐射抗扰度试验时，电波暗室内的测试平面场分布均匀性应满足 GB/T 17626.3—2023《电磁兼容 试验和测量技术 第 3 部分：射频电磁场辐射抗扰度试验》的要求，且应每年对平面场分布均匀性进行测量验证。

3.4.3.5 接地电阻

SAC 或 FAR 的接地电阻应小于 4Ω，且应每 3～5 年进行测量验证。接地电阻检测依据标准为 GB/T 16895.23—2020《低压电气装置 第 6 部分：检验》。

3.4.3.6 绝缘电阻

电源进线对 SAC 或 FAR 金属壁的绝缘电阻及导线与导线之间的绝缘电阻应大于 2MΩ，且应每 3～5 年进行测量验证。绝缘电阻检测依据标准为 GB/T 16895.23—2020。

3.4.4 汽车零部件测量用半电波暗室

用于汽车零部件发射测量的 SAC 应满足以下要求：

3.4.4.1 屏蔽效能

SAC 的屏蔽效能应按照 GB/T 12190—2021 进行测量，在 1GHz 以下频率范围内，应满足屏蔽室屏蔽效能要求（见 3.4.1.1 节），在 1～6GHz（或 18GHz）的频率范围内满足屏蔽效能大于 80dB，且应每 3～5 年进行测量验证。

3.4.4.2 接地电阻

SAC 的接地电阻应小于 4Ω，且应每 3～5 年进行测量验证。接地电阻检测依据标准为 GB/T 16895.23—2020。

3.4.4.3 绝缘电阻

电源进线对 SAC 金属壁的绝缘电阻及导线与导线之间的绝缘电阻应大于 2MΩ，且应每 3～5 年进行测量验证。绝缘电阻检测依据标准为 GB/T 16895.23—2020。

3.4.4.4 场地性能确认

按照 GB/T 18655—2018《车辆、船和内燃机 无线电骚扰特性 用于保护车载接收机的限值和测量方法》的长线天线建模法进行 SAC 或 ALSE 的性能确认。

测量的总频点数为 481 个：0.15～29.95MHz（步长为 200kHz）为 150 个频率点；30～199MHz（步长为 1MHz）为 170 个频率点；200～1000MHz（步长为 5MHz）为 161 个频率点。

对于这 481 个频率点，计算得到的测量数据与给出的参考数据之间的差值，然后计算 0.15～1000MHz 整个频率范围内该差值满足 ±6dB 要求的频率点的总百分比，若该总百分比≥90%，则 SAC 及其装置（如物理布局、参考接地平面的尺寸、参考接地平面的接地、射频吸波材料等）符合这种确认方法的要求。这种符合性的声明可包含在试验报告中。

这里要强调的是得到的测量数据与给出的参考数据之间的差值不能用于以下两个方面：
1）EUT 辐射发射测量结果的修正因子。
2）接收天线的天线系数。

使用长线天线建模法进行 SAC 或 ALSE 的性能确认，应每 3～5 年进行测量验证。

3.4.5 辐射杂散测量用全电波暗室

用于辐射杂散测量的 FAR，应满足以下要求。

3.4.5.1 屏蔽效能

FAR 的屏蔽效能应按照 GB/T 12190—2021 进行测量，在 1GHz 以下频率范围内，应满足屏蔽室屏蔽效能要求（见 3.4.1.1 节），在 1～6GHz（或 18GHz）的频率范围内满足屏蔽效能大于 80dB，且应每 3～5 年进行测量验证。

3.4.5.2 接地电阻

FAR 的接地电阻应小于 4Ω，且应每 3～5 年进行测量验证，接地电阻的检测依据标准为 GB/T 16895.23—2020。

3.4.5.3 绝缘电阻

电源进线对 FAR 金属壁的绝缘电阻及导线与导线之间的绝缘电阻应大于 2MΩ，且应每 3～5 年进行测量验证。绝缘电阻的检测依据标准为 GB/T 16895.23—2020。

3.4.5.4 全频段归一化场地衰减

应按照 YD/T 1483—2016《无线电设备杂散发射技术要求和测量方法》规定的场地确认方法，全频段归一化场地衰减的偏差在 ±4dB 范围内，且应每 3～5 年进行测量验证。

3.4.6 汽车整车辐射抗扰度试验用电波暗室

用于汽车整车辐射抗扰度试验的电波暗室，应按照 GB/T 33012.2—2016《道路车辆 车辆对窄带辐射电磁能的抗扰性试验方法 第 2 部分：车外辐射源法》的要求，确认电波暗室内的测试平面场分布均匀性。

频率在 200MHz 以上时场均匀性应满足，参考点两边 0.5m 处位置的场强在至少 80% 试验频点下位于参考点场强的 -6～0dB 范围内。

3.4.7 专用产品测量场地要求

专用电子、电气和机电设备及系统EMC检测的测试场地有屏蔽室、SAC和OATS等，应满足以下要求。

3.4.7.1 屏蔽室

用于专用电子、电气和机电设备及系统EMC检测的屏蔽室尺寸应足够大，以满足GJB 151B—2013《军用设备和分系统电磁发射和敏感度要求与测量》或GJB 8848—2016《系统电磁环境效应试验方法》的要求。当在屏蔽室内进行辐射发射和辐射敏感度测试时，屏蔽室除地面外的内壁应敷设射频吸波材料，也可以采用局部安装吸波材料的屏蔽室（满足GJB 151B—2013规定的要求）。此外，屏蔽室还应满足以下要求。

1. 屏蔽效能

屏蔽室的屏蔽效能应按照GB/T 12190—2021进行测量，在1GHz以下的频率范围内，应满足3.4.1.1节中的屏蔽效能要求，在1～6GHz（或18GHz）的频率范围内满足屏蔽效能大于80dB，且应每3～5年进行测量验证。

2. 接地电阻

屏蔽室的接地电阻应小于4Ω，且应每3～5年进行测量验证，接地电阻的检测依据标准为GB/T 16895.23—2020。

3. 绝缘电阻

电源进线对屏蔽室金属壁的绝缘电阻及导线与导线之间的绝缘电阻应大于2MΩ，且应每3～5年进行测量验证，绝缘电阻的检测依据标准为GB/T 16895.23—2020。

4. 吸波材料

当在屏蔽室内进行辐射发射和辐射敏感度测试时，为减小电磁波的反射，提高准确度和重复性，屏蔽室内壁应敷设射频吸波材料。射频吸波材料应位于EUT上面、后面和两侧面，以及发射和接收天线后面。吸波材料的垂直入射角吸收损耗如表3-4-3所示。

表3-4-3 吸波材料的垂直入射角吸收损耗

频率/MHz	吸收损耗/dB
80～250	≥6
>250	≥10

3.4.7.2 半电波暗室

当专用电子、电气和机电设备及系统在SAC内进行EMC检测时，应满足以下要求。

1. 屏蔽效能

SAC的屏蔽效能按照GB/T 12190—2021进行测量，在1GHz以下频率范围内，应满足3.4.1.1节的屏蔽效能要求，在1～6GHz（或18GHz）的频率范围内满足屏蔽效能大于80dB，且应每3～5年进行测量验证。

2. 接地电阻

SAC 的接地电阻应小于 4Ω，且应每 3～5 年进行测量验证，接地电阻的检测依据标准为 GB/T 16895.23—2020。

3. 绝缘电阻

电源进线对 SAC 金属壁的绝缘电阻及导线与导线之间的绝缘电阻应大于 2MΩ，且应每 3～5 年进行测量验证，绝缘电阻的检测依据标准为 GB/T 16895.23—2020。

4. 吸波材料

当在 SAC 内进行辐射发射和辐射敏感度测试时，为减小电磁波的反射，并提高准确度和重复性，SAC 内壁应敷设射频吸波材料。射频吸波材料应位于 EUT 上面、后面和两侧面以及发射和接收天线后面。吸波材料的垂直入射角吸收损耗如表 3-4-4 所示。

表 3-4-4 吸波材料的垂直入射角吸收损耗

频率 /MHz	吸收损耗 /dB
80～250	≥6
>250	≥10

3.4.7.3 现场试验场地

现场试验场地应选择周围开阔的场地，受试设备或系统周边不应有高大建筑物和其他物体。现场试验场地情况和电磁环境电平应在试验报告中记录；进行电磁发射试验时，电磁环境电平应比规定的限值至少低 6dB。当在现场试验场地或外场进行试验时，若不能满足此条件，应在电磁环境电平处于最低点的时间和条件下进行，识别并记录环境中存在的电磁干扰背景信号，并评估其对试验结果的影响。

3.4.8 空口（OTA）性能电波暗室

用于天线测试时，空口（OTA）性能电波暗室应满足 YD/T 1484.1—2023《无线终端空间射频辐射功率和接收机性能测量方法 第 1 部分：通用要求》的要求，需测量暗室传输路径损耗和纹波。

3.4.9 横电磁波室（TEM 或 GTEM 小室）

横电磁波室（TEM 或 GTEM 小室）应满足 GB/T 17626.20—2014《电磁兼容 试验和测量技术 横电磁波（TEM）波导中的发射和抗扰度试验》要求。这里要确认的参数有，特性阻抗、输入端电压驻波比、场均匀性、TEM 模的验证。

3.4.9.1 特性阻抗

横电磁波室的特性阻抗应至少满足 CNAS—CL01—A008：2023 的要求，应为 50Ω。

3.4.9.2 输入端电压驻波比

横电磁波室的输入电压驻波比应至少满足 CNAS—CL01—A008：2023 的要求，应小于等于 1.5。

3.4.9.3 场均匀区

场均匀性应按照 GB/T 17626.20—2014 中的 5.2.3 进行确认。

3.4.9.4 TEM 模的验证

TEM 模的验证应按照 GB/T 17626.20—2014 中的 5.2.1 和 5.2.3 进行确认。采用抗扰度试验的场均匀区确认步骤，在波导横截面上（垂直于传输方向）规定的测量点中，应至少在 75% 的测量点上次场分量（不需要的）小于主场分量 6dB 以上。这 75% 的测量点最多允许有 5% 的频率点（至少一个频率点）其主场分量的波动从 $-0 \sim +6$dB 放宽到 $-0 \sim +10$dB 或者次场分量小于主场分量 2dB，但需要在试验报告中注明实际的波动和对应的频率点。

3.4.10 混响室（混波室）

混响室（混波室）应满足 GB/T 17626.21—2014《电磁兼容 试验和测量技术 混波室试验方法》、GB/T 33014.11—2023《道路车辆电气/电子部件对窄带辐射电磁能的抗扰性试验方法 第 11 部分：混响室法》或 ISO 11451—5：2023《道路车辆 车辆对窄带辐射电磁能的抗扰性试验方法 第 5 部分：混响室法》的要求。

GB/T 17626.21—2014 规定的确认的参数有，场均匀性、品质因数（Q 值）、时间常数、混响室（混波室）加载系数（CLF）。

混响室（混波室）可按 GB/T 17626.21—2014 的附录 B 中场均匀性确认方法进行性能确认。该确认方法能用于确定所用混波室的最低可用频率（LUF）。在混波室的试验/工作空间进行场均匀性确认，该区域包括混波室内试验台和 EUT 所处的位置。GB/T 17626.21—2014 的附录 B 仅给出了调谐模式（搅拌器步进转动）的混波室确认方法，而搅拌模式（搅拌器连续转动）的混波室确认方法见 GB/T 17626.21—2014 的附录 C。应在所有的辅助设备（包括试验台）都移出混响室的情况下，进行场均匀性测量。确认在距离足够远的 8 个位置上进行，每个位置在 3 个相互正交的方向（x, y, z）进行测量，即每个频点共有 24 个测量值。当频率高于 400MHz 时，场的标准差在 3dB 以内；当频率为 $100 \sim 400$MHz 时，标准差由 100MHz 的 4dB 线性递减为 400MHz 的 3dB；当频率低于 100MHz 时标准差在 4dB 以内，则认为混波室内的场是均匀的，混响室（混波室）场均匀性要求见表 3-4-5。

表 3-4-5 混响室（混波室）场均匀性要求

频率范围 /MHz	标准差要求
$80 \sim 100$	4dB
$100 \sim 400$	100MHz 时为 4dB，线性减小至 3dB（400MHz 时）
>400	3dB

3.4.11 大环天线系统（LLAS）

当进行灯具辐射骚扰测试时，LLAS 应满足 GB/T 6113.104—2021 的要求。具体要求为，LLAS 中大环天线（LLA）的确认和校准是利用一个与 50Ω 的射频信号源相连的验证偶极子天线来测量 LLA 中的感应电流。由该偶极子天线所辐射的磁场可用于验证 LLA 的磁场灵敏度。通过 LLA 对验证偶极子天线发射的电场的接收表明其对电场的灵敏度是足够低的。

如图 3-4-1 所示，作为频率函数的感应电流应在 9kHz～30MHz 的频率范围进行测量，选取验证偶极子天线的 8 个不同位置来进行。测量中保持验证偶极子天线在受试 LLA 的平面内。

在这 8 个位置上的每一点进行测量时，射频信号源的开路电压 V_{go} 和被测电流 I_1 的参考确认系数 [$20\lg(V_{go}/I_1)$，单位为 dB(Ω)] 与图 3-4-2 所示的确认系数之间的偏差不应超出 ±2dB。

图 3-4-2 所示的参考确认系数适用于标准直径 D=2m 的圆形 LLA，如果 LLA 的直径不是 2m，则此类非标准 LLA 的参考确认系数可根据 GB/T 6113.104—2021 中的图 C.8 和图 C.11 所示的数据推算得出。

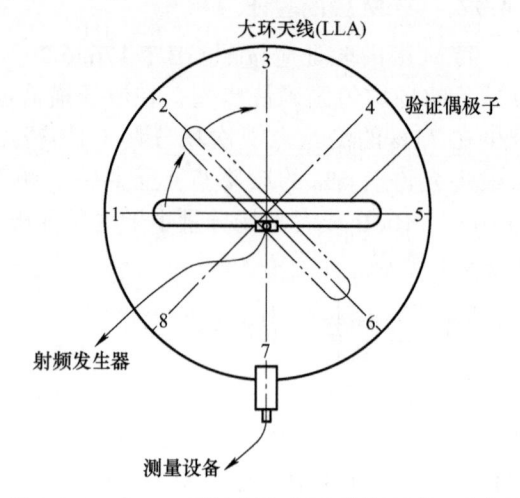

图 3-4-1 对 LLA 进行确认时验证偶极子的 8 个位置

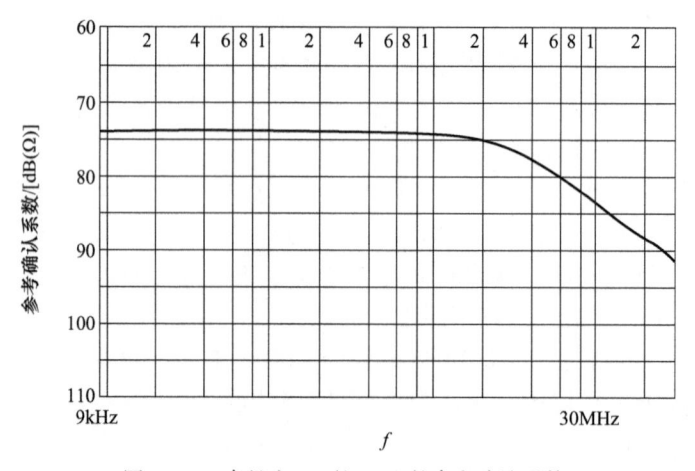

图 3-4-2 直径为 2m 的 LLA 的参考确认系数

这里要强调的是，LLAS 不存在天线系数，不能使用参考确认系数的偏差对测量结果进行修正；CISPR 16-1-4：2023 已将该参考确认系数的偏差由 ±2dB 放宽到 ±3dB。

3.5 EMC 检测结果有效性保证

3.5.1 概述

检测结果有效性是证明实验室具备相应检测能力的重要证据，也是评价实验室质量管理体系运行状况的关键因素。

实验室可通过对影响检测结果的人员、设备、检测及标准样品、检测方法、测量设施及环境等因素进行监控，来确保检测结果的有效性；同时，对检测结果进行分析、比对，针对存在问题的检测结果，排查及发现检测工作与管理及技术要求存在的偏离，并采取措施予以纠正，避免再次出现类似的不符合的工作，以确保检测结果的有效性。

EMC 检测结果有效性的分析、评价主要通过实验室内部及外部质量控制活动（以下简称质控活动）实现，以下分别对这两类活动展开讨论。实验室开展内部质控活动时，一般使用核查标准或者被测样品，在操作人员、设备、方法、环境等不同测试条件的组合下进行检测，并对检测结果进行分析、比对，之后评价检测结果是否满意，进而确认检测结果的有效性。同时，实验室可通过参加能力验证计划（含测量审核）、实验室间比对等方式，以能力验证计划提供者或比对组织者规定的方法对指定样品进行检测，将自身检测结果与其他实验室进行比对，并根据规定的判定方法对结果进行评价，从而判断和监控自身检测结果的有效性。

本节介绍了 10 种常用的内、外部质控方法。其中，3.5.2～3.5.8 节为内部质控活动，3.5.9～3.5.10 节为外部质控活动。每种方法重点针对 EMC 检测项目结果有效性的分析、评价方法进行介绍，同时给出应用实例。需要说明的是，本部分给出的保证 EMC 检测结果有效性的方法及实例并非唯一或最优，且仅对一般及共性情况进行讨论，读者可以根据实际工作情况选择本书或其他技术资料提供的能够适用的其他方法，对检测结果有效性进行监控和评价。

3.5.2 期间核查

3.5.2.1 期间核查的定义及目的

期间核查是指，对于检测设备、设施、系统，在相邻两次校准之间或在使用过程中，按规定程序验证其主要计量特性或功能能否持续满足方法或规定要求而进行的操作。期间核查的目的是核查测量设备示值的系统误差，或者是核查系统效应对测量设备示值的影响。

3.5.2.2 核查对象

实验室开展检测使用的测量系统或设备，通常只要具备相应的核查标准和实施核查的条件，均应作为期间核查对象，根据频次要求进行期间核查。对于 EMC 检测领域，由于一种项目一般需要多种设备配套进行检测，因此一般不对单台测量设备进行期间核查，而是采用核查测量系统的方式进行期间核查。

3.5.2.3 核查标准（核查装置）

核查标准是用于对测量系统或设备进行期间核查的。EMC 检测领域的期间核查使用的核查标准主要有，信号发生器、测量接收机、频谱分析仪、网络分析仪、示波器、差分探头、电流探头、电压探头、万用表、功率计、场探头等。核查标准应有良好的稳定性。可进行计量溯源的核查标准应按计量溯源要求进行检定、校准或检测，如有需要，可对核查标准进行稳定性检验，以确保核查标准的稳定性符合期间核查要求。稳定性检验可参考计量标准稳定性考核、能力验证样品稳定性检验等相关技术规范进行。

如果不存在稳定的核查标准（对于辐射或传导骚扰抗扰度检测项目，这种情况比较常见），实验室无法进行期间核查，此时可根据核查对象历年检定、校准或检测证书等量值溯源记录中的数据绘制控制图，对核查对象校准状态是否处于统计控制状态进行判断，以便发现异常情况并采取相应措施，使核查对象校准结果恢复到统计控制状态。关于控制图的作用、设计及绘制方法见 3.5.3 节。

3.5.2.4　核查参数及范围

应对核查对象的关键测量参数进行期间核查。

在理想情况下，对于辐射或传导骚扰检测项目，测量点应尽量覆盖核查对象的频率及示值区间，并包括相关技术规范中规定的辐射或传导骚扰限值附近的测量点；对于辐射或传导抗扰度检测项目，试验电平应覆盖相关技术规范中规定的试验电平频率、电压、电流、场强等指标范围，以确保期间核查结果能够完整地反映抗扰度测量系统干扰信号的特性，并据此判断抗扰度测量系统的校准状态。同时，为便于获取核查对象修正值，应优先考虑选择核查对象量值溯源结果中的测量点进行期间核查。

3.5.2.5　核查方法

根据 EMC 检测项目的不同，期间核查方法主要包括以下两类：

（1）对于辐射及传导骚扰检测项目的期间核查，一般通过测量系统或设备对稳定的信号发生器进行测量，与其参考值进行比较，判断测量系统校准状态的可信度。

（2）对于辐射及传导抗扰度检测项目的期间核查，一般通过校准过的探头、测量接收机、示波器、频谱分析仪、网络分析仪、功率计、万用表等信号采集及测量设备对测量系统输出的信号电压、电流波形等参数进行测量，根据相关技术规范的规定或实验室的要求，将得到的信号电压、电流波形参数测量值与其参考值进行比较，判断测量系统校准状态是否可信。

3.5.2.6　核查结果的评价

1. 参考值的确定

EMC 检测项目期间核查的参考值通常通过以下方式获得：

（1）对于辐射或传导骚扰检测项目，信号发生器参考值，可为测量系统经高一等级计量标准检定、校准或检测后，立即在重复性条件下对信号发生器输出信号进行一组测量得到的算术平均值与测量系统修正值之和 [见式（3-5-1）] 或与修正系数之积 [见式（3-5-2）]；或者为信号发生器出厂测量值；或者为由准确度等级更高的测量设备给出的信号发生器校准值等。

$$x_{\text{ref}} = \bar{x} + x_c \tag{3-5-1}$$

$$x_{\text{ref}} = C\bar{x} \tag{3-5-2}$$

式中，x_{ref} 为期间核查参考值；$\bar{x}$ 为测量系统对信号发生器输出信号测量结果的算术平均值；x_c 为测量系统检定、校准或检测证书中给出的修正值；C 为测量系统检定、校准或检测证书中给出的修正系数。

（2）对于辐射或传导抗扰度检测项目，测量系统输出信号的参考值，可通过相关技术规范中的规定或实验室相关要求来确定；或者为测量系统校准后立即对其输出信号进行重复性测量得到的算术平均值与测量设备修正值之和或与修正系数之积（见式（3-5-1）和式（2-5-2），这里的 x_{ref}、x_c、C 含义同上述关于辐射或传导骚扰检测项目期间核查参考值计算公式，$\bar{x}$ 为测量设备对抗扰度检测系统输出信号测量结果的算术平均值）；或者为测量系统出厂时输出信号的测量值；或者为由准确度等级更高的测量设备给出的测量系统输出信号测量值等。

2. 核查结果的判定

当核查结果符合式（3-5-3）时，可认为期间核查是合格的，否则认为期间核查不合格。式（3-5-3）中，x 为测量系统的核查结果；x_{ref} 为参考值；δ 为限值，取测量系统测量参数最大允许误差的绝对值或扩展不确定度，或者相关技术规范中规定的允差，或者由实验室确定的允差等。

$$|x - x_{ref}| \leq |\delta| \tag{3-5-3}$$

3.5.2.7 核查结果的处理

当核查对象期间核查合格时，可继续使用核查对象进行检测；当核查对象期间核查不合格时，需从操作人员、仪器设备及设施、测量方法及条件等方面排查引起测量结果偏倚超出允差的原因，并采取相应措施使其主要计量特性或功能持续满足方法或规定的要求，或者对核查对象采取停用、降级使用等处理。

3.5.2.8 核查的时机

期间核查分为定期核查和不定期核查。

1. 定期核查

定期核查规定了两次期间核查之间最长的时间间隔。通常核查对象完成计量溯源后进行首次核查，获得核查标准的参考值 y_s；然后根据核查对象的校准周期、使用频率、条件及可靠性指标等因素，确定进行后续核查的时机。一般在核查对象一个量值溯源周期内至少再进行一次期间核查。即，首次核查后经过核查对象的半个量值溯源周期后，应进行一次期间核查。

2. 不定期核查

通常针对以下情况（但不限于）应进行不定期核查：

核查对象用于对最大允许误差、准确度等级或不确定度要求较高的测量，或者测量对核查对象以上计量特性的要求接近核查对象的极限时，应在测量前进行核查；

使用过程中易受损、测量数据漂移明显、稳定性较差的核查对象，应在测量前或测量中进行核查；

核查对象首次使用或维修后首次使用前；

使用频次较高、时间较长或出现老化现象的核查对象；

核查对象发生了碰撞、跌落、电压冲击等意外事件后；

核查对象经常拆卸、搬运；

核查对象用于实验室外的现场测量前；

核查对象完成现场测量返回实验室后；

核查对象运行的环境条件较恶劣或温、湿度等测量条件发生较大的变化或发生较大变化后刚刚恢复时；

核查对象操作人员熟练程度不高，易引起设备故障时；

对核查对象质量控制活动结果（如校准、能力验证结果等）有怀疑时；

对核查对象计量特性有怀疑时；

核查对象距离上一次校准时间较长或邻近校准周期时。

EMC 检测领域设备、设施期间核查的程序要求、适用情形、对象、计划、作业指导书、结果处理方法及核查要求和方法示例等详细信息，参见 GB/Z 41634—2022《电磁兼容 检测用设备期间核查指南》、CNAS—GL52：2022《电磁兼容检测领域设备期间核查指南》。

3.5.2.9 实例

1. 概述

本例给出了使用梳状波信号发生器对辐射骚扰场强（1～6GHz）测量系统（以下简称测量系统）进行期间核查的方法。

2. 核查对象

接收机、天线等仪器设备，暗室及其各项设施组成的测量系统。

3. 核查标准（核查装置）

梳状波信号发生器（以下简称信号发生器），其频率范围为 1～6GHz。

4. 测量参数及核查点

测量参数为场强值 [单位为 dB（μV/m）]，核查点选择接收机校准证书中频率响应校准结果中的 6～8 个频点。

5. 方法依据

GB T 9254.1—2021《信息技术设备、多媒体设备和接收机 电磁兼容 第 1 部分：发射要求》

6. 核查方法

（1）由具有相应资质的计量技术机构对测量系统接收机、天线等进行校准，出具校准证书。

注：如有需要，暗室屏蔽效能、接地及绝缘电阻、场地衰减、电压驻波比、场均匀性等也应进行确认。

（2）测量前，信号发生器需充满电。

（3）信号发生器放置在非金属测试桌面的中心，并且位于转台中心。

（4）天线及信号发生器均为垂直极化（信号发生器水平放置在测试桌面上且电源开关朝向天线）。

（5）天线中心与信号发生器中心的距离为 3m。

（6）天线高度为 1m。

（7）打开信号发生器，转动转台，测量6～8个频点，找到这些频点的最大场强值[单位为dB（μV/m）]，记录数据，在重复性条件下检测次数不小于10次，得到参考值x_{ref}。这里x_{ref}为利用接收机测量结果、接收机校准证书中的频率响应修正值及天线校准证书中的天线系数计算后得到的检测平均值。

注：最大场强值检测结果单位是dB（μV/m），为对数数据，如果考虑数据的物理意义，则不能直接进行加法运算，需将对数数据转换为线性数据（单位为μV/m）后再进行算术求和及平均值计算。当通过观察直方图等方法检验对数数据的分布时，如数据近似为正态分布，则其算术平均值位于分布中部，可以代表分布的众数，符合统计的意义与目标。此时，如将对数数据转换为单位为μV/m的线性数据，线性数据为"对数正态分布"，其平均值的对数形式将偏离对数数据"正态分布"的中部，因此与统计目标不一致。综上所述，当对数形式的数据符合正态分布时，可忽略其物理意义，按线性数据的计算法则对其进行统计。

（8）根据测量系统使用的频率、条件及可靠性指标等因素，在第（7）步确定信号发生器场强参考值后经过一段时间间隔（参见下面的8.核查时机），使用测量系统对发生器进行检测，检测条件、方法及频点与参考值确定过程相同，得到期间核查结果x。x宜采用平均值。

7. 核查结果的判定

当x满足式（3-5-3）时，可认为测量系统计量特性符合要求；否则，需排查引起检测结果偏倚超出允差的原因，并采取相应措施使测量系统满足要求。对于式（3-5-3），这里取δ=5.18dB，该值取自GB/T 6113.402—2022（CISPR 16—4—2：2018）的表E.1给出的全电波暗室3m距离1～6GHz辐射骚扰场强测量扩展不确定度评估结果。

8. 核查时机

由于测量系统接收机及天线校准依据的技术规范建议的校准周期为一年，因此通常在接收机及天线校准后半年对测量系统进行一次期间核查。同时，在需要时应不定期地进行期间核查。各类需进行不定期期间核查的情况，参见3.5.2.8中2.不定期核查。

3.5.3 控制图

3.5.3.1 概述

控制图是对过程数据的图形化表示，可对检测结果变化情况进行直观评估，判断检测结果是否只受到随机因素的影响，而没有受到非预期或特殊因素的影响。即，检测结果是否处于统计受控状态，进而判断检测结果的有效性。这里"过程"指检测相关测量、统计等工作。

典型的控制图包含中心线和位于其两侧的上控制限L_{CL}及下控制限U_{CL}。中心线反映了统计量预期变化的中心水平。控制限用于判断过程是否处于统计受控状态。如果统计量随机落在两侧控制限之间的区域，并同时满足相关判定准则时，表明过程处于受控状态；当有统计量落在控制限之间的区域以外或不满足相关判定准则时，表明有特定原因导致过程变异，需要对过程采取纠正措施，使过程恢复到受控状态。有时，控制图还有称为"警戒限"的第二组控制限,此时,原控制限称为"行动限"。当数据点超出警戒限但未超出行动限时,表明存在使过程出现偏离趋势的影响因素,但此时不必采取措施,可以缩短下一组检测的时间间隔或增加子组样本量来确定过程是否失控。

3.5.3.2 控制图的作用

在 EMC 检测领域,辐射或传导骚扰测量系统通过接收机等设备对稳定的信号发生器输出的信号场强等参数进行检测时,或者通过场探头、电流探头、示波器、功率计、数字万用表等设备对辐射或传导骚扰抗扰度测量系统的骚扰信号电压、电流波形峰值、脉冲时间等参数进行检测时,可将上述检测值绘制在控制图中,通过控制图对上述量值进行监控,及时发现统计失控状态并采取措施予以纠正,以实现保证检测结果有效性的目的。此外,可将测量系统或设备历年量值溯源记录中的数据绘制在控制图中,对测量系统或设备数据的稳定性进行监控,进而确保检测结果的有效性。

3.5.3.3 控制图的设计

1. 控制图绘制前的准备工作

(1)确定控制图的统计量,即通过控制图进行监控的参数。统计量的选择参见 3.5.2.4 部分。

(2)分析和确认测量过程的关键因素,确保测量过程的关键因素得到控制。例如,需要监控检测结果随时间变化的情况,应考虑控制图中各组检测的时间间隔;类似的,如果需要监控不同人员的操作对检测结果的影响时,应考虑由不同的人员完成控制图中各组检测;如果需要检测不同仪器设备对检测结果的影响时,应考虑由不同的仪器设备完成控制图中各组检测。

(3)对于统计量,如果具备进行重复性测量的条件,应按一定的时间间隔分组进行检测,每组检测在重复性条件下进行。各组检测的时间间隔和每组检测的次数,可综合考虑检测工作的难易程序、经济成本以及 3.5.2.8 所列定期核查和不定期核查的各类情况确定。一般来说,较短的时间间隔及较大的子组样本量能够更准确地检测到较小的过程均值的偏移;较长的时间间隔及较小的子组样本量可以更快地检测到较大的过程均值的偏移。同时,上述因素及一些附加情况会影响过程能力,控制图对受控状态的判定越严格,过程能力越高,反之亦然。如子组内或子组间取样的时间间隔越短,子组样本量越大,波动因素的影响越小,子组内重复性及子组间波动较小,控制限范围变窄,过程能力提高;反之,子组内或子组间取样的时间间隔越长,子组样本量越小,波动因素影响越大,子组内重复性及子组间波动较大,控制限范围变宽,过程能力降低。

(4)采集初始数据,用于确定控制图中心线及控制限。初始数据收集阶段,过程应不受外部因素的间歇性影响,即在数据采集的初始阶段,过程处于稳定状态。

(5)制定控制图出现统计失控状态时的行动方案。即,控制图统计量落在控制限之间的区域以外或不满足相关判定准则时,应有排查特殊原因并采取纠正措施的预案,用于指导过程偏离的纠正和调整。

2. 控制图类型的选择

对于某个监控参数,一般有监控过程均值和过程变异的两个控制图对检测值组间和组内波动情况进行描述。

当每组检测次数 $n=1$ 时,选择单值 X 图和移动极差 R_m 图(数据点为相邻 X 值之差的绝对值)进行质量监控;当每组检测次数 $1<n<10$,选择均值 $\bar{X}$ 图和极差 R 图进行数据监控;当每组检测次数 $n>10$ 时,选择均值 $\bar{X}$ 图和标准差 s 图进行数据监控。当需要降低组内极端值的影响时,中位数 $\tilde{X}$ 图可替代均值 $\bar{X}$ 图进行数据监控。中位数 $\tilde{X}$ 图特别适用于包含奇数个检测值的子组样本量较小的子组,但中位数 $\tilde{X}$ 图较均值 $\bar{X}$ 图对失控状态的响应稍慢一些。以上各类控制图可基本满足 EMC 检测结果有效性监控的需要。更多类型控制图的信息,参见系列标准 GB/T 17989—2020。

3. 控制图的绘制

各类控制图以进行子组检测的序号为横轴,统计量为纵轴,在其上绘制中心线、控制限及数据点。上述各类控制图中心线及控制限的计算方法参见 GB/T 17989.2—2020《控制图 第 2 部分:常规控制图》中的 6.2~6.4。其他类型控制图的绘制方法参见系列标准 GB/T 17989—2020。

3.5.3.4 绘制控制图及监控数据步骤

以下为在检测数据平均值及标准差未知的情况下绘制控制图及监控数据的步骤。

(1)参照 3.5.3.3 节对控制图进行设计。

(2)在监控过程变异的控制图上绘制数据点。首先,在移动极差 R_m 图或极差 R 图或标准差 s 图中绘制数据点,当有数据点落在控制限之间的区域以外或不满足相关判定准则时,需排查原因;然后,对于失控数据点如可以查明失控原因,应采取纠正措施消除导致过程偏离的因素,并在控制图中删除此数据点,重新计算中心线和控制限,并绘制控制图;之后,确定剩余数据点是否在新绘制的控制图中处于统计控制状态,如仍有数据点处于失控状态,重新进行本步,否则进行下一步。

注:1)为确保对过程波动性的可靠估计,最少要采集 25 个初始子组。

2)当删除的失控数据点多于 1/3 的子组数时,建议补充采集更多的子组,使子组数不少于 25 个。

(3)在监控过程均值的控制图上绘制数据点。当第 2 步所述控制图中的数据均处于统计控制状态时,使用这些数据绘制单值 X 图或均值 $\bar{X}$ 图或中位数 $\tilde{X}$ 图,其他要求同第 2 步。

(4)持续监控过程。使用第 2、3 步修改的最后一版控制图对检测数据进行持续监控,当有数据点落在控制限之间的区域以外或不满足相关判定准则时,应根据之前确定的出现统计失控状态时的行动方案排查原因并采取纠正措施,使过程恢复至统计控制状态。当过程失控、原因被识别且消除该原因需要对过程进行重大改变时,需重新进行第 1~3 步。

注:控制图过程控制相关判定准则(如连续 7 点递增或递减,过程处于失控状态),参见 GB/T 17989.2—2020 的第 8 章及附录 A。

3.5.3.5 实例

1. 概述

本实例给出了辐射杂散测量系统通过测量梳状波信号发生器(以下简称发生器)输出

信号的等效全向辐射功率，来绘制均值 $\bar{X}$ 图和极差 R 图进行数据监控的方法。其中包括试验方法、数据采集，以及确定中心限及控制限、绘制均值 $\bar{X}$ 图和极差 R 图等内容。

2. 目的

本小节的目的是识别检测结果随时间、操作人员、环境条件等因素出现的变化，以便在出现偏离受控状态的情况时能及时采取措施使检测结果恢复到受控状态。

3. 试验方法

依据 YD/T 1483—2016《无线电设备杂散发射技术要求和检测方法》进行检测。旋转转台，找到指定频点等效全向辐射功率最大值，记录数据，单位为 dBm，结果保留 2 位小数。下面给出的是以频点 5GHz 等效全向辐射功率检测结果绘制控制图的方法步骤。

4. 数据采集

对 5GHz 进行 25 组试验、每组进行 5 次检测，得到的检测值用于计算控制图中心限及控制限。对于每组数据，在短时间内、采用相同方法对同一个信号发生器进行检测，各组数据在不同时间、由不同的检测人员、在试验要求的环境条件范围内进行，即各组数据的检测条件覆盖影响检测结果的主要因素。表 3-5-1 所示的对数形式的检测数据（单位为 dBm），可转换为表 3-5-2 所示的线性形式的检测数据（单位为 mW）。

下面对绘制控制图的前提条件、数据形式（对数、线性）等进行分析，并确定本实例控制图使用的数据形式，以对检测结果进行有效监控。

根据 GB/T 17989.2—2020 中 6.1 节所述，计量控制图的应用基于数据正态分布的假设，控制限计算因子基于正态性假设得到，因此通过偏离正态的数据确定控制限时，会影响控制图的性能。但由于控制图通常用于给决策提供经验性指导，所以对正态分布微小偏离的数据可以忽略。根据中心极限定理，均值趋于正态分布，因此均值 $\bar{X}$ 图的应用符合正态分布假设。对于极差 R 图，控制限计算因子是基于正态性假设得到的，但也可对不完全服从正态分布的数据进行经验决策。根据上述控制图的应用前提，忽略数据的物理意义，从统计角度来看，只要数据符合近似正态分布，无论是对数还是线性形式的数据，均可用于绘制控制图。

注：对于单位为 dBm 的对数数据，根据其物理意义不能进行算术加法运算，这里忽略其物理意义，仅将其看做数值，在其分布满足统计假设前提（正态分布）的情况下进行统计分析。

对于均值 $\bar{X}$ 图绘制数据的选择，通过偏度 – 峰度及夏皮罗—威尔克（Shapiro-Wilk）检验法，对表 3-5-1 和表 3-5-2 所示的对数及线性形式的各组数据均值分别进行正态性检验，检验结果见表 3-5-3。从检验结果可看出，线性数据较对数数据偏度峰度值更接近 0，同时线性数据较对数形式的夏皮罗—威尔克检验法的结果显著性（p 值）更高。综上所述，各组数据均值的线性形式较对数形式更接近正态分布，本实例使用线性数据确定均值 $\bar{X}$ 图控制限时，性能优于对数数据。因此，本实例均值 $\bar{X}$ 图使用线性数据进行绘制。

第3章 EMC检测实验室检测能力的提升

表 3-5-1 辐射杂散测量系统等效全向辐射功率检测数据（dBm）

检测次数/组数	1	2	3	4	5	6	7	8	9	10	11	12	13
1	−33.08	−32.71	−33.99	−32.60	−32.31	−33.36	−35.76	−33.49	−32.24	−33.15	−33.33	−31.55	−34.27
2	−33.19	−34.00	−33.38	−33.26	−33.80	−33.38	−33.83	−33.17	−32.45	−33.38	−32.53	−33.41	−31.04
3	−32.40	−32.53	−32.97	−34.51	−33.26	−34.03	−34.06	−30.69	−33.52	−32.89	−33.66	−33.12	−32.85
4	−34.09	−33.27	−34.19	−33.22	−31.47	−33.23	−32.08	−33.56	−33.31	−33.19	−34.35	−33.08	−34.39
5	−33.51	−33.45	−33.98	−31.09	−33.62	−33.54	−35.17	−30.81	−31.43	−31.36	−34.73	−32.67	−33.35
统计数据
R_j/dB	1.69	1.47	1.22	3.42	2.33	0.80	3.68	2.87	2.09	2.02	2.20	1.86	3.35
$\bar{x}_j$/dBm	−33.25	−33.19	−33.70	−32.94	−32.89	−33.51	−34.18	−32.34	−32.59	−32.79	−33.72	−32.77	−33.18

检测次数/组数	14	15	16	17	18	19	20	21	22	23	24	25
1	−33.47	−32.05	−33.11	−34.21	−34.80	−33.33	−34.39	−32.43	−32.44	−34.45	−33.94	−35.66
2	−31.45	−31.69	−33.89	−32.88	−30.99	−34.82	−33.37	−33.01	−32.48	−34.35	−33.28	−31.35
3	−31.89	−35.74	−35.18	−34.24	−34.04	−33.08	−31.70	−33.08	−32.98	−35.09	−32.91	−32.34
4	−32.84	−32.01	−32.80	−32.81	−30.10	−32.90	−33.51	−32.92	−34.44	−33.69	−33.48	−35.17
5	−34.00	−33.16	−34.67	−33.33	−33.47	−31.52	−34.88	−32.42	−31.74	−33.18	−34.77	−33.77
统计数据
R_j/dB	2.55	4.05	2.38	1.43	4.70	3.30	3.18	0.66	2.70	1.91	1.86	4.31
$\bar{x}_j$/dBm	−32.73	−32.93	−33.93	−33.49	−32.68	−33.13	−33.57	−32.77	−32.82	−34.15	−33.68	−33.66

表 3-5-2 辐射杂散测量系统等效全向辐射功率检测及统计数据（mW）

检测次数/组数	1	2	3	4	5	6	7	8	9	10	11	12	13
1	4.9×10^{-4}	5.4×10^{-4}	4.0×10^{-4}	5.5×10^{-4}	5.9×10^{-4}	4.6×10^{-4}	2.7×10^{-4}	4.5×10^{-4}	6.0×10^{-4}	4.8×10^{-4}	4.6×10^{-4}	7.0×10^{-4}	3.7×10^{-4}
2	4.8×10^{-4}	4.0×10^{-4}	4.6×10^{-4}	4.7×10^{-4}	4.2×10^{-4}	4.6×10^{-4}	4.1×10^{-4}	4.8×10^{-4}	5.7×10^{-4}	4.6×10^{-4}	5.6×10^{-4}	4.6×10^{-4}	7.9×10^{-4}
3	5.8×10^{-4}	5.6×10^{-4}	5.0×10^{-4}	3.5×10^{-4}	4.7×10^{-4}	4.0×10^{-4}	3.9×10^{-4}	8.5×10^{-4}	4.4×10^{-4}	5.1×10^{-4}	4.3×10^{-4}	4.9×10^{-4}	5.2×10^{-4}
4	3.9×10^{-4}	4.7×10^{-4}	3.8×10^{-4}	4.8×10^{-4}	7.1×10^{-4}	4.8×10^{-4}	6.2×10^{-4}	4.4×10^{-4}	4.7×10^{-4}	4.8×10^{-4}	3.7×10^{-4}	4.9×10^{-4}	3.6×10^{-4}
5	4.5×10^{-4}	4.5×10^{-4}	4.0×10^{-4}	7.8×10^{-4}	4.3×10^{-4}	4.4×10^{-4}	3.0×10^{-4}	8.3×10^{-4}	7.2×10^{-4}	7.3×10^{-4}	3.4×10^{-4}	5.4×10^{-4}	4.6×10^{-4}
R_j	1.9×10^{-4}	1.6×10^{-4}	1.2×10^{-4}	4.2×10^{-4}	3.0×10^{-4}	8.0×10^{-5}	3.5×10^{-4}	4.1×10^{-4}	2.7×10^{-4}	2.7×10^{-4}	2.2×10^{-4}	2.4×10^{-4}	4.2×10^{-4}
$\bar{x}_j$	4.8×10^{-4}	4.8×10^{-4}	4.3×10^{-4}	5.3×10^{-4}	5.2×10^{-4}	4.5×10^{-4}	4.0×10^{-4}	6.1×10^{-4}	5.6×10^{-4}	5.3×10^{-4}	4.3×10^{-4}	5.4×10^{-4}	5.0×10^{-4}

检测次数/组数	14	15	16	17	18	19	20	21	22	23	24	25
1	4.5×10^{-4}	6.2×10^{-4}	4.9×10^{-4}	3.8×10^{-4}	3.3×10^{-4}	4.6×10^{-4}	3.6×10^{-4}	5.7×10^{-4}	5.7×10^{-4}	3.6×10^{-4}	4.0×10^{-4}	2.7×10^{-4}
2	7.2×10^{-4}	6.8×10^{-4}	4.1×10^{-4}	5.2×10^{-4}	8.0×10^{-4}	3.3×10^{-4}	4.6×10^{-4}	5.0×10^{-4}	5.6×10^{-4}	3.7×10^{-4}	4.7×10^{-4}	7.3×10^{-4}
3	6.5×10^{-4}	2.7×10^{-4}	3.0×10^{-4}	3.8×10^{-4}	3.9×10^{-4}	4.9×10^{-4}	6.8×10^{-4}	4.9×10^{-4}	5.0×10^{-4}	3.1×10^{-4}	5.1×10^{-4}	5.8×10^{-4}
4	5.2×10^{-4}	6.3×10^{-4}	5.2×10^{-4}	5.2×10^{-4}	9.8×10^{-4}	5.1×10^{-4}	4.5×10^{-4}	5.1×10^{-4}	3.6×10^{-4}	4.3×10^{-4}	4.5×10^{-4}	3.0×10^{-4}
5	4.0×10^{-4}	4.8×10^{-4}	3.4×10^{-4}	4.6×10^{-4}	4.5×10^{-4}	7.0×10^{-4}	3.3×10^{-4}	5.7×10^{-4}	6.7×10^{-4}	4.8×10^{-4}	3.3×10^{-4}	4.2×10^{-4}
R_j	3.2×10^{-4}	4.1×10^{-4}	2.2×10^{-4}	1.5×10^{-4}	6.5×10^{-4}	3.8×10^{-4}	3.5×10^{-4}	8.1×10^{-5}	3.1×10^{-4}	1.7×10^{-4}	1.8×10^{-4}	4.6×10^{-4}
$\bar{x}_j$	5.5×10^{-4}	5.4×10^{-4}	4.1×10^{-4}	4.5×10^{-4}	5.9×10^{-4}	5.0×10^{-4}	4.5×10^{-4}	5.3×10^{-4}	5.3×10^{-4}	3.9×10^{-4}	4.3×10^{-4}	4.6×10^{-4}

表 3-5-3　各组均值数据正态性检验结果

数据形式	偏度—峰度检验法		夏皮罗—威尔克检验法	
	偏度	峰度	统计量	显著性（p值）
对数	−0.301	−0.897	0.953	0.286
线性	0.052	−0.799	0.964	0.552

对于极差 R 图，由于过程数据无须严格符合正态分布，理论上对数及线性数据都可应用于极差 R 图。但为谨慎起见，本实例给出对数及线性形式的极差 R 图，并进行比较和分析。

5. 确定中心线及控制限

通过式（3-5-4）计算表 3-5-1 和表 3-5-2 各组数据极差的平均值 $\bar{R}$，通过式（3-5-5）计算表 3-5-2 各组数据平均值的平均值 $\bar{\bar{X}}$，作为极差 R 图和均值 $\bar{X}$ 图中心线 CL 的取值。式（3-5-4）及式（3-5-5）中，k 为数据组数，本实例中 $k=25$；j 为数据组序号；R_j 和 $\bar{x}_j$ 分别为第 j 组数据的极差和均值。通过式（3-5-6）及式（3-5-7）计算极差 R 图的上控制限 U_{CL} 及下控制限 L_{CL}。通过式（3-5-8）及式（3-5-9）计算均值 $\bar{X}$ 图的上控制限 U_{CL} 及下控制限 L_{CL}。式（3-5-6）～式（3-5-9）中，D_3、D_4、A_2 为控制限计算因子（参见 GB/T 17989.2—2020 中 6.2 节的表 2）。上述计算得到控制图中心线及控制限（见表 3-5-4）。

表 3-5-4　初始的控制图中心线及控制限

控制图类型	数据形式	单位	中心线 CL	上控制限 U_{CL}	下控制限 L_{CL}
极差 R 图	对数	dB	2.5	5.3	0.0
极差 R 图	线性	mW	2.9×10^{-4}	6.0×10^{-4}	0.0
均值 $\bar{X}$ 图	线性	mW	4.9×10^{-4}	6.6×10^{-4}	3.3×10^{-4}

$$\bar{R} = \frac{1}{k}\sum_{j=1}^{k} R_j \tag{3-5-4}$$

$$\bar{\bar{X}} = \frac{1}{k}\sum_{j=1}^{k} \bar{x}_j \tag{3-5-5}$$

$$U_{CL} = D_4 \times \bar{R} \tag{3-5-6}$$

$$L_{CL} = D_3 \times \bar{R} \tag{3-5-7}$$

$$U_{CL} = \bar{\bar{X}} + A_2 \times \bar{R} \tag{3-5-8}$$

$$L_{CL} = \bar{\bar{X}} - A_2 \times \bar{R} \tag{3-5-9}$$

6. 绘制控制图

图 3-5-1 和图 3-5-2 所示的 R 图分别为以表 3-5-4 所示的上两行数据作为中心线及控制限，以表 3-5-1 和表 3-5-2 所示的数据 $\bar{R}$ 作为数据点，绘制的对数及线性形式极差 R 图。图 3-5-3 所示的 $\bar{X}$ 图为以表 3-5-4 所示的第 3 行数据作为中心线及控制限，以表 3-5-2 所示的数据 $\bar{X}$ 作为数据点，绘制的线性形式均值 $\bar{X}$ 图。

如图 3-5-1 所示，25 组数据均小于上控制限，表示数据离散性处于受控状态。同时，如图 3-5-2 所示，第 18 组数据极差超过上控制限，处于失控状态。

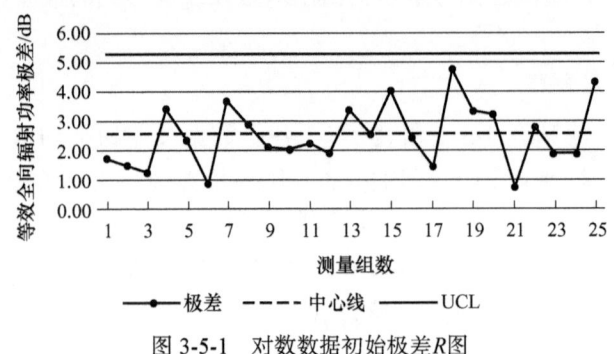

图 3-5-1 对数数据初始极差 R 图

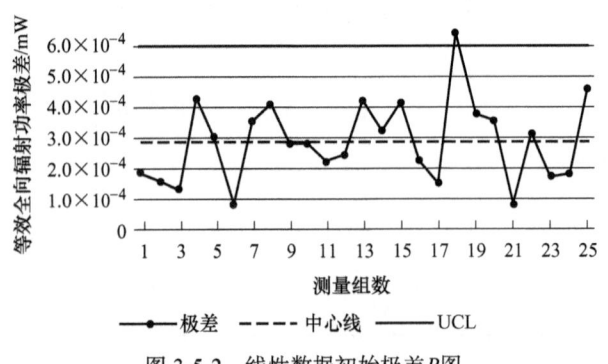

图 3-5-2 线性数据初始极差 R 图

对于第 18 组数据，经排查检测方法与标准中规定的方法存在偏离，因此将第 18 组数据删除后，重新计算极差 R 图及均值 $\bar{X}$ 图的中心线及控制限（见表 3-5-5），并绘制调整后的极差 R 图及均值 $\bar{X}$ 图（见图 3-5-4～图 3-5-6）。调整后的极差 R 图及均值 $\bar{X}$ 均表明过程处于受控状态，因此图 3-5-4～图 3-5-6 所示的调整后数据可用于以后对辐射杂散测量系统等效全向辐射功率检测结果有效性的监控。

表 3-5-5 调整后的控制图中心线及控制限（mW）

控制图类型	数据形式	单位	中心线 CL	上控制限 U_{CL}	下控制限 L_{CL}
极差 R 图	对数	dB	2.4	5.1	0.0
极差 R 图	线性	mW	2.7×10^{-4}	5.7×10^{-4}	0.0
均值 $\bar{X}$ 图	线性	dBm	4.9×10^{-4}	6.4×10^{-4}	3.3×10^{-4}

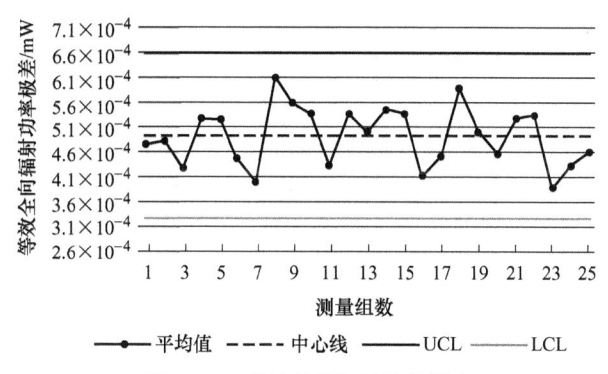

图 3-5-3　线性数据初始均值 $\bar{X}$ 图

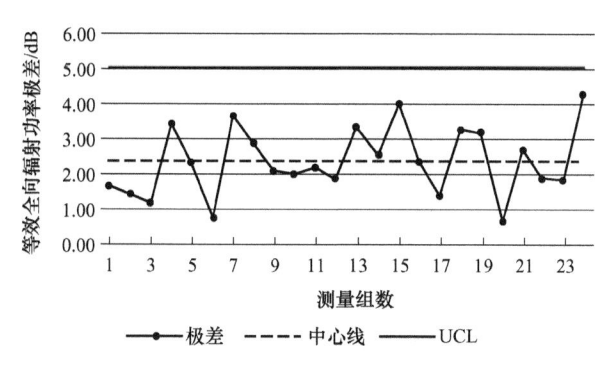

图 3-5-4　调整后的对数数据极差 R 图

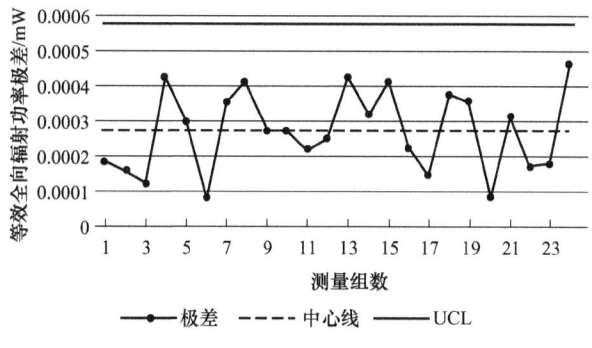

图 3-5-5　调整后的线性数据极差 R 图

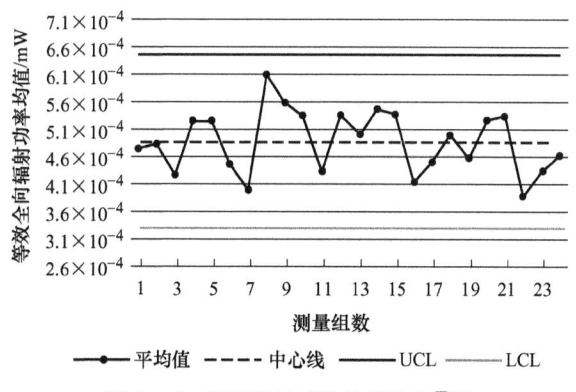

图 3-5-6　调整后的线性数据均值 $\bar{X}$ 图

3.5.4 检测的重复性、复现性及中间精密度

3.5.4.1 概述

重复性、再现性及中间精密度，分别指在重复性条件、再现性条件及中间精密度条件下测量结果的精密度，即测量结果的标准差。对于辐射或传导骚扰检测项目，可使用重复性、再现性及中间精密度判断检测结果的有效性；对于辐射或传导骚扰抗扰度检测项目，实际应用中较难确定重复性、再现性及中间精密度，一般不建议通过本部分给出的方法判断结果的有效性。

通过本部分方法判断检测结果的有效性时，需已知重复性 σ_r、再现性 σ_R 或中间精密度 σ_I。确定测量重复性 σ_r 及再现性 σ_R 的方法，参见 GB/T 6379.2—2004《测量方法与结果的准确度（正确度与精密度） 第2部分：确定标准测量方法重复性与再现性的基本方法》；确定中间精密度 σ_I 的方法，参见 GB/T 6379.3—2012《测量方法与结果的准确度（正确度与精密度） 第2部分：标准测量方法精密度的中间度量》。以下检验方法的显著性水平为95%。

3.5.4.2 实验室内两组检测结果的比较

在实验室内重复性条件下进行两组检测，两组检测结果的算术平均值分别为 $\bar{y}_1$ 和 $\bar{y}_2$，数量分别为 n_1 和 n_2。如式（3-5-10）成立，则认为两组检测结果是一致的，否则认为两组检测结果存在差异，需排查原因并采取纠正措施。

$$|\bar{y}_1 - \bar{y}_2| \leq 2.8\sigma_r \sqrt{\frac{1}{2n_1} + \frac{1}{2n_2}} \qquad (3-5-10)$$

3.5.4.3 实验室内检测结果与参考值的比较

1. 通过重复性及再现性比较实验室检测结果与参考值

在实验室内重复性条件下进行一组检测，检测结果算术平均值及数量分别为 $\bar{y}$ 和 n。当已知被检测的参考值 μ_0 时，如式（3-5-11）成立，则认为此组检测结果与参考值是一致的；否则认为此组检测结果与参考值存在显著差异，需排查原因并采取纠正措施。参考值 μ_0 可参照 3.5.2.6 节的 1 中期间核查参考值的确定方法，或者采用其他可靠方法获得。

$$|\bar{y}_1 - \mu_0| \leq \frac{1}{\sqrt{2}} \sqrt{(2.8\sigma_R)^2 - (2.8\sigma_r)^2 \left(\frac{n-1}{n}\right)} \qquad (3-5-11)$$

引入一个可检出的实验室偏倚 Δ_m 作为试验者希望从试验结果中以高概率检测出的实验室偏倚的最小值，则式（3-5-11）可变为式（3-5-12）。

$$|\bar{y}_1 - \mu_0| \leq \Delta_m / 2 \qquad (3-5-12)$$

2. 通过重复性比较实验室检测结果与参考值

首先，根据式（3-5-13）、式（3-5-14）确定检测结果数量 n。式（3-5-13）通过 n 计算得到系数 A_W，将 A_W 代入式（3-5-14）。式（3-5-14）中，σ_r 为检测方法的重复性；Δ_m 为

希望从比对结果中检测出的偏倚量。即，检测结果与参考值之差大于等于 Δ_m 时，认为实验室结果与参考值之间存在显著差异。式（3-5-14）满足时的 n 即为检测结果数。

$$A_W = \frac{1.96}{\sqrt{n}} \tag{3-5-13}$$

$$A_W \sigma_r \leqslant \frac{\Delta_m}{1.84} \tag{3-5-14}$$

根据式（3-5-15）计算实验室偏倚的估计量 $\hat{\Delta}$。式中，$\bar{y}_W$ 为实验室 n 次检测结果的平均值；μ 为参考值。

$$\hat{\Delta} = \bar{y}_W - \mu \tag{3-5-15}$$

式（3-5-16）给出了实验室偏倚 Δ 95% 的置信区间。当 σ_r 未知时，可通过其估计值 s_r 来代替。s_r 的计算方法，参见 GB/T 6379.2—2004 中的 4.3 及 7.4。当置信区间包含 0 时，在显著性水平 5% 的情况下实验室结果与参考值是一致的；否则实验室的偏倚显著。本方法的详细描述，参见 GB/T 6379.4—2006《测量方法与结果的准确度（正确度与精密度） 第 4 部分：确定标准测量方法正确度的基本方法》中的 5。

$$\hat{\Delta} - A_W \sigma_r \leqslant \Delta \leqslant \hat{\Delta} + A_W \sigma_r \tag{3-5-16}$$

3.5.4.4　实验室内检测结果精密度的检查

实验室内对 q 个水平的标准样品进行检测，每种水平的标准样品检测 n 次，将每种水平检测结果的标准差 s_r 与重复性 σ_r 进行比较，接受准则如式（3-5-17）。当 q 个水平的标准样品检测结果均满足式（3-5-17）时，实验室内精密度符合评定要求。

$$s_r^2 / \sigma_r^2 < \chi_{0.05}^2(\nu) / \nu \tag{3-5-17}$$

式中，$\chi_{0.05}^2(\nu)$ 为 χ^2 分布的 0.95 分位点，自由度 $\nu = n-1$。

3.5.4.5　实验室内检测结果稳定性的检查

使用已确定的重复性 σ_r、再现性 σ_R、中间精密度 σ_I 及 EUT 参数的参考值 μ，绘制单值 X 图、极差 R 图、移动极差 R_m 图、累计和控制图的中心线、控制限（警戒限或行动限），并将检测数据绘制在控制图中。当数据点落在控制限之间的区域外或不满足相关判定准则时，应排查原因并采取纠正措施，使稳定性数据恢复到统计控制状态。

一般来说，检查精密度稳定性时，可使用单值 X 图、极差 R 图等常规控制图，检查正确度稳定性时，可使用均值 $\bar{x}$ 图、移动极差 R_m 图、累计和控制图等。

实验室内检测结果稳定性检查方法的详细信息，参见 GB/T 6379.6—2009《测量方法与结果的准确度（正确度与精密度） 第 6 部分：准确度值的实际应用》中的 6，控制图中心线、控制线、判定准则等信息，参见 GB/T 17989.2—2020 中的 8、附录 A 及 GB/T 17989.4—2020《控制图 第 4 部分：累积和控制图》中的 8、9 及附录 A～C。

3.5.5 测量系统或设备的重复性、稳定性考核

3.5.5.1 概述

JJF 1033—2023《计量标准考核规范》的附录 C.1 和 C.2 规定了计量标准检定或校准结果的重复性和稳定性的考核方法。由于上述方法是基于统计结果与根据计量标准计量特性等确定的限值进行比较后判断计量器具是否符合要求的，并且检测使用的测量系统或设备与计量器具在内涵上没有本质区别，因此，计量标准检定或校准结果的重复性及稳定性考核方法同样适用于测量系统或设备。通过对 EMC 测量系统或设备检测结果进行重复性及稳定性考核，可判断测量系统或设备的检测数据是否正常，如发现问题可及时采取措施，以保证 EMC 检测结果的有效性。

3.5.5.2 重复性考核

1. 方法

对于辐射及传导骚扰测量系统或设备，通过测量系统或设备在重复性条件下对稳定的检测对象（通常为信号发生器）输出的场强等参数，进行 n 次独立重复检测，得到的检测值为 y_i（$i=1, 2, \cdots, n$），则重复性 $s(y_i)$ 按下式：

$$s(y_i) = \sqrt{\frac{\sum_{i=1}^{n}(y_i - \bar{y})^2}{n-1}} \tag{3-5-18}$$

式中的 n 应尽可能大，一般应不小于 10。

对于辐射及传导骚扰抗扰度检测系统或设备，如果具备信号采集测量系统或设备，可读取抗扰度测量系统或设备输出信号电压、电流波形的峰值、脉冲时间等参数；也可以进行重复性考核，通过信号采集测量系统或设备，在重复性条件下，对抗扰度测量系统或设备输出信号的参数进行 n 次独立重复检测，重复性参照式（3-5-18）计算。

一般来说，EMC 检测系统或设备至少每年进行一次重复性试验，以首次重复性试验获得的重复性作为参考值，也可参照技术规范中的信息（如 GB/T 6113.402—2022/CISPR 16—4—2：2018 中给出的接收机读数引入的不确定度分量）给出重复性参考值，记为 s_0。后续进行重复性试验时，如重复性不大于 s_0，则认为 EMC 检测系统或设备测量重复性符合要求；否则，应根据后续获得的重复性对测量不确定度重新进行评定。如评定结果符合测量系统或设备的精度要求（参见校准规范中对测量系统或设备测量误差、不确定度等计量特性的要求），或者满足检测要求（参见检测方法标准中对测量误差、不确定度的要求），则重复性符合要求，并将新的重复性作为参考值对后续重复性进行评价；如评定结果不符合测量系统或设备的精度要求，或者不符合检测方法有关精度、误差、不确定度的规定，则重复性不符合要求，需排查原因并采取纠正措施，使重复性满足相关要求。

2. 实例

（1）概述　下面介绍使用梳状信号源（以下简称信号源）对汽车零部件辐射发射检测项目进行重复性试验并使用试验数据判断检测结果有效性的实例，包括试验实例、试验周期、数据统计及结果判定。下面以 100MHz 频点为例给出汽车零部件辐射发射电平峰值、

准峰值检测结果进行重复性考核的方法步骤。

（2）试验方法　依据 GB/T 18655—2018《车辆、船和内燃机　无线电骚扰特性　用于保护车载接收机的限值和测量方法》进行检测，参考源与接收天线中心位置的距离设置为 1m。检测信号源天线与接收天线在垂直极化下指定频率的场强峰值与平均值，单位为 dB（μV/m），检测结果保留 1 位小数。

注： 检测应在重复性条件下进行，即由同一操作员使用相同的设备，按相同的检测方法，在短时间内对同一信号源进行多次独立检测，次数通常不小于 10。

（3）试验周期　一般来说，首次重复性考核在汽车零部件辐射发射测量系统（以下简称测量系统）安装调试完成、投入使用前进行，之后每年进行一次重复性考核。

（4）数据统计　表 3-5-6 所示的重复性考核数据是汽车零部件辐射发射 100MHz 频点场强峰值及平均值的首次重复性考核数据 [单位为 dB（μV/m）] 及统计结果。

GB/T 6379.2—20041.4 及 JJF 1059.1—2012 中 1 的 d）均明确，用于计算重复性的测试结果应近似服从正态分布。表 3-5-7 所示的检验结果是通过夏皮罗—威尔克检验法对表 3-5-6 所示的数据进行正态性检验的结果。可以看出，100MHz 频点辐射发射场强峰值及平均值的正态性检验结果显著性均大于 0.05，因此 100MHz 频点辐射发射峰值及平均值检测数据符合正态性分布。

根据上述重复性考核数据的分布检验结果，忽略数据的物理意义，从统计角度来看，表 3-5-6 所示的数据可用于重复性考核。

注： 1）对于单位为 dB（μV/m）的对数数据，根据其物理意义不能进行算术加法运算。这里忽略其物理意义，仅将其看做数值，在其分布满足统计假设前提（正态分布）的情况下进行统计分析。

2）当单位为 dB（μV/m）的对数数据符合正态分布时，如将对数数据转换为单位为 μV/m 的线性数据，线性数据为"对数正态分布"，其概率密度函数为右偏态，其平均值和实验标准差与正态分布的平均值和标准差意义不同。对数正态分布的平均值不对应其峰值，标准差与对数正态分布半区间的 1/3 不存在对应关系，因此当基于正态分布假设的统计方法应用于线性数据时，会影响统计方法的效果。此时如将线性数据平均值转化为对数形式，其偏离正态分布对数数据的峰值。另外，通过线性数据平均值的对数形式计算的对数数据标准差实际为均方误差，与标准差定义不符。因此，本实例忽略单位为 dB（μV/m）的对数数据的物理意义，对其进行重复性考核。

（5）结果判定　后续进行重复性考核时的实验标准差数值应不大于首次的数值，否则，应根据后续获得的重复性数据对测量不确定度重新进行评定，并判断新的不确定度是否符合测量系统性能及测量精度的要求。

此外，还可将重复性考核标准差数据与 GB/T 6113.402—2022/CISPR 16—4—2：2018 中表 D.2、D.4 给出的垂直极化辐射发射测量不确定度中的接收机读数不确定度分量（0.1dB）进行比较。从表 3-5-6 所示的数据可以看出，标准差引入的不确定度均不大于接收机读数不确定度分量，可认为汽车零部件辐射发射检测项目重复性考核结果是可以接受的。

表 3-5-6　辐射发射场强峰值、平均值重复性考核数据

检测次数（频率及检波器）	100MHz	
	峰值	平均值
1	57.97	57.89
2	57.85	57.78
3	57.74	57.70
4	57.93	57.86
5	57.77	57.70
6	58.02	57.87
7	58.00	57.76
8	57.81	57.75
9	57.93	57.87
10	57.92	57.82
平均值 /[dB（μV/m）]	57.89	57.80
实验标准差 /dB	0.10	0.07

表 3-5-7　辐射发射场强检测数据正态性检验结果

检测频点 /MHz	夏皮罗—威尔克检验法			
	峰值		平均值	
	统计量	显著性（p值）	统计量	显著性（p值）
100	0.936	0.511	0.902	0.228

3.5.5.3　稳定性考核

对于辐射及传导骚扰测量系统或设备，每年通过测量系统或设备在重复性条件下对稳定的检测对象（通常为信号发生器）输出的场强等参数，进行至少一组 n 次独立重复检测，取其算术平均值作为稳定性考核数据，以相邻两次的稳定性考核数据之差的绝对值作为 EMC 检测系统或设备该段时间的稳定性。若辐射或传导骚扰测量系统或设备的检测结果采用标称值或示值作为结果，则其稳定性应当小于测量最大允许误差的绝对值；若检测结果需要加修正值使用，则其稳定性应当小于修正值的扩展不确定度（U_{95} 或 U，$k=2$）（可参考测量系统或设备的校准证书）。

对于辐射及传导骚扰抗扰度测量系统或设备，通过信号采集测量设备或系统，每年在重复性条件下对抗扰度测量系统或设备输出信号的电压、电流波形参数（峰值、脉冲时间等）进行至少一组 n 次独立重复检测，取其算术平均值作为稳定性考核数据。可根据相关技术规范（测量系统或设备校准规范、检测方法标准等）中的规定，对稳定性考核数据进行评价。

实验室也可至少每年一次用高准确度等级的测量设备对 EMC 检测系统或设备进行检测，或者进行量值溯源，然后通过控制图等方式标识数据，并根据相关技术规范判断稳定性是否符合要求。实验室还可通过技术规范规定的方法进行稳定性考核。

3.5.6 留存样品检测

留存样品检测可用于验证辐射及传导骚扰检测结果的有效性；对于辐射及传导骚扰抗扰度检测项目，如果可以获得信号采集及测量系统或设备对辐射及传导骚扰抗扰度检测系统或设备输出信号波形参数检测数据的中间精密度，也可使用留存样品验证检测结果的有效性。

实验室通过在适当的时间对留存样品再次进行检测，来验证和确保检测结果的有效性。留存样品应至少有一个准确可靠的检测结果，以其作为评价后续结果是否有效的参考值。同时，应保持留存样品适当的放置条件，以保证其被测量的稳定。对于有使用期限的留存样品，应处于有效期内。

实验室在检测留存样品时，应注意与留存样品之前的检测条件（操作员、设备、方法、环境等）的异同，并通过精密度试验获得相应的中间精密度 σ_I。确定中间精密度 σ_I 的方法见 GB/T 6379.3—2012《测量方法与结果的准确度（正确度与精密度） 第 3 部分：标准测量方法精密度的中间度量》。

留存样品第一组检测平均值及次数记为 $\bar{y}_1$ 和 n_1，第二组检测平均值及次数记为 $\bar{y}_2$ 和 n_2。如式（3-5-19）成立，则认为留存样品前后检测结果一致，否则检测结果存在显著差异。式（3-5-19）所示的检验方法的显著性水平为 95%。

$$|\bar{y}_1 - \bar{y}_2| \leq 2.8\sigma_I \sqrt{\frac{1}{2n_1} + \frac{1}{2n_2}} \qquad (3\text{-}5\text{-}19)$$

3.5.7 盲样测试

实验室可通过检测盲样对检测结果有效性进行监控。盲样可为标准样品、核查标准等。使用盲样检测结果监控检测结果有效性的方法、判定准则，可参考本章 3.5.4、3.5.5 节。

3.5.8 样品不同参数检测结果之间的相关性

通过分析与样品检测参数具有相关性的不同参数的数据，对样品检测结果的有效性进行评价。例如，对于辐射骚扰场强（30MHz ~ 1GHz）检测，有实验室只具备 EUT 与测量天线 3m 距离的检测条件，当需要与其他实验室的 10m 距离检测结果进行比较时，需将其检测结果归一化为 10m 距离辐射骚扰场强数据，然后再通过实验室间比对方法对检测结果的有效性进行评价。不同的 EUT 与测量天线距离下辐射骚扰场强（30MHz ~ 1GHz）检测结果的归一化按下式计算：

$$E_2 = E_1 + 20\lg(d_1/d_2) \qquad (3\text{-}5\text{-}20)$$

式（3-5-20）参照 GB/T 9254.1—2021 的 C.2.2.4 中给出的不同测量距离下的辐射骚扰场强限值调整公式给出，其中，E_1 及 d_1 分别为实验室辐射骚扰场强检测结果 [单位为 dB（μV/m）] 及距离（单位为 m），d_2 为归一化到的测量距离（单位为 m），E_2 为归一化后的辐射骚扰场强检测结果 [单位为 dB（μV/m）]。

3.5.9 能力验证计划

3.5.9.1 概述

能力验证计划是通过实验室间比对来保证检测结果有效性的重要手段。能力验证根据预先制定的评价准则，通过实验室间比对，对参加者的能力进行评价；参加者根据评价情况对检测结果有效性进行评估，并根据需要采取相应措施。EMC 检测领域实验室，特别是正在申请或已通过合格评定认可的实验室，应根据认可相关要求及工作开展需要，参加相应的能力验证计划项目，并由能力验证提供者给出评价结果。当能力验证计划项目评价结果为"有问题"或"不满意/不可接受"时，参加实验室应采取相应的纠正措施，必要时应参加后续能力验证计划项目或由评审员进行现场评价，以确定纠正措施是否有效；认可机构可根据参加实验室纠正措施的实施情况，决定是否维持、暂停或撤销相关检测项目的认可。

本部分首先给出 CNAS 对认可实验室参加能力验证计划的相关要求，并对 EMC 检测项目能力验证计划的参加步骤、样品均匀性及稳定性、结果统计及能力评定方法等重点要素展开讨论，为 EMC 检测实验室通过能力验证计划进行质量控制和确保检测结果的有效性提供指导和帮助，以满足 CNAS 认可及实验室管理相关要求。

3.5.9.2 分类

能力验证计划按参加者给出的结果类型分为定量计划及定性计划，定量计划结果为数值，定性计划结果为特征属性。EMC 检测项目能力验证计划通常为定量计划，3.5.9.5～3.5.9.8 节所述的能力验证样品均匀性及稳定性检验、数据统计、结果评定及实例相关内容，均以定量能力验证计划展开讨论。

当能力验证计划只有一家参加者时，能力验证计划称为"测量审核"。也就是说，测量审核为"一对一"的能力验证活动。3.5.9.3～3.5.9.5、3.5.9.7 节中能力验证计划的参加要求及步骤、样品均匀性及稳定性检验、能力评定结果利用的相关内容，均适用于测量审核；在 3.5.9.6 节"能力验证计划结果的统计及评定方法"中，常用于测量审核的方法会另行说明。

EMC 检测领域的能力验证计划主要分为辐射或传导骚扰及辐射或传导抗扰度两类：对于辐射或传导骚扰能力验证计划，实验室利用标准信号源的输出信号电平进行检测；对于辐射或传导抗扰度能力验证计划，实验室利用标准信号采集及测量装置获取干扰信号发生器输出信号的参数，实现对实验室检测结果有效性的验证和评价。

3.5.9.3 参加能力验证计划项目的要求

1. 参加能力验证计划的最低要求

根据 CNAS—RL02：2023 中的 4.3，实验室在申请初次认可、扩大认可范围时，只要存在可获得的能力验证，实验室应至少参加 1 次认可子领域的能力验证计划且获得"满意/可接受"结果或结果为"有问题/可疑"但符合认可项目依据的标准或规范所规定的判定要求；实验室在申请复评审和监督评审时，只要存在可获得的能力验证，应按 CNAS 的领域及频次要求参加认可子领域的能力验证计划。

根据CNAS—RL02：2023中的附录B.1，EMC检测领域的能力验证包括"发射部分"及"抗扰度部分"两个子领域，每个子领域最低参加频次为1次/2年。对于不属于上述子领域的EMC检测项目能力验证，鼓励实验室积极参加。此外，申请认可或已认可实验室应参加CNAS指定的能力验证计划。

2. 选择能力验证计划的要求

实验室应优先选择CNAS认可的能力验证提供者（PTP）及已签署PTP互认协议（MRA）的认可机构认可的PTP在其认可范围内运作的能力验证计划。在上述能力验证不可获得时，可选择未签署PTP MRA的认可机构、国际认可合作组织、国际权威组织等组织的能力验证计划。选择各类能力验证计划的优先级，参见CNAS—RL02：2023中的4.5。

3. 能力验证计划结果为"不满意/不可接受"或"有问题/可疑"时的要求

根据CNAS—RL02：2023中的4.4所述，当实验室能力验证结果为"不满意/不可接受"且不符合认可项目依据的标准或规范所规定的判定要求时，实验室应暂停在相应项目证书/报告中使用CNAS认可标识，同时在180天内采取纠正措施并通过再次参加能力验证计划对纠正措施的有效性进行验证；当能力验证计划评价结果为"满意/可接受"或为"有问题/可疑"但符合认可项目标准规范规定的判定要求时，纠正措施有效，实验室可恢复使用CNAS认可标识。

当实验室能力验证结果为"不满意/不可接受"，但仍符合认可项目依据的标准或规范所规定的判定要求时，或者当实验室能力验证结果为"有问题/可疑"时，实验室应对能力验证相关检测项目进行风险评估，必要时采取相应措施。

3.5.9.4 参加能力验证计划项目的步骤

第1步：实验室根据其管理部门及CNAS的要求，结合其内部质量控制情况，以及管理、技术方面存在的风险，制定能力验证参加计划。

第2步：实验室根据其能力验证参加计划及预期目标，同时考虑能力验证样品、检测参数和方法与其日常检测样品、参数及方法的一致程度，以及PTP的技术服务水平等因素，选择参加满足其外部质控需求的能力验证计划。关于选择能力验证计划需考虑因素的详细信息，参见CNAS—GL032：2018中的4.3。

表3-5-8所示为EMC检测领域已开展的部分能力验证计划，其中给出的一些基本信息供实验室选择参加能力验证计划时参考。实验室可通过CNAS官网中"在线办理"→"能力验证资源上报和查询"→"能力验证计划信息查询"来查询正在开展的EMC检测项目相关能力验证计划的信息。表3-5-8所示的能力验证计划与CNAS官网查询的能力验证计划并不直接关联。此外，实验室还可通过PTP官方网站、客服电话、电子邮件等方式获得其提供的能力验证计划的有关信息。

注：CNAS官网"能力验证资源上报和查询"页面中的能力验证计划信息由PTP自行维护，CNAS对其真实性不承担相关责任，也不保证其科学性及严谨性；同时，所列能力验证计划项目可能未获CNAS认可（在查询页面中以"*"标示）。实验室应以PTP官方提供的能力验证计划信息为准，确认其是否满足本实验室参加能力验证的需求，并以PTP官方发布的检测时间、方法、样品规格及传递路径、结果报送方式等参与能力验证计划。

表 3-5-8　EMC 检测领域已开展的部分能力验证计划

对应的 CNAS PT 子领域	计划名称	检测项目	对应的 CNAS 领域代码[①]	检测方法标准[②]
电磁兼容——发射	电源端口传导骚扰	传导骚扰电压	120101、120301、120501、120701、120901、121502	GB/T 9254.1—2021、GB 4824—2019、GB 4343.1—2018、GB/T 17743—2021、GB/T 6113.201—2018、CISPR 32：2015、CISPR 11：2024、CISPR 14-1：2020、CISPR 15：2018、CISPR 16-2-1：2014、EN IEC 55014-1：2021、EN 55011：2016、EN 55032：2015、EN IEC 55015：2019
	电信端口传导骚扰	传导骚扰电压	120102	GB/T 9254.1—2021、CISPR 32：2015
	谐波电流发射	谐波电流	120110、120305、120511、120711、120909、121119、121306	GB 17625.1—2022、EN IEC 61000-3-2：2019
	电压瞬态传导发射	电压	121121	GB/T 21437.2—2021、ISO 7637—2
	汽车零部件传导发射（电压法）	传导发射电平	121107	GB/T 18655—2025、CISPR 25：2021
	汽车零部件传导发射（电流法）	传导发射电平	121108	GB/T 18655—2025、CISPR 25：2021
	辐射骚扰（30MHz～1GHz，3m 法或 10m 法）	辐射骚扰场强	120108、120303、120509、120706、120906、121102、121303、121503	GB/T 9254.1—2021、GB 4824—2019、GB 4343.1—2018、GB/T 17743—2021、GB/T 6113.203—2020、CISPR 32：2015、CISPR 11：2024、CISPR 14-1：2020、CISPR 15：2018、CISPR 16-2-3：2016、EN IEC 55014-1：2021、EN 55011：2016、EN 55032：2015、EN IEC 55015：2019
	辐射骚扰（30～300MHz，CDNE 法）	骚扰电压	120505、120508	GB/T 17743—2021、CISPR 15：2018、EN 55015：2019
	辐射骚扰（1～6GHz）	辐射骚扰场强	120109、120304、120510、120705、120907、121303	GB/T 9254.1—2021、GB 4824—2019、GB 4343.1—2018、GB/T 17743—2021、GB/T 6113.203—2020、CISPR 32：2015、CISPR 11：2024、CISPR 14-1：2020、CISPR 15：2018、CISPR 16-2-3：2016、EN IEC 55014-1：2014、EN 55011：2016、EN 55032：2015、EN IEC 55015：2019
	整车车辆辐射发射	辐射骚扰场强	121102	GB 34660—2017、GB 14023—2022
	汽车零部件辐射发射（ALSE 法）	辐射发射电平	121109	GB/T 18655—2025、CISPR 25：2021

(续)

对应的CNAS PT子领域	计划名称	检测项目	对应的CNAS领域代码[①]	检测方法标准[②]
电磁兼容——发射	汽车零部件辐射发射（带状线法）	辐射发射电平	121111	GB/T 18655—2025、CISPR 25：2021
	辐射场强（电磁环境）	电场强度、功率密度	121801、121802	GB 8702—2014、HJ/T 10.2—1996、HJ 972—2018、HJ 1151—2020
	辐射杂散	等效全向辐射功率	121302、041805	YD/T 1483—2016
	移动电话比吸收率（SAR）	比吸收率	122101	GB/T 28446.1—2012、YD/T 1644.1—2020、YD/T 1644.2—2011、IEC/IEEE 62209-1528：2020
	照明设备对人体的电磁辐射	兼容因子	120514	GB/T 31275—2020
电磁兼容——抗扰度	射频场感应的传导骚扰抗扰度	传导骚扰抗扰度	120205、120404、120605、120805、121004	GB/T 17626.6—2017、IEC 61000-4-6：2023
	电子电气产品等静电放电抗扰度	静电放电抗扰度	120201、120401、120601、120801、121001、121401、121714	GB/T 17626.2—2018、IEC 61000-4-2：2025、GB/T 17799.1—2017、GB/T 17799.2—2023
	道路车辆电子电气部件静电放电抗扰度	静电放电抗扰度	121202、121207、121504	GB/T 19951—2019、ISO 10605：2023
	电压暂降、短时中断和电压变化抗扰度	电压暂降、短时中断和电压变化抗扰度	120207、120607、120807、121007、121407、121408、121512、122307	GB/T 17626.11—2023、IEC 61000-4-11：2020、GB/T 17799.1—2017、GB/T 17799.2—2023
	道路车辆电气/电子部件对窄带辐射电磁能的抗扰性（磁场抗扰法）	磁场抗扰性	121214	GB/T 33014.8—2020、ISO 11452-8：2015

① 对于某项能力验证计划，不同PTP给出的CNAS领域代码有所不同。此列根据的是CNAS AL06：20240801给出的2024年以来各PTP开展某项能力验证计划对应的全部CNAS领域代码。实验室应根据PTP发布信息及自身检测能力所属CNAS领域代码，报名参加相应的能力验证计划。

② 对于某项能力验证计划，不同PTP给出的检测方法标准有所不同。此列给出的是2024年以来各PTP开展某项能力验证计划依据的各种检测方法标准。实验室应关注PTP发布的能力验证计划的方法标准及其版本，结合自身检测能力，报名参加相应的能力验证计划。

第3步：由PTP组织样品传递及检测工作。实验室收到能力验证计划样品后，对样品状态进行确认，并将确认信息反馈给PTP。

第4步：实验室根据作业指导书规定的方法标准、检测条件、样品设置、操作步骤、数据处理等要求进行能力验证试验。

第5步：实验室在规定时间内将检测结果反馈给PTP。

第6步：实验室按PTP的要求，将样品包装好发送至指定地点，并将样品发送情况反馈给PTP。

第7步：参加能力验证计划项目的实验室完成试验并反馈结果后，PTP对试验结果进行统计及评价，向实验室发布能力验证结果通知单及报告。

第8步：如实验室能力验证计划项目评价结果为"不满意/不可接受"或"有问题"，需采取纠正措施。

3.5.9.5　能力验证样品的均匀性和稳定性

对于EMC传导及辐射发射检测相关能力验证计划项目，样品通常为标准信号源或可发射稳定电磁信号的电子电器设备。对于EMC传导及辐射抗扰度检测相关能力验证计划项目，样品一般为干扰信号[射频场感应的传导或辐射、静电放电、浪涌（雷击）、电快速瞬变脉冲群、电压暂降等]的采集及测量装置，其可根据采集信号有关物理量（电压、电流、场强等）给出相应的量值或状态（指示灯点亮或关闭等）。综合以上所述，某一EMC检测相关能力验证计划项目的样品通常为一件，因此仅需对样品稳定性进行检验。对于无线通信设备比吸收率（SAR）检测使用的组织模拟液（TEL）介电参数检测能力验证计划项目，样品为分装后的TEL，此时需进行均匀性检验。

PTP应对能力验证样品进行均匀性和稳定性评估，确保其均匀性和稳定性符合要求，并在能力验证计划项目报告中给出样品均匀性和稳定性的检验数据及评估结果；同时，实验室应对能力验证样品的均匀性和稳定性检验情况进行核查。能力验证样品均匀性及稳定性的检验程序、计算公式、评估准则等信息，参见GB/T 28043—2019中的附录B及CNAS—GL003：2018中的4、5及附录A。

3.5.9.6　能力验证计划结果的统计及评定方法

EMC检测领域的能力验证计划项目通常为定量结果，本部分给出常用的能力验证计划定量结果统计及评定方法。

1. 统计分析的前提条件

参加者检测结果服从正态分布，是能力验证统计分析的前提。因此，在进行结果统计前，首先需确定参加者检测结果是否为正态分布，至少为近似正态分布，即单峰和近似对称分布。常用的正态检验方法有，直观观察样本直方图或通过核密度图法得到的概率密度曲线；Q-Q图、P-P图、偏度—峰度检验、夏皮罗—威尔克检验法、科尔莫戈罗夫—斯米尔诺夫（Kolmogorov-Smirnov）检验法等。如检测结果存在多峰、局部众数、偏态等偏离正态分布的情况，宜考虑对上述情况不敏感的稳健统计方法进行数据统计。

EMC检测项目能力经常会采用对数形式数据（以下简称对数数据）作为检测结果，如单位为dBm的数据。这类数据从物理意义上不能直接进行加法运算。如果将对数数据转化为线性形式数据（以下简称线性数据），如将dBm转换为mW，然后再进行统计计算，在如下情况下会与统计理论不符：当对数数据经正态性检验为"正态分布"时，将对数数据转换为线性数据后，线性数据为"对数正态分布"；其概率密度函数分布为右偏态；其平均值及标准差转换为对数后，并不等于对数数据的平均值及标准差。本部分的数据统计及离群值检验方法适用于近似正态分布的数据（单峰和近似对称），不适用于对对数正态分布进行统计分析。因此，对数数据符合正态分布时，可忽略其物理意义，无须转换为线性数据，直接使用本部分的方法对其进行统计分析。

2. 指定值及其不确定度

（1）指定值及其不确定度的确定方法　EMC 检测项目通常需通过信号发射、采集、放大、衰减及测量设备，在检测场所 [半电波暗室（SAC）或开阔试验场（OATS）或全电波暗室（FAR）等] 及设施（吸波材料、转台、测试桌、电源滤波器等）组成的测量系统中进行检测；影响检测结果的因素较多，不易确定不同实验室间测量系统间测量误差及不确定度的大、小。因此，EMC 检测项目相关能力验证计划通常以专家实验室或参加者的公议值作为指定值，优先选择专家实验室的公议值作为指定值，以提高指定值的可靠性及可信度。

对于以专家实验室或参加者的公议值确定的指定值，其标准不确定度 u_X 按式（3-5-21）计算。式中的 s 为公议值的标准差，当公议值为剔除离群值后计算的算术平均值时，s 根据标准差定义计算；当公议值为通过算法 A、Hampel 算法、中位数等得到的稳健平均值时，s 为算法 A、Q_n、Q 方法等计算的稳健标准差或者中位绝对离差 $MADe(x)$、标准化四分位距 $nIQR(x)$ 等。$Eff(\hat{\mu})$ 为平均值估计量（剔除离群值后的算术平均值、算法 A、Hampel 算法、中位数等得到的稳健平均值）的效率（指定值 X 无偏估计量的最小方差与平均值估计量实际方差的比值，如剔除离群值后的算术平均值效率为 100%，中位数效率为 64% 等）。p 为参加者数量。

$$u_X = \frac{s}{\sqrt{Eff(\hat{\mu})p}} \qquad (3\text{-}5\text{-}21)$$

指定值的确定及其不确定度的确定方法，参见 GB/T 28043—2019 中的 7.1、7.2、7.5～7.7，ISO/IEC 17043：2023 中的 7.2.3 和附录 B.3，CNAS—GL002：2018 中的 4.3，以及中国计量出版社出版的图书《能力验证及其结果处理与评价》中的表 4-2。

（2）减小离群数据影响的方法　能力验证计划结果中明显异常的数据可通过直观检查或直方图、核密度图等方式发现并删除；也可通过与以往数据或能力评定准则比较，发现并剔除异常数据。

稳健统计方法为对给定概率模型假定条件的微小偏离不敏感的统计方法。通过稳健统计方法计算稳健统计量（平均值、标准差），可减小离群值对统计量的影响。因此，使用稳健统计方法前，无须对离群值进行检验及剔除。稳健算法有效率、崩溃点、对局部众数的抵消能力等性能指标。统计者应根据数据集的情况，选择适用的性能优良的稳健统计方法进行统计。一般来说，进行数据处理及统计时，稳健统计方法宜优先于检验及剔除离群值后计算简单统计量（平均值、标准差）的方法。常用的平均值稳健统计方法包括中位数、算法 A、Hample 估计等；常用的标准差稳健统计方法包括中位绝对离差 $MADe(x)$、标准化四分位距 $nIQR(x)$、算法 A、算法 S、Q_n 法、Q 法等。

能力验证计划结果中的离群值，可通过适当的方法，在高置信水平下（如 99%）进行检验及剔除，然后再计算平均值、标准差等简单统计量。大多数离群值检验方法的前提是数据为正态分布。连续使用离群值检验方法时，需设定剔除离群值的比例上限，否则可能将非离群值判断为离群值并剔除。离群值检验及剔除过程完成后，数据的平均值及标准差应满足能力验证计划的评定要求。剔除后的离群值作为能力验证结果，仍需进行评价。常用的离群值检验方法有格拉布斯检验法、拉依达准则、迪克逊法、科克伦法等。

关于异常数据检查、稳健统计方法及离群值检验的详细信息，参见 GB/T 28043—2019 中的 6.3 ~ 6.6、附录 C 及附录 D.2, ISO/IEC 17043：2023 中的 7.2.3 和附录 B.3, 以及 CNAS—GL002：2018 中的 4.3.5 及附录 A。

（3）参加者数量较少时的考虑因素　当能力验证计划项目参加者数量较少时，宜优先使用独立于参加者的测量程序和统计方法确定指定值，如通过非能力验证计划参加者的实验室独立测量确定。能力评定准则也宜基于外部标准确定，如通过技术规范或专家给出的标准，或者由以往类似能力验证计划给出的标准差作为能力评定判定值。当不能满足上述条件时，需根据参加者结果确定指定值和能力评定标准差。

当使用稳健统计方法统计包含离群值的检测结果时，通常不宜将其用于非常小的数据集，对均值和标准差的大多数单变量稳健估计在参加者数量 $p \geq 12$ 时是可以接受的。对于参加者少的情况，更可取的做法是，先剔除离群值后再计算均值或标准差，但不同的离群值检验方法也适用于不同规模的数据集，并且当数据集中存在大量离群值时检验方法可能失效。一些方法需事先确定可能的离群值数量，如格拉布斯检验法适用于排序数据最前及最后一个或两个离群值的情况，宜用于 $p > 10$ 的情况；此外，如连续使用格拉布斯检验法，可能出现把非离群值判断为离群值并剔除的情况。

对于小数据集的指定值，一般来说，当数据集样本量非常少时，如 $p \leq 11$ 时，中位数作为指定值相对比较可靠；当 $12 \leq p \leq 14$ 时，可使用中位数、算法 A 估计的稳健平均值作为指定值；当 $p \geq 15$ 时，可使用中位数、算法 A 及计算密集型方法（如 Hample 方法）估计的稳健平均值作为指定值。对于正态分布小数据集指定值的不确定度，$p \leq 12$ 时，如果剔除离群值后使用平均值作为指定值、标准差作为能力评定标准差时，能力评定需考虑指定值不确定度的影响；对于算法 A，考虑算法效率，$p > 12$ 时，能力评定可以不考虑指定值的不确定度；如果使用中位数作为指定值，$p > 18$ 时，能力评定时无须考虑指定值不确定度的影响。对于能力评定时需考虑指定值不确定度的情况，参见下面第（4）条。

对于小数据集，由于标准差估计存在很高的变异性，不宜使用基于参加者结果得到的标准差作为能力评定标准差。如果能力验证计划允许标准差估计的高变异性，或者标准差估计用于非能力评定的其他目的，在处理小数据集时，宜选择具有最高效率的标准差估计。标准差估计值包括但不限于，标准差定义、中位绝对离差 $\text{MADe}(x)$、平均绝对离差、基于对数加权函数的特定 M 估计、与中位数绝对距离、标准化四分位距 $\text{nIQR}(x)$、算法 A（含其变式）、算法 Q、Q_n。

参加者较少时，基于参加者数据估计均值、标准差的方法信息，参见 GB/T 28043—2019 中的附录 D.1。

（4）对指定值不确定度的限定　当指定值的标准不确定度相对于能力评定标准差较大时，参加者的能力评定结果将由于较大的指定值不准确度而不可靠。鉴于以上情况，当指定值的不确定度符合式（3-5-22）或式（3-5-23）时，可以忽略不计，不需要在能力验证评定结果中予以解释，否则需采取以下措施之一：在能力评定中使用指定值的不确定度，即通过统计量 z'、ζ、E_n 进行能力评定；选择其他确定指定值的方法，使其不确定度满足式（3-5-22）或式（3-5-23）。

$$u(x_{\text{pt}}) < 0.3\sigma_{\text{pt}} \tag{3-5-22}$$

$$u(x_{pt}) < 0.1\delta_E \qquad (3\text{-}5\text{-}23)$$

式中，$u(x_{pt})$ 为指定值标准不确定度；σ_{pt} 为能力评定标准差；δ_E 为最大允许测量误差。

关于限定指定值不确定度的详细信息，参见 GB/T 28043—2019 中的 9.2。

3. 能力评定准则（判定值）

能力评定准则是用来评价统计量是否满意或可接受的标准，即能力评定判定值。通常可以将最大允许误差、能力评定标准差、不确定度最大值等作为能力评定准则。对于 EMC 检测项目的能力验证计划，能力评定准则宜优先选择相关产品、方法标准中给出的最大允许误差等评价标准，也可由一轮或以往能力验证计划的数据确定，或者由专家意见、协同研究获得的重复性、再现性及一般模型确定。关于确定能力评定准则的详细信息，参见 GB/T 28043—2019 中的 8，ISO/IEC 17043：2023 中的 7.2.3 和附录 B.3，CNAS—GL002：2018 中的 4.5.1。

4. 能力统计量及评定方法

（1）差值 D　差值 D 由下式计算：

$$D = x - X \qquad (3\text{-}5\text{-}24)$$

式中，x 为参加者结果；X 为指定值。

差值 D 通常与目标适用性原则设定的最大允许测量误差（以下简称允差）或以往能力验证计划的经验值比较，上述允差或经验值记为 δ_E。当 $-\delta_E < D < \delta_E$ 时，能力评定结果为"满意 / 可接受"，否则为"不满意 / 不可接受"。

（2）百分相对差 $D\%$　百分相对差 $D\%$ 由式（3-5-25）计算：

$$D\% = \frac{x - X}{X} \times 100\% \qquad (3\text{-}5\text{-}25)$$

式中，x 为参加者结果；X 为指定值。

与差值 D 类似，百分相对差 $D\%$ 通常与目标适用性原则设定的最大允许相对测量误差（以下简称相对允差）或以往能力验证计划的经验值比较，上述相对允差或经验值记为 $\delta_E\%$。当 $-\delta_E\% < D\% < \delta_E\%$ 时，能力评定结果为"满意 / 可接受"，否则为"不满意 / 不可接受"。

（3）允许偏差百分比 P_A　允许偏差百分比 P_A 由下式计算：

$$P_A = \frac{D}{\delta_E} \times 100\% \qquad (3\text{-}5\text{-}26)$$

式中，D 及 δ_E 含义同前面第（1）点。当 $-100\% < P_A < 100\%$ 时，能力评定结果为"满意 / 可接受"，否则为"不满意 / 不可接受"。

允许偏差百分比 P_A 是测量审核能力评定的常用统计量之一。

（4）z 值　z 值由下式计算：

$$z = \frac{x - X}{\hat{\sigma}} \qquad (3\text{-}5\text{-}27)$$

式中，x 为参加者结果；X 为指定值；$\hat{\sigma}$ 为能力评定标准差。

通常，z 值评定方法如下：

$|z|\leq 2$，结果为"满意/可接受"，无须采取进一步措施；

$2<|z|<3$，结果为"有问题"，给出警戒信号；

$|z|\geq 3$，结果为"不满意/不可接受"，给出行动信号。

(5) z' 值　z' 值由下式计算：

$$z' = \frac{x-X}{\sqrt{\hat{\sigma}^2 + u_X^2}} \quad (3\text{-}5\text{-}28)$$

式中，x 为参加者结果；X 为指定值；$\hat{\sigma}$ 为能力评定标准差；u_X 为指定值的标准不确定度。z' 值评定方法同 z 值。

(6) ζ 值　ζ 值由下式计算：

$$\zeta = \frac{x-X}{\sqrt{u_x^2 + u_X^2}} \quad (3\text{-}5\text{-}29)$$

式中，x 为参加者结果；X 为指定值；u_x 为参加者结果的合成标准不确定度；u_X 为指定值的标准不确定度。ζ 值评定方法同 z 值。

(7) E_n 值　E_n 值由下式计算：

$$E_n = \frac{x-X}{\sqrt{U_x^2 + U_X^2}} \quad (3\text{-}5\text{-}30)$$

式中，x 为参加者结果；X 为指定值；U_x 为参加者结果的扩展不确定度（$k=2$）；U_X 为指定值的扩展不确定度（$k=2$）。

E_n 值评定准则如下：

$|E_n|\leq 1$，结果为"满意/可接受"，无须采取进一步措施；

$|E_n|>1$，结果为"不满意/不可接受"，产生措施信号。

E_n 是测量审核能力评定的常用统计量之一。

(8) 参考文献　关于能力验证结果统计量及评定方法的详细信息，参见 GB/T 28043—2019 中的 9、CNAS—GL003：2018 中的 4.4~4.5。

3.5.9.7　能力评定结果的利用

能力验证计划参加者，可通过能力验证报告提供的信息，了解本次能力验证计划其他参加者的检测结果，以及本实验室检测结果在所有参加者中的位置；同时，根据报告给出的能力评定结果，对本实验室相应检测项目的能力进行评估，如有需要，应采取相应措施对实验室风险和不符合工作进行改进和纠正。以下针对几种能力评定结果的情况给出措施建议，供实验室参考。

1. 参加者能力评定结果为"满意/可接受"

"满意/可接受"的能力评定结果表明，参加者符合开展相关检测项目的能力要求或具备在声称的不确定度水平内得到与指定值相符的结果的能力（通过统计量 z'、ζ、E_n 进行能力评定时）。实验室在继续对检测相关要素进行质量控制，并确保检测结果有效性的同时，仍需注意以下两点：

（1）不确定度对能力评定结果的影响　参加者的检测值及指定值的不确定度，作为计算能力评定统计量 z'、ζ、E_n 值的输入参数，可对参加者的能力评定结果产生影响。因此，参加者检测值及指定值不确定度的评定结果是否合理及客观地反映检测结果的分散性，决定了评定结果是否能如实反映实验室的检测水平和能力。如果参加者检测值及指定值不确定度的评价不够合理，有可能导致能力评定结果不能据实反映参加者的能力。例如，无线通信终端 SAR 检测能力验证计划项目使用 E_n 值作为统计量，当高估参加者测量不确定度及指定值不确定度时，E_n 值被低估，即参加者的能力被高估，此时参加者可能不符合 SAR 检测的能力要求，但获得了"满意 / 可接受"的能力验证评定结果。类似的，当低估参加者测量不确定度及指定值不确定度时，参加者的 SAR 检测能力被低估。

（2）统计量接近"不满意 / 不可接受"判定值的情况　当参加者的能力评定结果为"满意 / 可接受"，但统计量接近"不满意 / 不可接受"判定值时，能力评定结果的可靠性会降低。例如，在电源端口传导发射检测能力验证计划项目中，以差值的绝对值 $|D|$ 作为传导发射电平准峰值检测结果的统计量，以相关标准中规定的传导发射电平不确定度最大值 3.5dB 作为判定值；某参加者某频点的传导发射电平准峰值检测值与指定值之差的绝对值为 3.0dB，虽然小于判定值 3.5dB，但参加者传导发射电平测量不确定度为 3.0dB，如果以检测值为中心，不确定度为半宽表示检测结果的分布区间，则 $|D|$ 存在大于判定值的可能性。因此，即使能力评定结果为"满意 / 可接受"，统计量接近"不满意 / 不可接受"判定值时，参加者应参考下面的第 2 条，分析检测结果出现较大偏倚的原因，需要时应采取措施进行整改。

2. 参加者能力评定结果为"不满意 / 不可接受"或"有问题"

当参加者能力评定结果为"不满意 / 不可接受"，或者能力评定结果为"有问题"且不符合认可项目依据的标准或规范所规定的判定要求时，实验室应分析误差来源，从人员、测量设备及设施、标准及被测样品、检测方法、环境条件等影响检测结果的因素，排查引起能力评定结果不理想的原因，并采取相应措施对实验室风险及不符合工作进行改进和纠正；之后，通过能力验证、实验室内或实验室间比对等质控方式检验检测结果是否为"满意 / 可接受"或符合认可项目依据的标准或规范所规定的判定要求，评估改进及纠正措施效果，以持续保持实验室管理体系及检测能力。

当实验室能力验证结果为"不满意 / 不可接受"或"有问题"，但符合认可项目依据的标准或规范所规定的判定要求时，仍建议实验室参照上段所述方法排查能力验证计划评定结果存在较大偏倚的原因；如有必要采取措施进行改进，以避免检测结果出现更大的偏倚。

3. 单次能力验证计划的结果

单次能力验证的结果一定程度上不能反映实验室真实的检测能力。对于符合质量体系运行要求的实验室，其能力验证计划检测结果出现"异常数据"，可能是出现了基于数理统计理论的第一类错误，即可能将正常数据判定为异常数据；也有可能是能力验证计划规定的检测方法、能力评定准则及方法等存在缺陷，导致检测结果出现较大偏倚或评定结果不恰当。因此，出现上述情况时，参加者可再次参加该检测项目的能力验证计划，或者进行实验室间比对、在实验室内进行不同检测人员、不同测量设备的比对，同时可参考前面第 2 条排查能力验证结果不理想的原因。当上述措施均不能识别风险及不符合工作时，实验室可与 PTP 或专家实验室联系获得该检测项目更多的技术信息与支持，以便在以后更好地对检测工作实施质量控制，确保检测能力符合 CNAS 及管理体系的要求。

4.连续能力验证计划的结果

连续能力验证计划可对某一参数在某一水平的检测结果随时间的变化趋势进行监控，较常见的分析方法是将每次能力验证计划的检测数据或统计量（如 z 比分数）绘制在控制图上，并根据检测数据确定控制图中心线，上、下警戒限及控制限，以一定的判定准则判断数据是否处于受控状态。例如，在常规控制图中，当有 1 个点落在行动限外，或者连续 3 个点中有 2 个落在同侧警戒限，或者连续 6 点结果为正值或负值时，表示检测结果处于失控状态。此时，需排查检测结果失控的原因，并采取相应措施使检测结果处于受控状态。控制图相关判定准则，参见 GB/T 17989.2—2020 中的 8 及附录 A。

3.5.9.8 实例

1.辐射骚扰场强检测（30MHz～1GHz，3 米法）检测能力验证计划实例

（1）概述　本部分为辐射骚扰场强检测（30MHz～1GHz，3 米法）检测能力验证计划项目（以下简称本计划）的实例。

假设 18 家实验室参加本计划，通过 t 检验法进行样品稳定性检验，使用稳健统计方法 A 进行结果统计，并利用统计量差值 D 进行能力评价，同时给出技术分析及建议。

（2）样品制备

1）样品规格及数量。本计划样品为梳状信号发生器 1 台（频率范围为 30MHz～1GHz），另配备发射天线 1 支、电源适配器 1 个。

2）样品稳定性检验。

A.检验方法。样品在实验室间传递前应进行两组检验，在完成传递后应进行一组检验，每组检验应进行 6 次检测，每次检测使用准峰值检波器对样品垂直极化位置下指定频率（50MHz、100MHz、230MHz、300MHz、400MHz、500MHz、600MHz、700MHz、800MHz、950MHz）的辐射骚扰场强进行检测。

B.检验准则。依据 CNAS—GL003：2018 中的 5.2 介绍的 t 检验法判断样品稳定性，即对样品在实验室间传递前的两组检测数据和完成传递后的 1 组检测数据分别计算 t 值，若 t 小于显著性水平 $\alpha = 0.05$、自由度为 $n_1 + n_2 - 2$ 的临界值 $t_{\alpha(n_1+n_2-2)}$，则两组平均值之间无显著性差异，样品稳定性满足要求。

C.检验数据。限于篇幅，本实例以 230MHz 频点为例描述样品稳定性检验数据（见表 3-5-9）。

由于进行 t 检验的数据应来自正态总体，且总体方差应相等，首先应对各测量频点三组稳定性检验数据进行正态性检验，并对进行 t 检验的每两组数据进行 F 检验。如表 3-5-9 所示，样品在 230MHz 频点稳定性检验各组检测数据夏皮罗—威尔克正态性检验结果显著性均大于 0.05，因此稳定性检验各组数据符合正态分布；进行 t 检验的每两组稳定性检

验数据的 F 检验结果均小于临界值 $F_{0.025(5,5)}$ =7.15，因此，t 检验的每两组数据的方差相等。综上所述，样品稳定性检验数据符合 t 检验的前提条件，忽略检测数据的物理意义，从统计角度看，可以进行 t 检验。

注： 对于单位为 dB（μV/m）的对数数据，根据其物理意义不能进行算术加法运算。这里忽略其物理意义，仅将其看做数值，在其分布满足统计假设前提的情况下进行统计分析。详细信息参见 3.5.9.6 节第 1 条。

表 3-5-9　样品在 230MHz 频点垂直极化辐射骚扰场强准峰值稳定性检验数据及统计量

检测次数 \ 检测组数	第 1 组检测（样品传递前）	第 2 组检测（样品传递前）	第 3 组检测（样品返回后）
\multicolumn{4}{c}{稳定性检验数据 /[dB（μV/m）]}
1	48.5	51.1	54.0
2	52.7	50.9	50.4
3	52.7	47.5	52.3
4	51.4	54.0	53.6
5	51.2	52.7	53.8
6	49.4	52.9	49.9

\multicolumn{2}{c}{}	\multicolumn{3}{c}{统计量}
夏皮罗—威尔克正态性检验	统计量	0.898	0.911	0.848
	显著性	0.363	0.441	0.151
F 检验统计量		第 1 组和第 2 组检测数据　1.33	第 2 组和第 3 组检测数据　1.27	
t 检验统计量		第 1 组和第 2 组检测数据　0.4565	第 2 组和第 3 组检测数据　0.6873	

D. 检验结果。在 0.05 的显著水平下，临界值 $t_{0.05(10)}$ =2.2281，样品传递前及传递完成后，230MHz 垂直极化辐射骚扰场强值准峰值 t 检验结果无显著性差异，样品稳定性满足要求。

（3）检测方法

1）检测依据。本计划依据 GB/T 9254.1—2021《信息技术设备、多媒体设备和接收机　电磁兼容　第 1 部分：发射要求》进行检测。

2）检测步骤。

A. 连接样品和发射天线。

B. 将梳状信号发生器频率间隔切换至规定档位（如"5MHz"）。

C. 将样品放置在转台上的实验桌中央。图 3-5-7a 和 b 所示分别为样品的垂直极化和水平极化状态。检测时，接收天线也应该处于相应的垂直极化和水平极化状态。

a) 样品垂直极化状态　　　　　　b) 样品水平极化状态

图 3-5-7　样品垂直极化和水平极化状态

样品垂直极化时，样品电源开关一侧朝向测量天线；样品水平极化时，样品天线的中心点位于实验桌中心，和测量天线指向方向垂直，面对测量天线，样品天线指向右方，样品带序列号标签的一面朝上。

D. 将样品与测量天线校准参考点的距离设置为 3m。

E. 打开样品开关拨至，预热 5min 后开始检测。

F. 检测时，转台保持不动，天线升降 1～4m。

G. 使用准峰值检波器检测样品在接收垂直极化和水平极化位置下指定频率（即 50MHz、100MHz、230MHz、300MHz、400MHz、500MHz、600MHz、700MHz、800MHz、950MHz，偏差为 ±300kHz）的辐射骚扰场强准峰值（单位为 [dB（μV/m）]）最大值，记录数据，结果保留 1 位小数。

注：

① 本计划检测在半电波暗室（SAC）或开阔试验场（OATS）或全电波暗室（FAR）中进行。

② 检测前，使用专用电源适配器将样品充满电；检测过程中，如果将样品电源开关打开至"ON"时，"BATTERY LOW"灯亮则需要充电。

③ 样品应放置在具有合适介电常数材料制成的试验桌上，以保证能最大限度地减少试验桌对检测结果的影响，如使用未喷漆的发泡聚苯乙烯作为材料制成的试验桌。

④ 轻拿轻放样品，在触碰样品前，需事先释放身上的静电，以免静电击毁样品。

（4）结果统计及能力评价

限于篇幅，本实例以 230MHz 频点检测数据为例描述结果统计及能力评价。

1）数据分布。根据 GB/T 28043—2019 中 5.3 部分所述，能力验证参加者数据应服从近似正态分布。本计划首先对参加者水平及垂直极化下各频点辐射骚扰场强检测数据分别进行格拉布斯检验；按 0.01 显著性水平剔除离群值后通过夏皮罗—威尔克检验法，对各频点数据分别进行正态性检验。如表 3-5-10 所示，230MHz 频点辐射骚扰场强检测结果夏皮罗—威尔克检验法的结果显著性（p 值）均大于 0.05。因此，本计划 230MHz 频点水平及垂直极化辐射骚扰场强检测数据符合正态分布。

注：对于单位为 dB（μV/m）的对数数据，根据其物理意义不能进行算术加法运算，这里忽略其物理意义，仅将其看做数值，在其分布满足统计假设前提的情况下进行统计分

析。详细信息参见 3.5.9.6 节第 1 条。

表 3-5-10　230MHz 频点辐射骚扰场强（30MHz～1GHz）准峰值
检测数据 [dB（μV/m）] 及正态性检验结果

实验室序号	极化方向	检测数据 /[dB（μV/m）]	
		水平极化	垂直极化
1		53.8	55.4
2		54.2	54.9
3		49.3	56.3
4		55.5	58.2
5		51.4	55.0
6		49.1	54.9
7		54.1	55.0
8		50.1	56.4
9		49.2	55.8
10		48.4	56.5
11		47.7	56.0
12		52.4	55.2
13		50.5	55.6
14		54.8	55.3
15		50.0	55.3
16		50.0	55.4
17		52.3	54.4
18		52.2	56.0
正态性检验结果			
夏皮罗—威尔克正态性检验	统计量	0.947	0.960
	显著性	0.374	0.627

2）指定值及其不确定度。根据上述 1）的分析及 GB/T 28043—2019 中的 7.7、CNAS—GL002，以各实验室检测结果的稳健平均值作为本计划 230MHz 频点辐射骚扰场强的指定值（见表 3-5-11），以减少系统误差的影响，同时尽量避免离群值对指定值的干扰，稳健平均值的计算方法参见 GB/T 28043—2019 中的附录 C.3、CNAS—GL002：2018 中的附录 B.2。

根据 GB/T 28043—2019 中的 7.7.3，本计划指定值的标准不确定度按下式计算：

$$u_X = 1.25 \frac{s^*}{\sqrt{p}} \quad (3\text{-}5\text{-}31)$$

式中，s^* 为算法 A 计算得到的稳健标准差；p 为参与本计划的实验室数量，取 $p=18$。根据 GB/T 28043—2019 中的 9.2 关于指定值不确定度的限定要求，当 $p=18$ 时，本计划指

定值标准不确定度 $u_X = 0.3s^* = 0.3\sigma$。其中，σ 为能力评定标准差，这里等于 s^*。由于不满足 $u_X < 0.3\sigma$ 的限定要求，本计划指定值的不确定度需在能力评定中予以解释。

指定值的扩展不确定度按式（3-5-32）计算，计算结果见表 3-5-11。

$$U_X = 2u_X \qquad (3-5-32)$$

表 3-5-11　230MHz 频点辐射骚扰场强（30MHz～1GHz）准峰值指定值及其扩展不确定度（$k=2$）

垂直极化		水平极化	
指定值 X/[dB（μV/m）]	扩展不确定度 U_X/dB	指定值 X/[dB（μV/m）]	扩展不确定度 U_X/dB
51.4	1.6	55.6	0.4

3）能力统计量。为了描述实验室检测结果与指定值的一致性，本计划以样品 230MHz 频点辐射骚扰场强准峰值检测结果与指定值的差值 D 作为能力统计量，详见 GB/T 28043—2019 中的 9.3、CNAS—GL002：2018 中 4.4.1.3 的 a）。

差值 D 按照下式计算：

$$D = x - X \qquad (3-5-33)$$

式中，x 为参加实验室的检测结果 [dB（μV/m）]；X 为指定值 [dB（μV/m）]。

4）能力评定范围及准则。本计划对各实验室垂直极化辐射骚扰场强制定频点的准峰值检测结果进行能力评定。同时，由于实验室水平极化辐射骚扰场强检测时，样品摆放等情况会影响检测结果的重复性，本计划仅对各实验室水平极化辐射骚扰场强准峰值检测结果进行统计分析，不进行能力评定。

GB/T 6113.402—2022/CISPR 16—4—2：2018 中的表 D.3、D.4 中给出的开阔试验场/半电波暗室内 200～1000MHz、测量距离为 3m 时的辐射发射骚扰测量扩展不确定度（见表 3-5-12）记为 U_{cispr}，$k=2$；同时，考虑指定值的不确定度 U_X，以 $\sqrt{U_{\text{cispr}}^2 + U_X^2}$ 作为本计划统计量 D 的判定值（见表 3-5-13）。

表 3-5-12　GB/T 6113.402—2022/CISPR 16—4—2：2018 给出的 200～1000MHz 辐射骚扰场强测量扩展不确定度

极化方向 /dB	U_{cispr}（$k=2$）
垂直极化	6.21

表 3-5-13　统计量（D 值）判定值

频率 /MHz	垂直极化 /dB
230	6.4

按下列准则对参加实验室 230MHz 频点垂直极化辐射骚扰场强准峰值的统计量 D 进行评价：

$$|D| < \sqrt{U_{\text{cispr}}^2 + U_X^2}，为满意结果$$

$$|D| \geq \sqrt{U_{\text{cispr}}^2 + U_X^2}，为不满意结果$$

5）结果统计。230MHz 频点辐射骚扰场强（30MHz～1GHz）准峰值检测结果统计量（D 值）及判定值（dB）见表 3-5-14。

表 3-5-14　230MHz 频点辐射骚扰场强（30MHz～1GHz）准峰值检测结果统计量（D 值）及判定值（dB）

实验室序号	极化方向及数据	检测结果统计量（D 值）	
		垂直极化	水平极化
1		2.4	−0.2
2		2.8	−0.7
3		−2.1	0.7
4		4.1	2.6
5		0.0	−0.6
6		−2.3	−0.7
7		2.7	−0.6
8		−1.3	0.8
9		−2.2	0.2
10		−3.0	0.9
11		−3.7	0.4
12		1.0	−0.4
13		−0.9	0.0
14		3.4	−0.3
15		−1.4	−0.3
16		−1.4	−0.2
17		0.9	−1.2
18		0.8	0.4
判定值			
$\sqrt{U_{\text{cispr}}^2 + U_X^2}$		6.4	5.2

6）实验室能力的评定。本计划其他频点结果统计及能力评定方法与 230MHz 频点辐射骚扰场强（30MHz～1GHz）准峰值统计及评定方法一致。本计划各频点辐射骚扰场强垂直极化准峰值检测结果全部为满意的实验室，本计划评定结果为满意；各频点辐射骚扰场强垂直极化准峰值检测结果中存在不满意结果的实验室，本计划评定结果为不满意。

（5）技术分析及建议　18 家实验室 230MHz 频点垂直极化辐射骚扰场强准峰值检测数据能力评定结果均为"满意"。对于能力评定结果为不满意的实验室，建议分析影响实验的人员、设备、方法、环境等因素是否与实验要求存在偏离，排查检测结果出现较大偏倚的原因，发现问题应采取纠正措施。同时，参加实验室也应注意 D 值符号及绝对值是否相对固定，或者 D 值是否随频率成比例或周期性的变化；如 D 值符号及绝对值相对固定，或者 D 值随频率成比例或周期性变化，应考虑检测数据存在系统误差，可通过消除产生误差的根源或进行修正来减小系统误差。此外，即使能力评定结果为满意，对于 D 值接近能力评价判定值的情况，实验室也应予以重视，排查检测结果出现较大偏倚的原因，如有需要，采取相应措施以减小偏倚。影响辐射骚扰场强（30MHz～1GHz）检测结果的主要因素包括，接收天线和接收机之间连接引入的衰减，天线因子及其频率内插引入的误差，天线高度、方向性、相位中心、交叉极化及不平衡的影响，接收机正弦波电压准确度、脉冲幅值响应、重复频率响应及本底噪声引入的误差，是否使用外置预放、接收天线端口与接收机及预放之间的失配误差，场地不理想的情况，测量距离及其归一化、测试桌高度及材料等。

此外，实验室如要针对水平极化辐射骚扰场强进行评定，可参考上述分析对水平极化辐射骚扰场强检测数据统计结果进行分析，特别是对于 D 值接近或超出限值的情况，建议排查检测值产生较大偏倚的原因，如有需要，应采取相应措施。

检测结果的质量很大限度上取决于其不确定度的大小。因此，检测结果必须附有不确定度才是完整并有意义的。各实验室应确认是否正确评定了测量不确定度，并对引入不确定度的因素进行分析，通过消除或减少这些因素对检测过程的影响，降低测量不确定度，提高检测能力和水平。

2. 移动电话比吸收率（SAR）检测能力验证计划实例

（1）概述　本部分给出了移动电话 SAR 检测能力验证计划项目（以下简称本计划）的实例。本计划通过 $|\bar{x}-\bar{y}|\leq 0.3\sigma$ 准则进行样品稳定性检验，采用独立于参加者的检测程序和统计方法确定指定值及计算统计量 E_n，并进行能力评价；最后，给出技术分析及建议。

（2）样品制备

1）样品规格及数量。本计划样品为实物样品，包括 1 部射频性能稳定的 LTE 数字移动电话、1 个充电器及 1 条数据线（以下简称样品）。

2）样品稳定性检验。

A. 检验方法。样品在实验室间传递前进行两组检验，在完成传递后进行一组检验，每组检验进行 6 次检测，每次检测使用 SAR 测试系统对样品在右侧脸颊 0mm 处 LTE BAND 1 频段 1950MHz/Ch18300 频点及 LTE BAND 8 频段 897.5MHz/Ch21625 频点 SAR 进行检测。具体的检测方法将在（3）详细介绍。

B. 检验准则。对样品在实验室间传递前的两组检验的检测数据及样品传递前第 2 组和完成传递后的 1 组检测数据，依据 $|\bar{x}-\bar{y}|\leq 0.3\sigma$ 准则，进行判断。准则中的 $\bar{x}$、$\bar{y}$ 分别为两组检测数据的平均值，σ 为能力评定标准差的目标值。这里取以往使用与本计划样品类似型号规格的样品、相同的检测方法检测相近频点处比吸收率的能力验证计划的能力评定标准差稳健估计值（见表 3-5-15），如两组检测结果满足 $|\bar{x}-\bar{y}|\leq 0.3\sigma$ 准则，则样品稳定性满足要求。

C. 检验数据。样品 SAR（10g）稳定性检验数据（W/kg）见表 3-5-15。

表 3-5-15　样品 SAR（10g）稳定性检验数据（W/kg）

检测次数 \ 检测参数	LTE-FDD 模式、LTE BAND 1 频段、1950MHz 频点、右侧脸颊 0mm 处	LTE-FDD 模式、LTE BAND 8 频段、897.5MHz 频点、右侧脸颊 0mm 处
第 1 组检测（样品传递前）		
1	1.778	0.740
2	1.581	0.732
3	1.587	0.727
4	1.666	0.668
5	1.535	0.776
6	1.677	0.673
$\bar{x}$	1.637	0.719
第 2 组检测（样品传递前）		
1	1.641	0.768
2	1.721	0.670
3	1.668	0.764
4	1.518	0.734
5	1.651	0.703
6	1.652	0.736
$\bar{y}$	1.642	0.729
$|\bar{x}-\bar{y}|$	0.005	0.010
0.3σ	0.038	0.019
第 3 组检测（样品返回后）		
1	1.571	0.701
2	1.498	0.640
3	1.640	0.746
4	1.704	0.685
5	1.602	0.768
6	1.698	0.785
$\bar{z}$	1.619	0.721
$|\bar{y}-\bar{z}|$	0.023	0.008
0.3σ	0.038	0.019

D. 检验结果。根据表 3-5-15 所示的统计结果，样品在实验室间传递前两组检验的检测数据及样品传递前第 2 组和完成传递后的 1 组检测数据均满足 $|\bar{x}-\bar{y}|\leq 0.3\sigma$ 准则，样品在传递前后稳定性均符合要求。

（3）检测方法

1）检测依据。

A. GB/T 28446.1—2012《手持和身体佩戴使用的无线通信设备对人体的电磁照射　人

体模型、仪器和规程 第 1 部分：靠近耳边使用的手持式无线通信设备的 SAR 评估规程（频率范围 300MHz～3GHz）》

B. YD/T 1644.1—2020《手持和身体佩戴的无线通信设备对人体的电磁照射的评估规程 第 1 部分：靠近耳朵使用的设备（频率范围 300MHz～6GHz）》

C. IEC 62209-1 Editon2.0 2016-07 *Measurement procedure for the assessment of specific absorption rate of human exposure to radio frequency fields from hand-held and body-mounted wireless communication devices-Part* 1：*Devices used next to the ear（Frequency range of 300MHz to 6GHz）*

2）检测步骤。

A. 检测前将移动电话电池充满电。

B. 将测试卡装入 SIM 卡卡座并插入移动电话卡槽。

C. 将移动电话设置为要求的工模状态，返回桌面。

D. 按表 3-5-16 所示设置移动电话检测参数，并反复打开关闭"飞行模式"，建立与通信测试仪模拟基站的链接。

E. 调整样品支架位置，使移动电话位于右侧脸颊 0mm 位置，并确保检测过程中样品位置保持固定。

F. 在模型内充入组织模拟液。

注：在 SAR 检测前 24 小时内应对组织模拟液介电参数进行测量，测量方法参照 YD/T 1644.1—2020 中的附录 J 等技术要求。

G. 连接移动电话与通信测试仪，将移动电话设置为最大发射功率后进行检测，记录指定参数测量点的 SAR（10g），单位为 W/kg，保留 3 位小数。

表 3-5-16　SAR 检测参数

天线	频段	频率/信道/（MHz）/Ch	带宽/MHz	无线承载分配	调制方式	位置	间距
上天线	LTE BAND 1	1950/18300	20	1@0	QPSK	右侧脸颊	0mm
上天线	LTE BAND 8	897.5/21625	10	1@0	QPSK	右侧脸颊	0mm

（4）结果统计及能力评价。

1）指定值及其不确定度。本计划通过专家实验室按本计划要求的检测方法对样品进行检测后给出的结果及评定的不确定度作为指定值及其不确定度（见表 3-5-17）。通过专家实验室公议值确定指定值及其不确定度的方法及相关注意事项，参见 GB/T 28043—2019 中的 7.6 及 CNAS—GL002：2018 中的 4.3。

表 3-5-17　SAR（10g）指定值及其相对扩展不确定度

检测值（W/kg）		检测结果相对扩展不确定度（%）（$k=2$）
LTE-FDD 模式、LTE BAND 1 频段、1950MHz 频点、右侧脸颊 0mm 处	LTE-FDD 模式、LTE BAND 8 频段、897.5MHz 频点、右侧脸颊 0mm 处	
1.582	0.736	20.130

2）能力统计量。为描述实验室检测结果与指定值的一致性，本计划以指定参数测量点 E_n 作为能力统计量。具体细节详见 GB/T 28043—2019 中的 9.7、CNAS—GL002：2018 中的 4.4.1.3 节的 f）。E_n 按下式计算：

$$E_n = \frac{x-X}{\sqrt{U_x^2+U_X^2}} \tag{3-5-34}$$

式中，x 为参加者结果；X 为指定值（专家实验室检测值）；U_x 为参加者检测结果的扩展不确定度（$k=2$）；U_X 为指定值的扩展不确定度（$k=2$）；

注： 式（3-5-34）中指定值及参加者检测结果的扩展不确定度，通过表 3-5-17、表 3-5-18 所示的指定值（检测数据）与相对扩展不确定度相乘得到。

3）能力评定准则。本计划以下列准则评价参加者的结果：

$|E_n|\leqslant 1$，表明"满意"，无须采取进一步措施；

$|E_n|>1$，表明"不满意"，产生措施信号。

4）结果统计及能力评定。本计划参加实验室的 SAR（10g）检测结果及其相对扩展不确定度见表 3-5-18，能力统计量 E_n 见表 3-5-19。由表 3-5-19 可知，参加者能力统计量 E_n 均小于 1，因此本计划参加实验室能力评定结果为满意。

表 3-5-18　SAR（10g）检测结果及其相对扩展不确定度

检测值 /（W/kg）		检测结果相对扩展不确定度（%）（$k=2$）
LTE-FDD 模式、LTE BAND 1 频段、1950MHz 频点、右侧脸颊 0mm 处	LTE-FDD 模式、LTE BAND 8 频段、897.5MHz 频点、右侧脸颊 0mm 处	
1.510	0.623	22.3

表 3-5-19　SAR（10g）能力统计量 E_n

能力统计量 E_n	
LTE-FDD 模式、LTE BAND 1 频段、1950MHz 频点、右侧脸颊 0mm 处	LTE-FDD 模式、LTE BAND 8 频段、897.5MHz 频点、右侧脸颊 0mm 处
0.2	0.6

（5）技术分析及建议　本次计划参加实验室的能力评定结果为满意，表明参加实验室对本计划样品指定频点 SAR 的检测结果与专家实验室具有良好的一致性。但是，对于 $|E_n|$ 值较大的情况，参加者应予以重视，排查人员、测试系统、方法及环境等因素中引起检测结果出现较大偏倚的原因，如有需要，采取相应措施以减小偏倚。影响 SAR 检测结果的因素主要如下：

1）SAR 测量探头。SAR 测量探头（以下简称探头）的校准情况、校准结果的漂移、线性和探测限、频率响应特性、各向同性、空间分辨率、传感器偏移距离、探头积分及响应时间；探头在模型壳表面上方位置的误差；探头对样品处于某些信号调制方式时的测量误差等。

2）模型及样品。组织模拟液介电参数（相对介电常数、电导率）的测量、组织模拟液介电参数测量与 SAR 检测时的温度差、样品辐射发射元件与组织模拟液之间的距离、样品与模型正交位置的距离重复性、样品支架的影响、样品射频信号的漂移等。

3）环境噪声及反射。环境射频信号、系统噪声及反射的影响。

4）验证及测量 SAR 的过程、方法。验证天线接收功率、功率损耗、尺寸等与参考值的差异；组织模拟液介电参数测量值与目标值之差的修正；时间周期平均 SAR 检测时的取样速率；根据功率比确定 SAR 等。

5）数据处理。软件对 SAR 检测数据计算（外插及内插等）、处理方法引入的误差。

3.5.10　实验室间比对

3.5.10.1　检测结果的验证

JJF 1033—2023《计量标准考核规范》中的附录 C.4 规定了计量标准检定或校准结果的验证方法。这些方法基于统计结果与测量不确定度进行比较后判断计量器具是否符合要求；同时，检测使用的测量系统或设备与计量器具在内涵上没有本质区别。因此，计量标准检定或校准结果的验证方法，同样适用于测量系统或设备。通过实验室间比对来对 EMC 测量系统或设备检测结果进行验证，可判断测量系统或设备的检测数据是否可接受，以对 EMC 检测结果的有效性进行监控。根据验证结果，必要时采取相应措施，以保持检测结果持续有效。

1. 传递比较法

实验室使用 EMC 检测系统或设备对核查标准进行检测，然后用高准确度等级的测量系统或设备对核查标准进行检测。实验室及高准确度等级测量系统或设备测量的扩展不确定度分别为 U_{lab} 和 U_{ref}。实验室及高等级测量系统或设备检测结果分别为 y_{lab} 和 y_{ref}。当两者扩展不确定度包含因子近似相等时，如式（3-5-35）成立，则表示检测结果可接受。此方法等同于本章 3.5.9.6 节第 4 条（7）中的 E_n 值结果统计及评价方法。

$$|y_{lab} - y_{ref}| \leq \sqrt{U_{lab}^2 + U_{ref}^2} \quad (3-5-35)$$

2. 比对法

当不能采用传递比较法验证检测结果时，实验室可与多个配备相同功能 EMC 检测系统或设备的实验室的检测结果进行比对。根据除本实验室外各实验室检测系统或设备的测量最大允许误差或不确定度确定权重，计算除本实验室外各实验室检测结果的加权平均值 $\bar{y}_w$。本实验室检测结果及扩展不确定度分别为 y_{lab} 和 U_{lab}。当本实验室测量重复性接近其他实验室测量重复性的平均值且其他实验室测量扩展不确定度包含因子相等的情况下，如式（3-5-36）成立，则表示检测结果可接受。传递比较法不具有量值溯源性，因此为得到较为可靠的评价结果，参加比对的实验室数量应尽可能多。

$$|y_{lab} - \bar{y}_w| \leq \sqrt{\frac{n-1}{n}} U_{lab} \quad (3-5-36)$$

3.5.10.2　使用重复性及再现性进行实验室间比对的方法

1. 两个实验室检测结果的比较

以下实验室间比对结果的检验方法需已知重复性 σ_r、再现性 σ_R。确定测量重复性 σ_r 及再现性 σ_R 的方法，见 GB/T 6379.2—2004。以下检验方法的显著性水平为 95%。

在重复性条件下，第一个实验室检测结果算术平均值和检测次数分别为 $\bar{y}_1$ 和 n_1，第二个实验室检测结果算术平均值和检测次数分别为 $\bar{y}_2$ 和 n_2。当式（3-5-37）成立时，两实验室检测结果是一致的。

$$|\bar{y}_1 - \bar{y}_2| \leq \sqrt{(2.8\sigma_R)^2 - (2.8\sigma_r)^2\left(1 - \frac{1}{2n_1} - \frac{1}{2n_2}\right)} \quad (3\text{-}5\text{-}37)$$

当取第一组检测数据算术平均值 $\bar{y}_1$ 和第二组检测数据中位数 $\mathrm{med}(\{y_{2i}\})$ 作为检测结果时，如式（3-5-38）成立，两实验室检测结果是一致的。式（3-5-38）中 $c(n_2)$ 的数值可通过查询 GB/T 6379.6—2009 中的表 2 获得。

$$|\bar{y}_1 - \mathrm{med}(\{y_{2i}\})| \leq \sqrt{(2.8\sigma_R)^2 - (2.8\sigma_r)^2\left(1 - \frac{1}{2n_1} - \frac{\{c(n_2)\}^2}{2n_2}\right)} \quad (3\text{-}5\text{-}38)$$

类似的，当两个实验室检测数据均取中位数（$\mathrm{med}(\{y_{1i}\})$ 和 $\mathrm{med}(\{y_{2i}\})$）作为检测结果时，如式（3-5-39）成立，两实验室检测结果是一致的。式（3-5-39）中 $c(n_1)$ 和 $c(n_2)$ 的数值可通过查询 GB/T 6379.6—2009 中的表 2 获得。

$$|\mathrm{med}(\{y_{1i}\}) - \mathrm{med}(\{y_{2i}\})| \leq \sqrt{(2.8\sigma_R)^2 - (2.8\sigma_r)^2\left(1 - \frac{\{c(n_1)\}^2}{2n_1} - \frac{\{c(n_2)\}^2}{2n_2}\right)} \quad (3\text{-}5\text{-}39)$$

当两个实验室的检测结果不满足式（3-5-37）～式（3-5-39）时，应分析实验室间检测结果不一致的原因。实验室间结果存在差异的原因主要有，两实验室之间的系统或设备差异，检测样本的差异，确定测量重复性和（或）再现性过程中的误差等。

2. 实验室检测结果与参考值的比较

实验室可参照本章 3.5.4.3 节，通过比较实验室检测结果与参考值进行实验室间比对，参考值可为专家实验室的检测结果或以往能力验证计划给出的公议值等。

第4章 新兴领域 EMC 检测技术

4.1 集成电路 EMC 检测技术

4.1.1 概述

EMC 被定义为设备或系统在其电磁环境中能正常工作且不对该环境中任何事物构成不能承受的电磁干扰的能力。对于集成电路而言，集成电路 EMC 可认为是集成电路在其电磁环境中能正常工作且不对该环境中任何事物构成不能承受的电磁干扰的能力。

4.1.1.1 集成电路 EMC 的作用与影响

集成电路作为电子电器产品的关键器件，对电子电器产品的 EMC 有着重要影响。从 EMC 检测发展趋势来看，人们也越来越充分地认识到器件级 EMC 对设备、系统 EMC 性能的潜在影响。

一方面，当集成电路工作时，内部的寄生电容在信号输入、输出下进行充放电，形成充放电电流。集成电路在这些电流的作用下，极易产生干扰信号，最终以传导或辐射的形式干扰周围设备或元器件。

另一方面，当电子产品遭受电磁干扰时，集成电路由于供电电压低、电平翻转阈值低，通常是较易受到干扰的元器件，有时甚至会因耦合至其内部的电压或电流过大而损坏。即使没有损坏，耦合至内部的电磁干扰也可能使其内部状态发生转换，导致报错或其他故障。

4.1.1.2 集成电路 EMC 检测的意义

鉴于集成电路对电子电器产品 EMC 性能的重要影响，针对集成电路开展标准化的 EMC 测试成为相关产品设计人员和制造厂商的强烈需求。如果具备集成电路的 EMC 数据，产品设计人员和制造厂商可以开展如下工作：

1）选择使用低发射性能和高抗扰度性能的集成电路；
2）评估集成电路的 EMC 性能，甚至预测评估集成电路在重新设计、技术变动或封装修改后 EMC 性能的变化；
3）优化集成电路的设计，通过集成电路的迭代研制，逐步提高其 EMC 性能。

4.1.1.3 集成电路 EMC 的发展概况

集成电路的 EMC 研究在国际上开展较晚但发展迅速，相关研究最早开始于汽车工业。20 世纪 90 年代初期，元器件和芯片级的 EMC 研究开始受到关注，但是除了美国汽车工程师协会（SAE）为汽车应用出版的标准外没有其他的标准化试验方法可用，难以满足更多集成电路生产厂商或用户的测试需求。

随着集成电路技术的发展,从20世纪90年代末开始,法国、德国、美国、日本和国际标准化组织相继做出响应,在集成电路EMC检测和标准化方面做了大量的研究工作。IEC/TC47/SC47A(国际电工委员会半导体器件标准化技术委员会集成电路分技术委员会)专门成立了第9工作组负责集成电路EMC标准的制定。IEC于2002年出版了第1个集成电路EMC测试标准,目前在测量方法上已形成了一套标准体系,包括IEC 61967集成电路发射系列标准、IEC 62132集成电路抗扰度系列标准和IEC 62215集成电路脉冲抗扰度系列标准等。

4.1.1.4 国外集成电路EMC测量方法标准现状

现有国外集成电路EMC标准主要包括国际电工委员会(IEC)标准、美国汽车工程师协会(SAE)标准等。其中,IEC标准影响最为广泛,而SAE标准则更多应用于车规领域。

IEC的EMC标准体系包括,电磁发射类标准、电磁抗扰度类标准、脉冲抗扰度类标准、收发器的EMC评估标准、EMC建模标准5大类。IEC部分集成电路EMC标准见表4-1-1。其中的标准名称根据原英文名称翻译。

表4-1-1 IEC部分集成电路EMC标准

序号	标准号	标准名称	类型
1	IEC 61967-1	集成电路 电磁发射测量 第1部分:通用条件和定义	电磁发射类标准
2	IECTR 61967-1-1	集成电路 电磁发射测量 第1部分:通用条件和定义——近场扫描数据转换格式	
3	IEC 61967-2	集成电路 电磁发射测量 150kHz～1GHz 第2部分:辐射发射测量 TEM小室法和宽带TEM小室法	
4	IECTS 61967-3	集成电路 电磁发射测量 第3部分:辐射发射测量 表面扫描法	
5	IEC 61967-4	集成电路 电磁发射测量 第4部分:传导发射测量 1Ω/150Ω直接耦合法	
6	IECTR 61967-4-1	集成电路 电磁发射测量 150kHz～1GHz 第4-1部分:传导发射测量 1Ω/150Ω直接耦合法应用指南	
7	IEC 61967-5	集成电路 电磁发射测量 150kHz～1GHz 第5部分:传导发射测量 法拉第笼工作台法	
8	IEC 61967-6	集成电路 电磁发射测量 150kHz～1GHz 第6部分:传导发射测量 磁场探头法	
9	IEC 61967-8	集成电路 电磁发射测量 第8部分:辐射发射测量 IC带状线法	
10	IEC 62132-1	集成电路 电磁抗扰度测量 第1部分:通用条件和定义	电磁抗扰度类标准
11	IEC 62132-2	集成电路 电磁抗扰度测量 第2部分:辐射抗扰度测量 TEM小室和宽带TEM小室法	
12	IEC 62132-4	集成电路 电磁抗扰度测量 150kHz～1GHz 第4部分:射频功率直接注入法	
13	IEC 62132-5	集成电路 电磁抗扰度测量 150kHz～1GHz 第5部分:法拉第笼工作台法	

(续)

序号	标准号	标准名称	类型
14	IEC 62132-8	集成电路 电磁抗扰度测量 第8部分：辐射抗扰度测量 IC带状线法	电磁抗扰度类标准
15	IECTS 62132-9	集成电路 电磁抗扰度测量 第9部分：辐射抗扰度测量 表面扫描法	
16	IECTS 62215-2	集成电路 脉冲抗扰度的测量 第2部分：同步瞬态注入法	脉冲抗扰度类标准
17	IEC 62215-3	集成电路 脉冲抗扰度的测量 第3部分：非同步瞬态注入法	
18	IEC 62228-1	集成电路 收发器的电磁兼容评估 第1部分：通用条件和定义	收发器的EMC评估标准
19	IEC 62228-2	集成电路 收发器的电磁兼容评估 第2部分：局域互联网络（LIN）收发器	
20	IEC 62228-3	集成电路 收发器的电磁兼容评估 第3部分：控制器局域网（CAN）收发器	
21	IEC 62228-5	集成电路 收发器的电磁兼容评估 第5部分：以太网收发器	
22	IEC 62228-6	集成电路 收发器的电磁兼容评估 第6部分：PSI5收发器	
23	IEC 62228-7	集成电路 收发器的电磁兼容评估 第7部分：CXPI收发器	
24	IEC 62433-1	集成电路电磁兼容建模 第1部分：通用建模框架	EMC建模标准
25	IEC 62433-2	集成电路电磁兼容建模 第2部分：集成电路电磁干扰特性仿真模型 传导发射建模（ICEM-CE）	
26	IECTR 62433-2-1	集成电路电磁兼容建模 第2-1部分：传导发射的黑匣子建模理论	
27	IEC 62433-3	集成电路电磁兼容建模 第3部分：集成电路电磁干扰特性仿真模型 辐射发射建模（ICEM-RE）	
28	IEC 62433-4	集成电路电磁兼容建模 第4部分：集成电路射频抗扰度特性仿真模型 传导抗扰度建模（ICIM-CI）	
29	IEC 62433-6	集成电路电磁兼容建模 第6部分：集成电路脉冲抗扰度特性仿真模型 传导脉冲抗扰度建模（ICIM-CPI）	

SAE现有集成电路EMC标准体系仅包括电磁发射类标准，见表4-1-2。其中的标准名称根据原英文名称翻译。

表 4-1-2 SAE 集成电路 EMC 标准

序号	标准号	标准名称	类型
1	SAE J1752/1	集成电路电磁兼容性测量程序 集成电路EMC测量程序 通用条件和定义	电磁发射标准
2	SAE J1752/2	集成电路电磁发射测量 表面扫描法（环形探针法）（10MHz～3GHz）	
3	SAE J1752/3	集成电路电磁发射测量 TEM/宽带TEM（GTEM）小室法：TEM小室（150kHz～1GHz）、宽带TEM小室（150kHz～8GHz）	

为了满足国内集成电路研发和应用的实际需要，提高国产集成电路的EMC性能和促进国内集成电路EMC标准化的发展，2019年5月全国半导体器件标准化技术委员会集成电路分技术委员会（SAC/TC78/SC2）在北京成立了集成电路EMC标准工作组（以下简称工作组）。该工作组受全国集成电路标准化技术委员会（TC599）的领导，工作范

围对应 IEC/TC47/SC47A/WG2（集成电路与 EMC 有关的性能仿真的建模）和 IEC/TC47/SC47A/WG9（集成电路 EMC 试验程序和测量方法）。

4.1.2 集成电路 EMC 测试的特点

根据相关测量标准内容，集成电路 EMC 测试方法主要分为五大类：传导发射测试、辐射发射测试、传导抗扰度测试、辐射抗扰度测试和脉冲抗扰度测试。

集成电路 EMC 测试和传统设备级 EMC 测试系统的差异主要体现在电磁耦合装置方面，除此之外与其他 EMC 常用测试设备是可以共用的，如 EMI 测量接收机、低噪声预放、射频信号源、功率放大器等。

对于传导测试，无论是传导发射还是传导抗扰度、脉冲抗扰度测试均是通过传导的方式对受试芯片的某个或某些引脚进行测试。此时，测试端口为待测试引脚，而传统设备级进行电磁兼容测试时，其受试设备的测试端口为待测电源线缆、信号线缆和地线等，即对受试设备的线缆进行试验。另外，两者测试时的传导耦合试验方法也有所不同，见表 4-1-3。

表 4-1-3　集成电路与传统设备级 EMC 传导耦合试验方法的比较

传导耦合类型	试验方法比较		
	集成电路	传统设备级	
传导电压发射	专用电压探头	人工电源网络等	集成电路传导试验通常使用专用的探头实现耦合，传统设备级传导试验使用常见的人工电源网络等或电压、电流探头等实现耦合
传导电流发射	专用电流探头	电流探头	
传导抗扰度	专用射频功率注入探头	射频功率注入探头、CDN 等	

对于辐射测试，无论是辐射发射还是辐射抗扰度均是通过辐射的方式对受试芯片自身进行测试，此时，受试芯片的测试端口为受试芯片自身。传统设备级 EMC 测试时，无论是辐射发射还是辐射抗扰度，其测试端口为受试设备。受芯片与传统设备的物理外观、电气特性等差异的影响，与传导试验类似，两者的辐射耦合试验方法也存在不同，见表 4-1-4。

表 4-1-4　集成电路与传统设备级 EMC 辐射耦合试验方法比较

辐射耦合类型	试验方法比较		
	集成电路	传统设备级	
辐射发射	TEM 小室、宽带 TEM 小室、IC 带状线等	杆天线、双锥天线、对数周期天线和喇叭天线等	集成电路辐射试验多以平行板电容的形式实现耦合；传统设备级通常通过天线形式实现耦合
辐射抗扰度	TEM 小室、宽带 TEM 小室、IC 带状线、功率计等	双锥天线、对数周期天线、喇叭天线和场强探头等	

4.1.3 集成电路电磁发射测量

集成电路电磁发射测量国际标准主要包括 IEC 61967 系列标准，包括辐射发射测量和传到发射测量两部分。下面给出部分相关标准的内容简介。

4.1.3.1 通用试验条件

本部分的目的是，通过描述通用条件，以建立一个统一的测试环境，来定量地测量来自集成电路（IC）的射频（RF）干扰。本部分描述了影响试验结果的关键参数，与标准的偏离应在试验报告中明确地注明。

在试验条件方面，标准规定了试验环境温度、RF 环境噪声和其他环境条件。环境 RF 噪声电平应比被测的最低发射电平低至少 6dB，并应在测量 IC 前进行验证。受试 IC（即 EUT）应安装在测试时使用的试验配置中。另外，IC 的功能应是长期稳定的，使得间隔一段时间的两次测量，在测量技术的预期变化范围内，能得到相同的结果。在试验配置方面，标准规定了试验电路板、电源要求、IC 引脚负载和 IC 的特殊要求等内容。

1. 通用基础试验板

所用的试验板（即 PCB）取决于具体的测量方法。试验板宜根据标准通用要求和单独测量方法的附加要求来设计。本标准对通用基础试验板的具体要求如下：

（1）板的描述——机械方面　板的大小为 100^{+3}_{-1}mm × 100^{+3}_{-1}mm。在板角处可以加孔，如图 4-1-1 所示。板的所有边缘至少应镀锡 5mm，或者使之导电以便与 TEM 小室良好接触（使用 TEM 小室时）；另外，也可以选择在板的边缘镀金。板边缘的过孔应距离边缘至少 5mm 远。

（2）板的描述——电气方面　图 4-1-1 所示的通用基础试验板应作为一个指南。建议至少使用双层板，但如果功能需要的话，也可以在其中增加第 2 层、第 3 层或更多层形成多层板。

第 1 层应始终用作地平面。第 4 层也作为地平面，允许通过其他信号，但应尽可能保持完整。至少第 1 层的位于 IC 下方的区域应保留作为地平面。

PCB 的制作应使得 IC 只安装在 PCB 一侧（第 1 层），而所有其他的元器件和走线都在另一侧（第 4 层）。

1）地平面。地平面（第 1 层和第 4 层）应通过过孔相互连接。板上过孔的布置见表 4-1-5。

表 4-1-5　板上过孔的布置

过孔位置	特定区域
1	围绕着板的边缘
2	只是 EUT 区域的外侧
3	只是 IC 区域下方的内侧

第 1 层的地平面应与位置 2 的过孔保持电气连续性，由此第 1 层的地平面在整个板上都保持电气连续性。如果可能的话，第 4 层也应以相同的方式连接，但这种可能性取决于 IC 的封装和可利用的空间。

2）引脚。除了 IC 外，所有功能上必需的元器件，都应安装在第 4 层。因此有必要把 I/O 引脚和其他所需的引脚从第 1 层引到第 4 层。布线长度、过孔位置和元器件方向都应优化，以获得最小的回路面积。

3) 过孔类型。在位置 1 的所有过孔直径应为 0.8mm, 其他过孔直径应不小于 0.2mm。

4) 过孔距离。因为测量频率达到 1GHz 甚至可能更高，需要考虑最大横向过孔间距。

① 连接第 1 层和第 4 层的过孔的最大间距为 10mm。

② 连接信号走线的过孔应尽可能靠近连接第 1 层和第 4 层的过孔，以减小信号回路。

5) 附加的元器件。所有附加的元器件都应安装在第 4 层。这些元器件的安装不应影响第 1 层、第 4 层和层间过孔的限定条件。

（3）电源去耦　为了测量数据的可重复性，需要根据试验板的规格进行适当的电源去耦。试验板上的去耦电容器应分成如下描述的两组。去耦电容器的布局以及其他去耦元器件的值和位置应在试验报告中说明。

1) IC 去耦电容器。应按照制造厂商推荐的方法对 IC 进行电源去耦。如有 IC 去耦电容器，则应连接到第 4 层中 IC 下方的地平面上，以便维持 EUT 的正确运行。EUT 每个电源引脚的去耦电容器的电容值和布局位置可以按制造厂商的建议，否则要在试验报告中写明。

2) 试验板的电源去耦。如果试验板电源去耦设计不充分，电源的阻抗可能会影响测量结果。测量中可能用到各种外部电源，为了控制试验板的电源阻抗，应在试验板上安装一组去耦电容器。这些电容器的电容值和布局位置应按单独测量标准中所述，否则要在试验报告中写明。

（4）I/O 负载　加载或激活 IC 所必需的其他元器件应安装在第 4 层，最好直接装在 IC 封装区的下面。如果具体的试验方法中没有提出其他的负载要求，则 EUT 的引脚应根据表 4-1-6 所示的要求进行加载。

对于表 4-1-6 所示未说明的引脚，应按照其功能要求加载，并在试验报告中说明。表 4-1-6 所示的为推荐的默认引脚负载；如果一块特殊的 IC 有其他更适合的，则可以代替表 4-1-6 所示的负载，并在试验报告中说明。

表 4-1-6　推荐的 IC 引脚负载

IC 引脚类型		引脚负载
模拟	电源	按制造厂商规定
	输入	通过 10kΩ 电阻器接地（Vss），除非 IC 内部已端接
	输出信号	通过 10kΩ 电阻器接地（Vss），除非 IC 内部已端接
	输出功率	制造厂商规定的额定负载
数字	电源	按制造厂商规定
	输入	接地（Vss），如不能接地则通过 10kΩ 电阻器接电源（Vdd），除非 IC 内部已端接
	输出	通过 47pF 电容器接地（Vss）
控制	输入	接地（Vss），如不能接地则通过 10kΩ 电阻器接电源（Vdd），除非 IC 内部已端接
	输出	按制造厂商规定
	双向	通过 47pF 电容器接地（Vss）
	模拟	按制造厂商规定

2. 通用试验程序

根据通用试验程序，应首先进行必要的环境检查和运行检查。在环境检查方面，测量环境电平以确保任何环境信号低于目标参考电平至少 6dB。环境电平数据应作为试验报告的一部分。如果环境电平过高，则需要检查整个系统的完整性，尤其是互连电缆和连接器。如有必要，可使用屏蔽罩、低噪声预放或较小的频谱分析仪分辨率带宽。如果由于可能存在偶发的本地 RF 源使得环境电平不易测量，建议使用未通电的试验板（见图 4-1-1）来检查环境电平，并使频谱分析仪以最大保持模式运行 1 小时或达到可信度要求的时间。在运行检查方面，给 EUT 供电并完成运行检查以保证器件能正常工作（如运行 IC 测试程序）。

至于具体的测量程序，需按照各单独发射测量程序中描述的试验步骤进行。

部分试验方法的比较见表 4-1-7。

表 4-1-7　部分试验方法的比较

项目		TEM 小室法 / 宽带 TEM 小室法	1Ω/150Ω 直接耦合法	工作台法拉第笼法	磁场探头法
被测的 IC 发射类型		IC 的电流 / 磁场	差模和共模传导发射①	共模传导发射②	差模和共模传导发射①
推荐的频率范围		150kHz～3GHz（TEM 小室法）/ 8GHz（宽带 TEM 小室法）	150kHz～1GMHz	150kHz～1GHz	150kHz～1GHz
试验板	用于 IC 的比较	必需的	必需的	必需的	必需的
	用于应用中的评估	需要	不受限制③	不受限制	不受限制④
重复测量对操作人员的依赖性		无	无	无	无
可否测量单一引脚电压 / 电流		否	可	否	可
同样封装条件下 IC 版本的比较		可以	可以	可以	可以
IC 发射源 / 路径分析	封装变化	可以	可能的	可以	可能的
	芯片去耦	可以	可以	可以	可以
	多引脚供电	部分	可以	可以	可以
	I/O 信号状态	部分	可以	可以	可以
	引脚位置优化	部分	部分	可以	可以
IC 鉴定		可以	可以	可以	可以

① 差模电压和共模电流。
② 共模电压和电流。
③ 如果 1Ω/150Ω 线路被设置在试验板上。
④ 如果合适的微带线被设置在试验板上。

第 4 章 新兴领域 EMC 检测技术

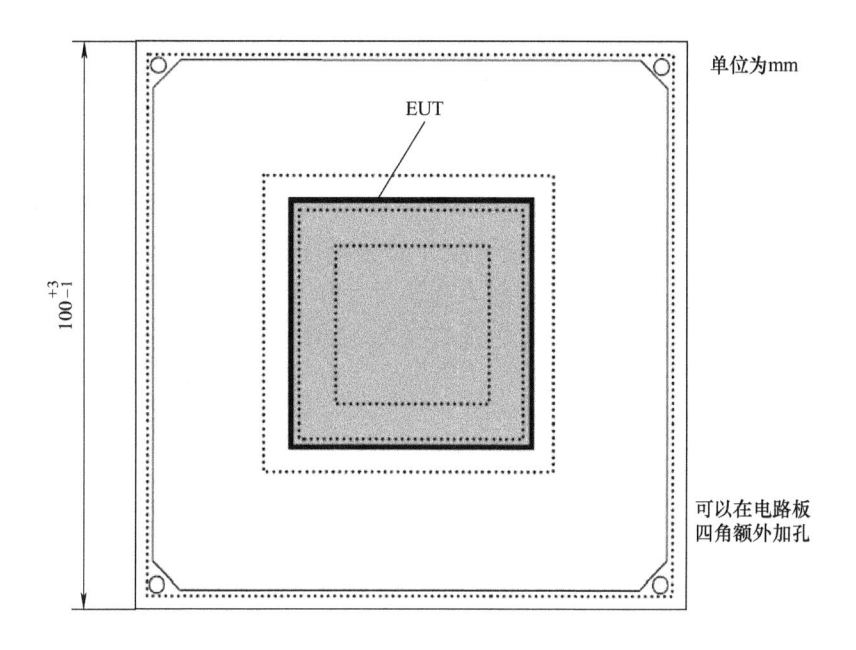

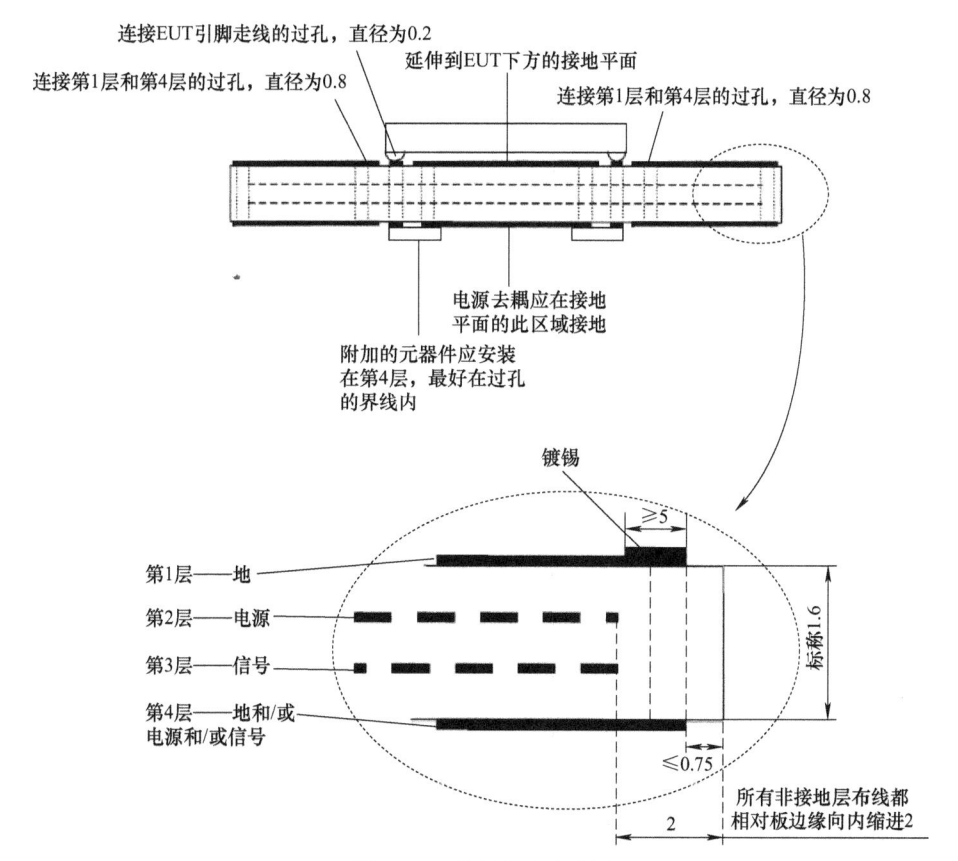

图 4-1-1 通用基础试验板

4.1.3.2 集成电路辐射发射测量——TEM 小室法和宽带 TEM 小室法

本部分规定了对来自 IC 的电磁辐射的一种测量方法。被测 IC 需要安装在一块 IC 试验印制电路板（PCB）上，该试验电路板被固定在 TEM 小室或者宽带 TEM 小室顶部或底部切割出的一个匹配端口（作为壳体端口）上。该试验板并没有像通常的方法那样放在小室内，而是作为小室壳体的一部分。本方法适用于任何改良后增加了壳体端口的 TEM 小室或宽带 TEM 小室。本方法使用 TEM 小室（隔板与地平面距离为 45mm）和宽带 TEM 小室（隔板与匹配端口区域地平面平均距离为 45mm）进行试验。其他小室或许不能产生同样的频谱输出，但是只要频率和灵敏度特性允许，就可以用作对比测量使用。对底板平面与隔板间距不同的 TEM 小室或宽带 TEM 小室产生的测量数据，可以在应用修正系数后再进行比较。

1. 试验配置

TEM 小室和宽带 TEM 小室的试验配置如图 4-1-2 和图 4-1-3 所示。TEM 小室的一个 50Ω 端口端接 50Ω 负载，TEM 小室另一个 50Ω 端口或宽带 TEM 小室的单个 50Ω 端口通过可选的预放连接至频谱分析仪或 EMI 接收机来测量集成电路产生的并反映在小室隔板上的 RF 发射。

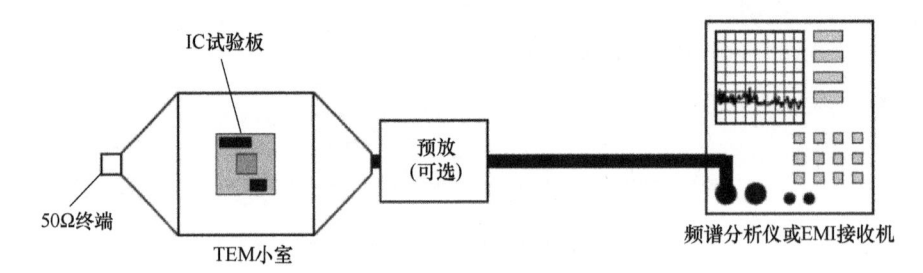

图 4-1-2 TEM 小室的试验配置

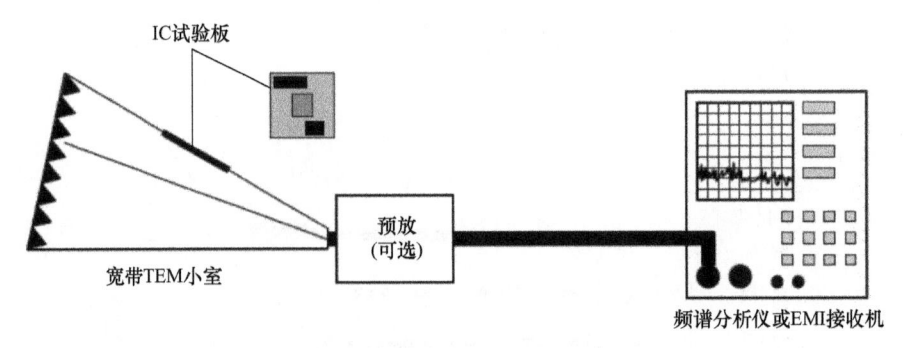

图 4-1-3 宽带 TEM 小室的试验配置

2. 试验程序

试验程序旨在保证一致的试验环境，分为以下几步：

（1）测量环境噪声。在 IC 试验板未通电（即 EUT 未通电）的情况下，给所有的试验设备和辅助设备通电，并在被测频率范围内测量环境 RF 发射。EUT 应按照试验时的状态安装在试验配置中。应在试验报告中给出环境测量值。

（2）检查 EUT 工作状态。给 IC 试验板通电，进行工作状态检查，以保证器件能正常工作（如运行 IC 测试程序）。

（3）测量 EUT 发射。给 IC 试验板通电，并且使 EUT 工作在期望的试验模式下，在整个被测频率范围内测量射频发射。使用频谱分析仪时，使用"最大保持"模式，并且在 IC 代码循环执行的情形下至少进行 3 次扫描。扫描时间宜大于 IC 代码循环执行的时间。使用接收机时，在每个试验位置的扫描时间不少于 6 倍的 IC 代码循环执行时间，并且记录测到的最大值。

进行 4 次独立的发射测量以得到 4 组数据：第一次测量时 IC 试验板以任意方向安装；第二次测量时 IC 试验板旋转 90°；第三次和第四次测量时依次在前一次测量的基础上旋转 90°。这样可以保证 4 个可能的方向下的发射都被测量到。应在试验报告中记录这 4 组数据。如果使用本部分的用户同时使用其他的程序，也应在试验报告中对这些程序予以说明。

4.1.3.3 集成电路辐射发射测量——表面扫描法

本部分规定了评估 IC 表面或附近的近场电场、磁场或电磁场分量的试验方法。本测量方法预期可用于 IC 的结构分析，也可用于测量扫描探头能够靠近的安装在任何电路板上的 IC。为了对比不同 IC 的表面扫描发射，宜使用 IEC 61967-1 规定的标准试验板。

根据在 IC 表面扫描测得的电场和磁场，可以得到 IC 封装内部各场源的相应场强。这种方法可用于不同结构之间的对比，以减小 IC 的 RF 发射。IC 表面的电场和磁场的分布取决于 IC 和 IC 内电子模块的电磁辐射。本部分只是提供一种 IC 的比较测量程序，并不能用来预测 IC 或其电路板的远场电平。

本部分 IC 的测量包括了一系列的单频率空间扫描。出于对测量精度和测量点数量的考虑，本测量方法使用计算机控制的探头定位和测量系统来得到精确的可重复的探头读数。控制软件必须适配此类系统中经常使用的精细步进电机。本方法还需要专门的软件程序进行大量的数据分析和处理。扫描时间取决于频率点的个数、发射测量的位置数以及数据采集系统的能力。

1. 试验配置

由于 IC 工艺和封装技术及其物理尺寸的不同，本测量方法并不规定一种探头定位系统或是近场探头的标准设计方案。定位器和探头的设计取决于很多变量，包括待测频率范围、空间分辨率、场的类型以及一些可用元器件（如步进电机等）的性能。本测量方法也没有指定空间分辨率。空间分辨率是由定位系统的步长以及近场探头的物理尺寸决定的。典型的空间分辨率是微米（μm）级的。试验配置中的实际空间分辨率应包含在试验报告中。

同时，本测量方法没有指定探头的步长。在需要限制采集数据点数时，步长的大小将根据空间分辨率的大小进行选择。可以调整步长以便聚焦芯片上的特殊区域。另外，测量时探头的实际高度应包含在试验报告中。图 4-1-4、图 4-1-5 和图 4-1-6 所示为单输入、双输入和三输入 RF 测量配置。

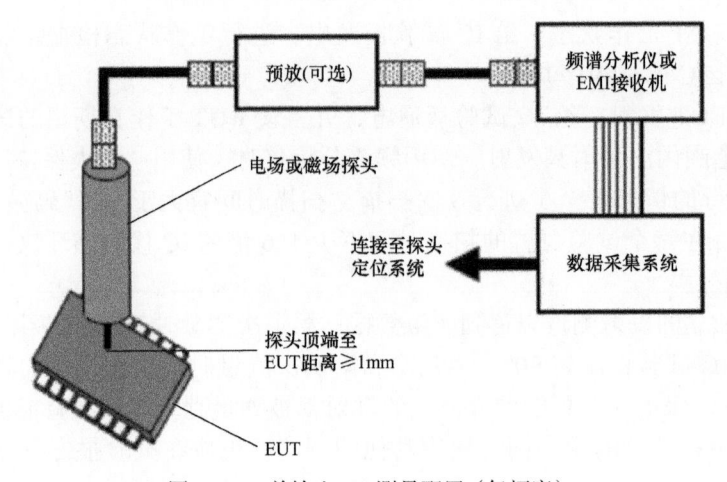

图 4-1-4　单输入 RF 测量配置（仅幅度）

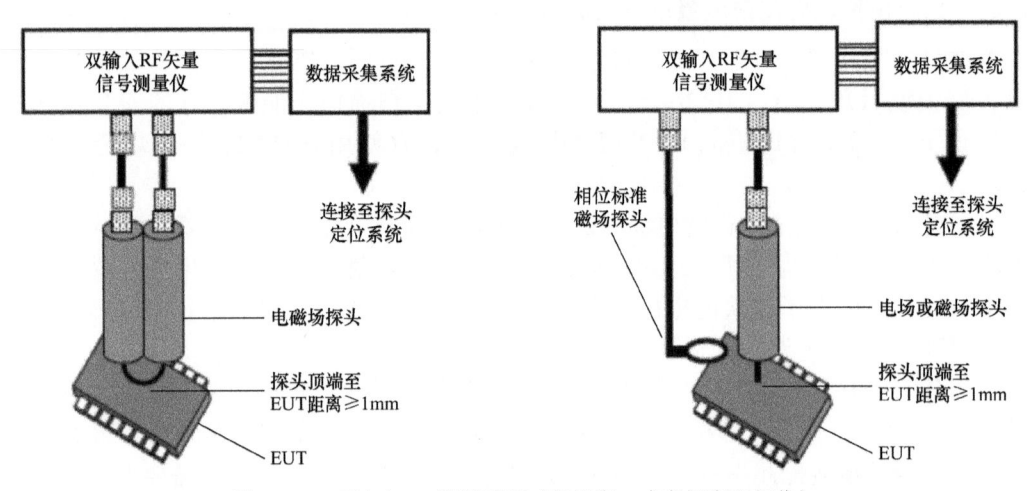

图 4-1-5　双输入 RF 测量配置（仅幅度，或者幅度和相位）

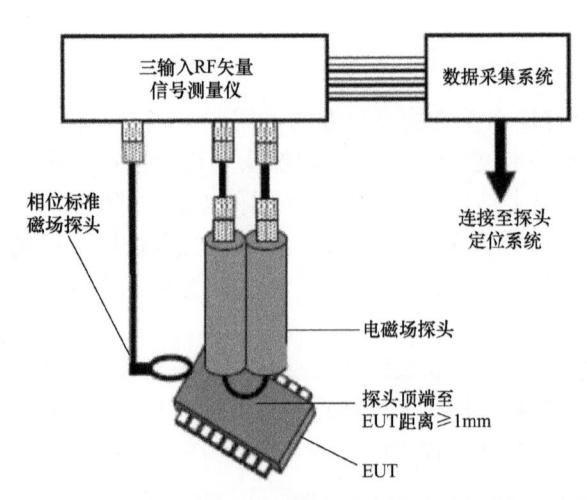

图 4-1-6　三输入 RF 测量配置（幅度和相位）

使用方可根据用户的偏好、待测场的类型、试验设备测量能力及测量所需的空间分辨率，等选取用于表面扫描的近场探头。本方法对近场探头的设计、构造和性能不作要求，可由用户自行对探头进行设计、构造和校准（如有需要），来满足用户所规定的试验能力或要求。

（1）磁场探头。在磁场测量中，典型的探头是单匝的微型磁线圈。这种探头可由金属线、同轴电缆、印制电路板的走线或任何其他合适的材料制成。

（2）电场探头。在电场测量中，典型的探头是微型电场探头。这种探头可由金属线、同轴电缆、印制电路板的走线或任何其他合适的材料制成。

（3）电磁场探头。在复合电磁场测量中，典型的探头是单匝的微型磁线圈。这种探头可由金属线、同轴电缆、印制电路板的走线或任何其他合适的材料制成。

2. 试验程序

（1）测量环境噪声。需要对环境的RF噪声电平进行测量以确定试验配置的本底噪声。测量结果只有高于本底噪声至少6dB才是可信的。EUT应与试验时一样安装在试验配置中且不应开启EUT（如断开电源电压），通过扫描来测量环境噪声，在试验报告中应对环境噪声进行描述。

如果环境噪声电平太高，检查整个测量系统的完整性，尤其是互连电缆和连接器；必要时，可以使用屏蔽室、低噪声预放或选择更窄的分辨率带宽来解决这一问题。

（2）检查EUT工作状态。给EUT通电，并进行全面的检查，以确保器件的正常功能（如运行IC测试程序）。

（3）测量EUT发射。给IC试验板通电，使EUT工作在预期的试验模式下，在所需要的频率测量近场发射。对于每一测量频率，都要用近场探头在IC或封装表面进行扫描，并使用探头定位系统和软件来控制探头的步进，来提高测量位置的可重复性。应在每一测量位置测量近场发射。

当使用接收机的时候，在每一个试验位置停留的时间要大于或等于IC测试编码循环执行时间的6倍，并要记录所探测到的最大值。当使用频谱分析仪时，使用"最大保持"模式，并允许分析仪在IC测试编码循环时至少执行3次扫频。

对于磁场探头和电磁场探头，在每个频点都会采集两组数据。首先，探头环平行于器件的一个轴进行扫描；然后，将探头环旋转90°使探头环的轴垂直于IC表面进行第二次扫描；最后，将这两组数据组合起来。但对于电场探头来说，在每个频点采集一组数据即可。

近场探头扫描得到的数据在采集和处理之后，可以用来评估IC表面的近电场或近磁场的发射。可以在平行或垂直于IC表面的平面进行扫描，或者是在一系列的平面里进行扫描形成一个三维的映射。这些测量平面离IC表面的距离可以不同。扫描的平面和探头的步进可根据测量的目的来确定。

4.1.3.4 集成电路传导发射测量——1Ω/150Ω 直接耦合法

伴随IC工作产生的射频电流都有返回IC的特有回路，所有的回路主要通过地和供电线路返回IC。图4-1-7所示的示例包含两个与共用地形成的回路。回路1表示的是IC的供电线路，回路2表示的是信号输出的通路。在共用的地上选取一个合适的位置，通过测量接地引脚上总的 RF 共模电流来测量传导发射,这种试验称之为"RF 电流测量"。

如果受试的 IC 只有一个接地引脚,所有其他的引脚都可能产生电磁发射,则测量受试 IC 接地引脚和地之间总的 RF 电流(图 4-1-7 所示的 i_1+i_2)。

如果受试的 IC 不只有一个接地引脚,或者某些引脚不会对整个电磁发射造成大的影响,那么受试 IC 可以建立其地平面,如图 4-1-8 所示。该地平面称为"IC 地",与"RF 屏蔽和外围地"保持分离。在 IC 地和外围地之间测量 RF 电流。

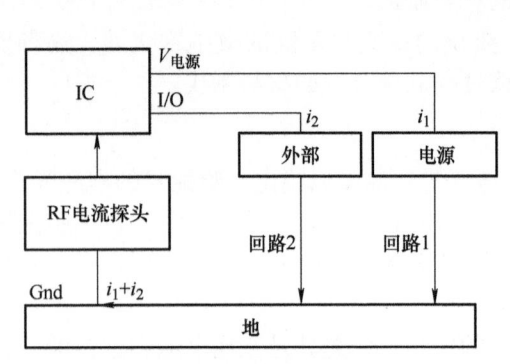

图 4-1-7 通过共用地返回到 IC 的两个发射回路的示例

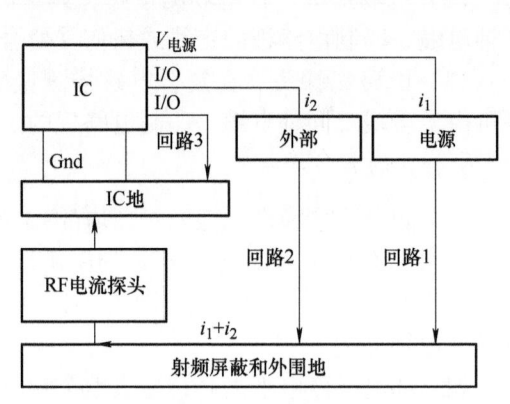

图 4-1-8 带两个接地引脚的 IC 并有一个小 I/O 回路和两个发射回路的示例

根据应用的不同,IC 经常会使用不同的配置。例如一个微控制器被用于单一芯片控制的情况,其 I/O 端口直接连接外部电缆系统。为了了解单一 I/O 引脚对 IC 发射电平的影响,规定了使用相同设备的附加测量程序。该测量称为"单一引脚 RF 电压测量"。除了测量总的 RF 电流,测量单个供电引脚的 RF 电流也可对 IC 的分析有帮助。例如,使用 RF 电流探头测量多个接地引脚或供电引脚中的某个引脚,以确定该引脚对整个发射的影响。

1. 试验配置

(1) 通用试验配置。通用试验配置如图 4-1-9 所示。

通用试验配置可以以特殊试验配置的形式建立(见 IEC 61967-4 附录给出的示例);或者是其他配置,如实际应用中可能用到的配置。

(2) 试验用印制电路板的设计。为了实现高度可重复的测量方法,并可在不同的试验电路板间进行有效的对比,给出下列指南。

1)试验板宜使用环氧树脂型材料(厚度为 0.6~3mm,介电常数约为 4.7)。顶面和底面的覆铜层厚度至少为 35μm。

2)底层宜作为地平面使用。

3)如果外围地和 IC 地用于 1Ω 测量法,这两种地宜使用 0.5~0.6mm 的绝缘间隙来绝缘。

4)如果需要,IC 地应设置在 EUT 的下面。IC 地的最大尺寸不宜超出封装覆盖区域每边 3mm。

5)为了在较高频率上获得必要的准确度,应控制外围地和 IC 地之间的寄生耦合电容。外围地和 IC 地之间的寄生耦合电容应小于 30pF。

6) IC 地通过 1Ω 探头单独连接到外围地。宜使用一个专用插座来连接 RF 电流探头。探头顶端的屏蔽层通过该专用插座连接到 RF 外围地,探头顶端连接到 IC 地或 IC 的接地引脚。IC 地和电流探头顶端的连接应尽可能短。在任何情况下,PCB 走线的长度不应超过 15mm。走线宜以距 EUT 中心距离最短的原则连接到 IC 地。

如果 1)～6)的指导原则不适用,应确定修改设计后的传输特性,并在试验报告中进行描述。

7) EUT 和所有操作 EUT 所必需的元器件,宜安装在试验板的顶面上。线路宜尽可能在顶面上布线。EUT 宜安装在 PCB 中心,所需的匹配网络宜放在中心附近。设计 IC 引脚和匹配网络之间的连接线,线路阻抗宜为 150Ω。如果 150Ω 的线路阻抗难以实现,连接线应达到最大合理阻抗,且尽可能短。

8) 设计匹配网络输出线,线路阻抗宜为 50Ω。IEC 61967-4 附录给出了 PCB 设计的示例。

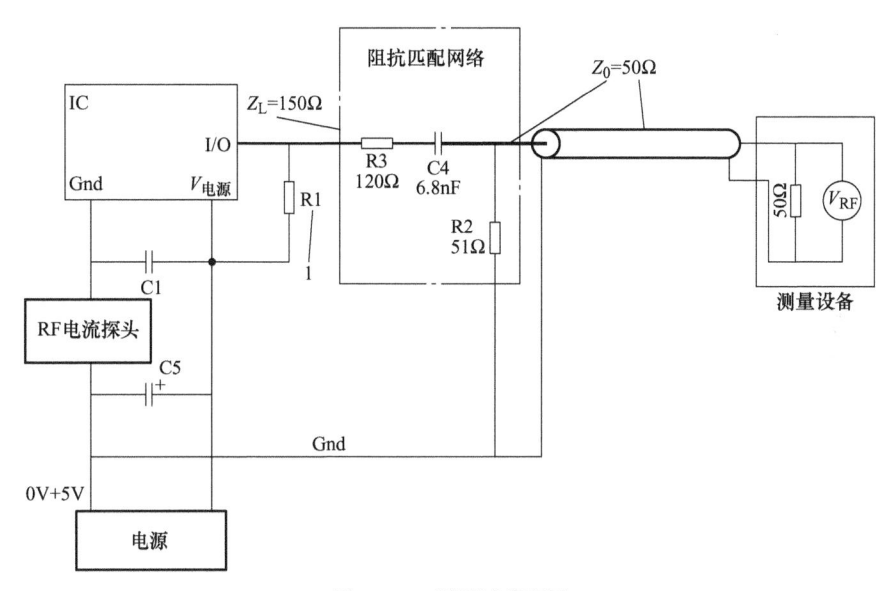

图 4-1-9　通用试验配置

1—根据实际使用的需要调整阻值

9) 应使用专门的连接线把电源直接连接到电容器 C5。C5 可以是表面安装的电解电容器,至少 10μF。电容器应安装在探头插座附近。

10) 试验板可以是矩形的或圆形的。

2. 试验程序

试验程序的要求按照 IEC 61967-1 的规定。

4.1.3.5　集成电路传导发射测量——磁场探头法

被测 IC 供电引脚和 I/O 引脚的 RF 电流可使用一个微型的三平面结构的磁场探头

来测量。在标准试验板上电源或 I/O 带状导体上方规定的高度,用该探头以可控的方式来测量磁场强度。根据标准 IEC 61967-6,RF 电流可以由测得的磁场强度计算得出。RF 电流 $I_{\_dB}$[dB(A)]计算公式为

$$I_{\_dB}=V_{p\_dB}+C_{f\_dB}-C_{h\_dB}$$

式中,V_{p_dB} 为以分贝表示的磁场探头输出电压 V_p,单位为 dB(V);C_{f_dB} 为以分贝表示的磁场探头的校准系数 C_f,单位为 dB(S/m);C_{h_dB} 为以分贝表示的微带线绝缘层厚度的转换系数 C_h,单位为 dB(1/m)。

通过磁场探头的精确机械定位可以实现测量的高度可重复性。另外,在满足一定条件及对测量精度不会造成实质影响情况下,可以扩展这种方法适用的频率范围,测量更高的频率。

1. 试验配置

(1)磁场探头。磁场探头应为三平面结构的带状线,由 3 层 PCB 构成。推荐使用的探头结构如图 4-1-10～图 4-1-13 所示。将 SMA 连接器固定在与探头矩形环相对一侧的 PCB 边缘上。固定 SMA 连接器的焊盘分别在第 1 层和第 3 层,通过 4 个过孔相互连接。连接 SMA 连接器中心引脚的带状导体图形在第 2 层。

(2)探头的距离固定装置和探头的放置。探头的输出电压取决于探头顶部和被测带状导体之间的距离。在测量期间,要求磁场探头顶部与带状导体之间应严格保持 1mm 的距离。因此应使用探头距离固定装置来保持探头矩形环的底部和 IC 试验板上带状线的距离为 1mm±0.1mm;或者将整个探头模型化到一个模块中,这样就可以精确地保持一定距离。

图 4-1-10 磁场探头

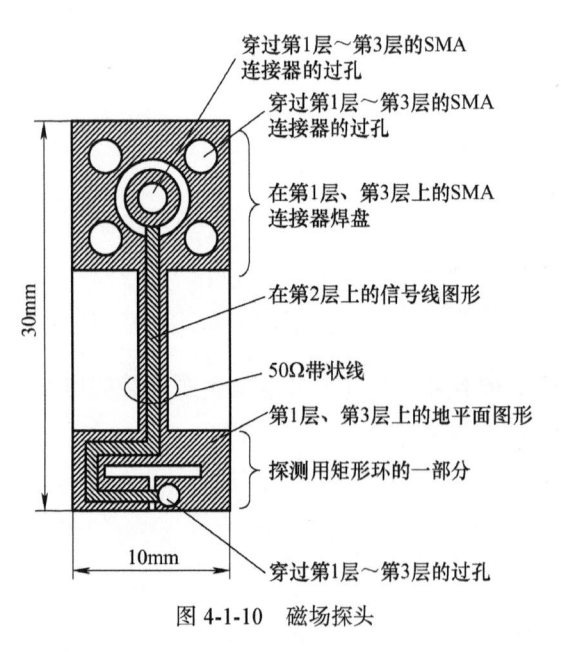

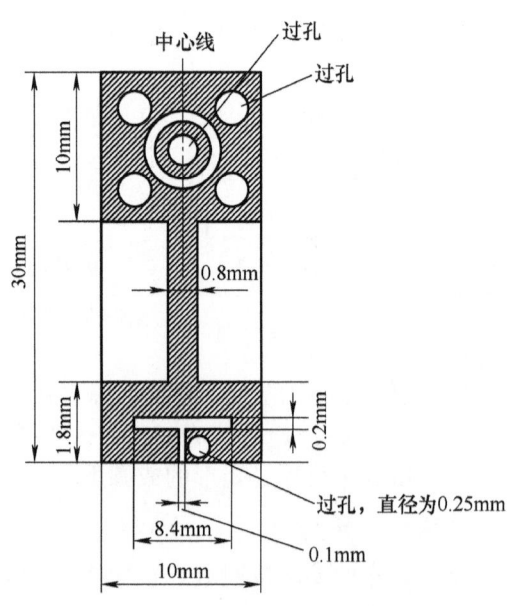

图 4-1-11 磁场探头第 1 层和第 3 层

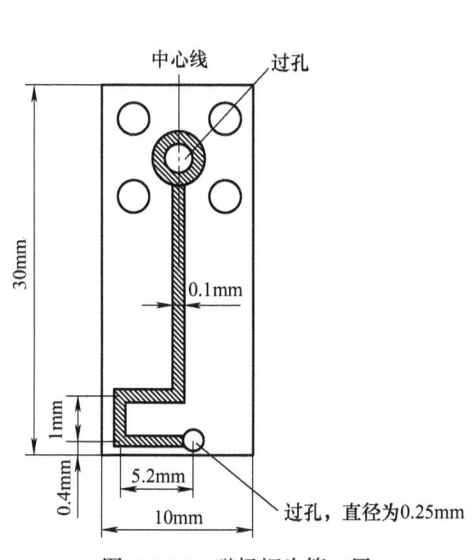

图 4-1-12　磁场探头第二层

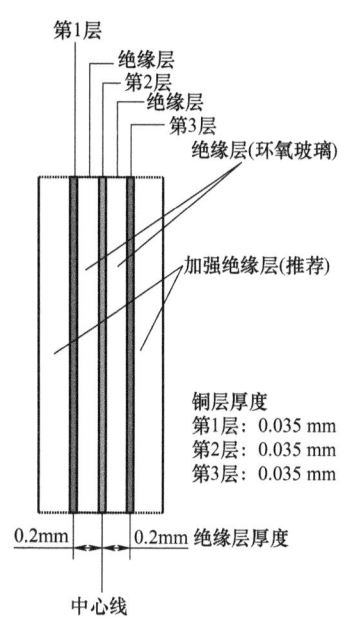

图 4-1-13　磁场探头的层结构

（3）层的布置。IC 试验板最少应有 4 层。如果需要，可以在顶层和微带接地层之间增加板层来提供其他信号和 / 或供电线路。通常情况下，IC 试验板的结构应符合 IEC 61967-1 的要求。

顶层（第 1 层）：被测 IC 应放到第 1 层上，见 IEC 61967-1。

底层的上一层（第 $n-1$ 层）：在第 $n-1$ 层上应设计一个接地面作为底层微带结构的参考面。接地面可以覆盖整个层，也可以只是微带结构下面的区域，如图 4-1-14 和图 4-1-15 所示的点画线部分。接地面的宽度最小应为 11mm，长度最小应为 14mm。

底层（第 n 层）：用于测量的微带线和外围地平面应放在第 n 层上。微带线应与图 4-1-14 和图 4-1-15 所示的电源线和 I/O 线一致。微带线的宽度最大应为 1mm，以达到较高的空间分辨率，如图 4-1-16 所示。为了避免驻波，微带线的长度宜为 14～25mm。

（4）去耦电容器。如图 4-1-17 所示，在试验板的电源线和接地面之间应使用去耦电容器 C1 和 C2。电容器 C2 应与电源线的测量区域尽可能近，以提供低 RF 阻抗。如图 4-1-14 所示，C2 与到 Vdd 过孔区域之间的距离应不超过 25mm。电容器 C1 应在 IC 的 Vdd 区域和 IC 地之间。

（5）I/O 引脚负载。本测量方法可以用来测量单个 I/O 引脚的 RF 电流。应逐个地对 I/O 引脚电流进行测量。被测引脚宜与 150Ω 阻抗的阻抗匹配网络相连接，如图 4-1-17 所示。阻抗匹配网络宜端接 50Ω 的电阻器 R_3=50Ω 或 50Ω 输入阻抗的测量设备（接收机）。

2. 试验程序

试验程序的通用要求见 IEC 61967-1。

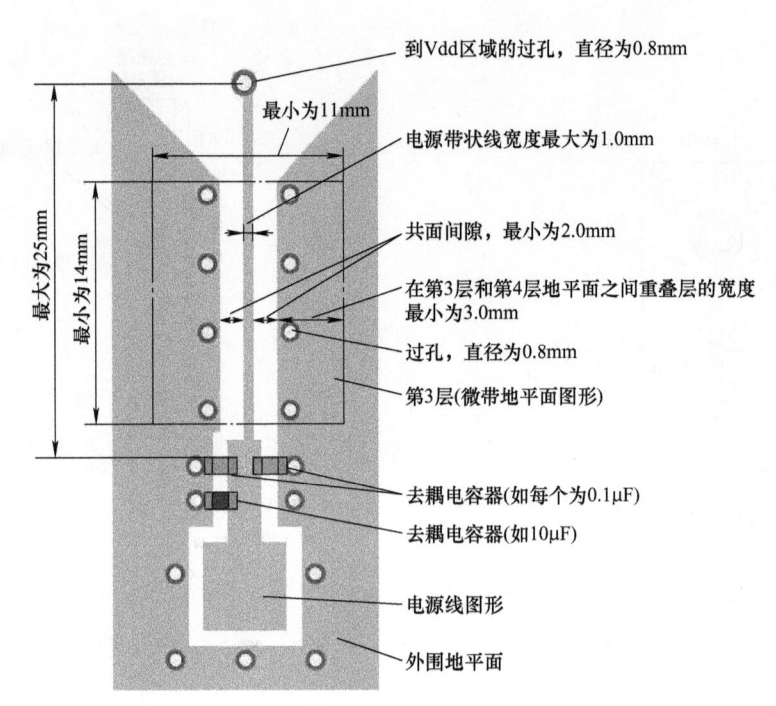

图 4-1-14　标准 IC 试验板上电源线图形——底层

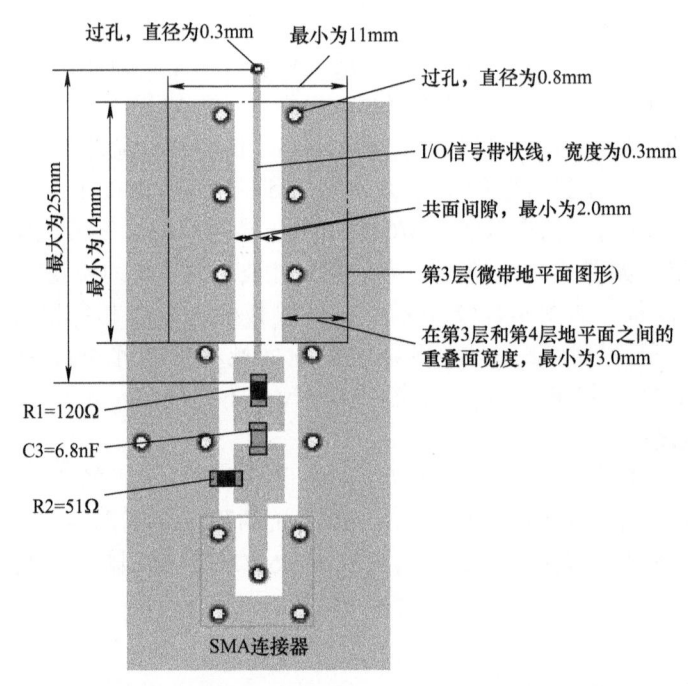

图 4-1-15　标准 IC 试验板上 I/O 信号线图形——底层

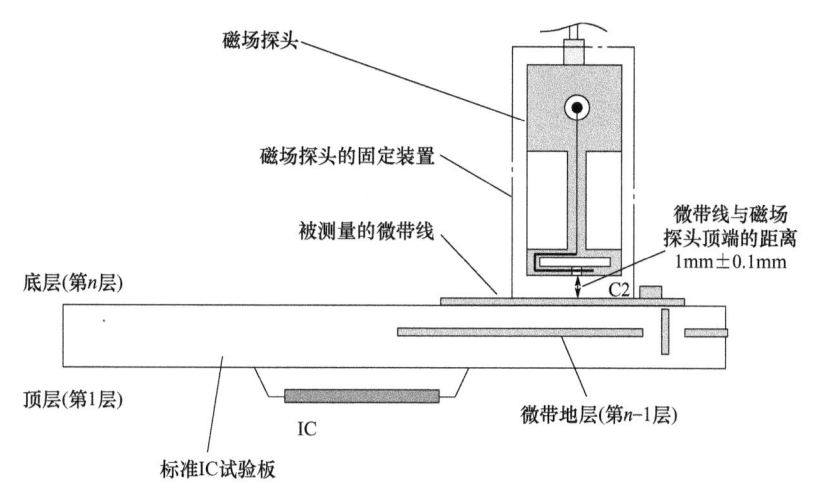

图 4-1-16 试验配置

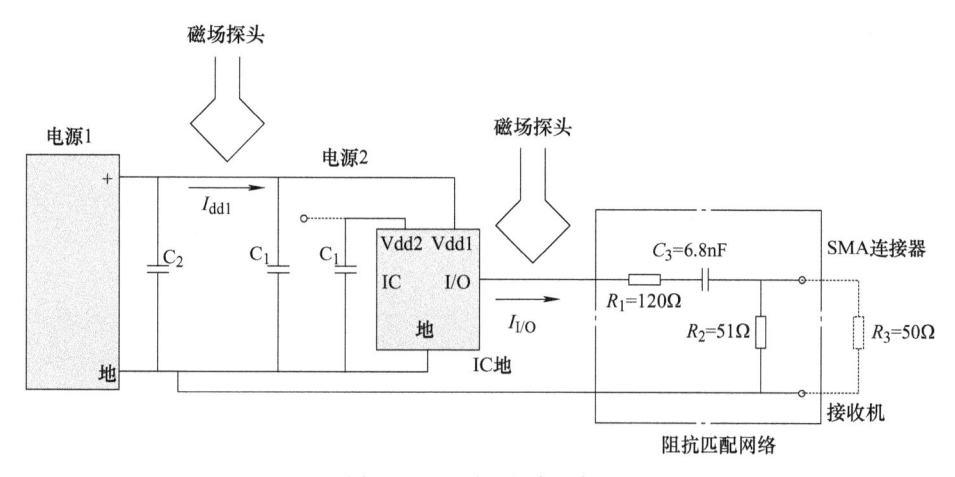

图 4-1-17 测量电路示意图

4.1.4 集成电路电磁抗扰度测量

集成电路（IC）电磁抗扰度测量国际标准主要为 IEC 62132 系列标准，包括传导抗扰度测量和辐射抗扰度测量两部分。部分相关标准内容简介如下：

4.1.4.1 通用试验条件

在试验条件方面，标准规定了试验环境温度、RF 环境噪声、试验信号和其他环境条件。推荐的频率范围是 150kHz ~ 1GHz，实际试验频率范围取决于注入网络的截止频率和试验配置（如 IC 去耦）。如果特定的试验程序可用于更宽的频率范围，则频率范围可以被扩展。当然，根据实际需要，测试频率范围也可以缩小。

在试验配置方面，标准规定了试验电路板、引脚选择方案、IC 引脚负载及 IC 的特殊要求等内容。抗扰度试验可采用与 RF 发射相同的试验板，与发射试验通用的试验板不同之处在于，需要检测输出信号，以判断 IC 是否受到 RF 骚扰的影响。对于 IC 引脚的选择，标准规定只要可能通过电缆连接到电路板外的其他有源或无源装置上，都要进行 RF 抗扰度试验。连接的电缆如下：

1）执行器/传感器电缆；
2）供电电缆；
3）通信电缆，如用于控制器局域网络（CAN）、RS 422/485、以太网非屏蔽双绞线（UTP）、低压差分信令（LVDS）等的电缆。

IC 的其他引脚，只要预期不会通过电缆连接到电路板外，如存储接口、晶振、片选、模拟部分的偏压或电流参考输入、带隙去耦等，则不需要进行直接注入的 RF 抗扰度试验。

与此同时，除非制造商规定或功能上的要求，相关引脚应根据表 4-1-8 所示的推荐的引脚负载默认值来加载或端接。表 4-1-8 所示为推荐的引脚负载。试验报告中应说明引脚负载的选择。

对于表 4-1-8 未说明的引脚，应按照其功能要求加载，并在试验报告中说明。表 4-1-8 为推荐的默认引脚负载；如果对一块特殊的 IC 有其他更合适的，则可以用其代替表 4-1-8 所示的负载，并在试验报告中说明。

表 4-1-8 推荐的 IC 引脚负载

IC 引脚类型		引脚负载
模拟	电源	按制造厂商规定
	输入	通过 10kΩ 电阻器接地（Vss），除非 IC 内部已端接
	输出信号	通过 10kΩ 电阻器接地（Vss），除非 IC 内部已端接
	输出功率	制造厂商规定的额定负载
数字	电源	按制造厂商规定
	输入	接地（Vss），如不能接地则通过 10kΩ 电阻器接电源（Vdd），除非 IC 内部已端接
	输出	通过 47pF 电容器接地（Vss）
控制	输入	接地（Vss），如不能接地则通过 10kΩ 电阻器接电源（Vdd），除非 IC 内部已端接
	输出	按制造厂商规定
	双向	通过 47pF 电容器接地（Vss）
	模拟	按制造厂商规定

在试验程序方面，规定了监测检查、系统确认和其他具体程序。首先应给 EUT 通电并完成运行检查，以保证 EUT 的功能（含故障检测功能）和工作正常。检查 EUT 的如下各种参数和响应：

1）直流输出电压（如稳压器）；
2）供电电流（环流电流可能随阈值电压的改变而增加）；
3）解调音频信号（如音频放大器、视频）；
4）抖动（如时基、逻辑门、微处理器、A/D 和 D/A 转换器）；
5）尖峰和毛刺；
6）系统复位；

7）系统挂起；

8）闩锁效应。

进行 RF 抗扰度试验时，IC 的响应是由其功能、运行模式和要满足的判据决定的，无法专门给出用于监测目的的"最合适"的响应参数。

试验具体程序包括对试验参数的设置和对 IC 参数的监测。需要设置试验参数如下：

频率步长。频率步长大小应根据表 4-1-9 所示的进行选择，对关键频率（如时钟频率、RF 装置的系统频率等）进行试验时应使用更小的步进频率。

骚扰信号。骚扰信号应与试验方法的要求一致，如连续波（CW）、振幅调制（AM）信号或脉冲调制信号等。

驻留时间。对每个频率步长和调制，驻留时间应为 1s，或者至少 EUT 相应的必要时间，如测量系统的记录时间。

功率电平。当用峰值试验电平进行抗扰度试验时，基本要求是，无论调制深度 m 如何，峰值功率应与施加连续波时的峰值功率相同，见式（4-1-1）和式（4-1-2）：

$$P_{\text{AM-Peak}} = P_{\text{CW-Peak}} \tag{4-1-1}$$

$$P_{\text{AM}} = P_{\text{CW}} \frac{2+m^2}{2(1+m)^2} \tag{4-1-2}$$

式中　$P_{\text{AM-Peak}}$ ——AM 波的峰值功率（W）；

　　　$P_{\text{CW-Peak}}$ ——CW 的峰值功率（W）；

　　　P_{AM} ——AM 波的平均功率（W）；

　　　P_{CW} ——连续波的平均功率（W）；

　　　m ——调制深度。

表 4-1-9　频率范围与步进频率

频率范围 /MHz	步进频率 /MHz	对数步进
0.15～1	≤0.1	≤5%
1～100	≤1	
100～1000	≤10	

针对所有的运行功能都应进行专门的试验。试验信号的电平应控制在能够检测到 EUT 所有的主要反应（如滞后效应、对电平变化的反应）的范围。

在试验报告方面，应包括以下内容：

1）应用电路图（电源去耦、外围 IC 等）；

2）安装 IC 的 PCB 描述（布局设计）；

3）IC 的实际工作条件（供电电压、输出信号等）；

4）使 IC 运行的软件类型的描述（适用时）。

同时，试验计划的内容应包含在试验报告中。宜在 IC 试验计划中准确规定具体的 IC 试验参数和需考虑的响应。例如，对哪些 IC 引脚进行试验？是单独还是一起进行试验？宜使用哪个可接受的抗扰度判据？另外，与标准和试验计划的偏离也应记录在试验报告中。

当按特定的抗扰度测量程序施加规定的试验信号时，下列性能等级能够用来描述 IC 的性能：

等级 A。在试验期间和试验之后，IC 所有功能按预期工作。

等级 B。在试验期间，IC 所有功能按预期工作；但一个或多个功能可以超出规定的允差。试验结束后所有功能自动恢复正常。存储功能应保持 A 级。

等级 C。在试验期间，IC 的某项功能未按预期工作，但试验结束后能自动恢复正常。

等级 D。在试验期间，IC 的某项功能未按预期工作，试验结束后不能自动恢复正常，需要人员简单操作（如断电）重启 IC 才能恢复正常。

等级 E。在试验期间和试验之后，IC 的一个或多个功能未按预期工作，且不能恢复正常工作。

本部分内容涉及两种常见 IC 电磁抗扰度方法的比较，见表 4-1-10。

表 4-1-10　试验方法比较

项目		TEM 小室法，或者宽带 TEM 小室法	射频功率直接注入法
骚扰类型		辐射	传导
推荐频率范围		150kHz～3GHz（TEM 小室法），或者 18GHz（宽带 TEM 小室法）	150kHz～1GHz
可扩展频率范围		由小室决定	可向上扩展，由注入网络决定
骚扰测量		—	RF 前向功率
动态范围		—	取决于 RF 功率计（最小 40dB）
共模骚扰		—	可以
差模骚扰		—	可以
单引脚影响		—	可以
多引脚影响		—	可以
试验板	用于 IC 的比较	—	根据标准
	用于应用中评估	—	不受限制
耦合路径的确认		—	需要，通过测量来确认
测量的复现性；对操作者的依赖性		—	高 无
IC 鉴定		—	可以
是否需要在屏蔽室或屏蔽箱内工作		—	建议使用，取决于（国家安全标准规定的）功率电平
IC 抗扰度	泄放/路径分析	—	可以
	芯片上耦合（串扰）	—	可以

4.1.4.2　集成电路辐射抗扰度——TEM 小室法和宽带 TEM 小室法

本方法所使用的 TEM 小室为双端口 TEM 波导，应具有与 EMC 试验板匹配的壳体端口。在整个被测频率范围内，TEM 小室不应出现高次模。推荐使用的 TEM 小室的频率范围为 150kHz 至最低高次模的第一谐振频率。单个小室的频率范围应覆盖整个被测频率范围。

在被测频率范围内，TEM 小室电压驻波比（VSWR）应小于 1.5。建议 TEM 小室的 VSWR<1.2。如果 TEM 小室 1.2≤VSWR<1.5 时，应根据标准附录的程序对其场强特性进行测量。TEM 小室的 VSWR 数据（包括整个测量频率范围）应记录在测试报告中。

1. 试验配置

EMC 试验板应当安装在 TEM 小室或宽带 TEM 小室的内壁端口上，并且使 EUT 面对隔板，如图 4-1-18 所示。

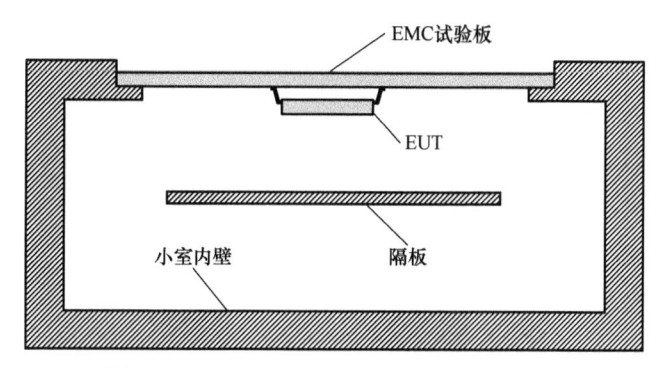

图 4-1-18　TEM 小室与宽带 TEM 小室横截面

此结构将作为 EUT 的 IC 与小室的相对位置和方向固定，并将连接 IC 的线缆布置于试验板背面，位于小室外部，避免了 IC 在小室内有任何的线缆连接。TEM 小室有两个特性阻抗为 50Ω 的端口。其中一个端接 50Ω 的负载；TEM 小室的另一个端口或宽带 TEM 小室唯一的端口与 RF 干扰发生器的输出口相连，注入 CW 干扰信号，在 EUT 处会产生平面电磁波，电磁波的电场强度 E（单位为 V·m^{-1}）由注入干扰信号的强度 U（单位为 V）以及 EUT 与小室隔板的距离 h（单位为 m）决定。它们之间的关系为

$$E=U/H$$

图 4-1-19、图 4-1-20 所示为 TEM 小室与宽带 TEM 小室试验配置。TEM 小室的一个测试端口应当端接 50Ω 的负载；TEM 小室的另一个端口，或者宽带 TEM 小室的唯一端口，与功率放大器的输出端口相连。

2. 试验程序

测量时，应在 4 个方向上旋转 EMC 试验板，第一次可为任意方向，随后 3 次依次转动 90°，将 4 次测量的数据都记录在试验报告中，并且在多个关键频率下进行抗扰度试验。关键频率包括但不限于以下频率：晶振频率、振荡器频率、时钟频率、数据频率等。

标准 IEC 62132-2：2010 要求选择以下两种方法中的一种完成试验。

（1）将试验信号发生器的输出设置一个较低值（如比预定限值低 20dB），然后缓慢增加至预定限值，同时监控 EUT 的性能变化情况。应记录所有等于或低于限值时出现的性能降级。

（2）设置试验信号发生器输出值，使骚扰信号达到预定限值，同时监测 EUT 的性能。此时，应记录 EUT 的任何性能降级。然后，降低信号发生器的输出值直到 EUT 恢复到正常状态。之后，再次提高信号发生器的输出直到性能降级情况再次出现。记录此时的输出电平。

上述两种方法需要厂商针对不同的 IC 性能等级进行选择。方法（1）可以找到 IC 所能承受的最大场强，但是可能需要花费更多的时间。此方法适用于不能预判 IC 的承受能力或初次进行测试的 IC。方法（2）可以较快速地判断 IC 是否符合标准要求，但有可能在较大场强时对 IC 造成不可逆的损伤，因此推荐在能够预判 IC 能承受较高等级的场强或 IC 结构变化需再次确认的情况下使用，可以缩短测试时间。这两种方法可能会使 IC 产生不同的响应，在此种情况下，增加或降低骚扰信号的步进应相同。

图 4-1-19　TEM 小室试验配置

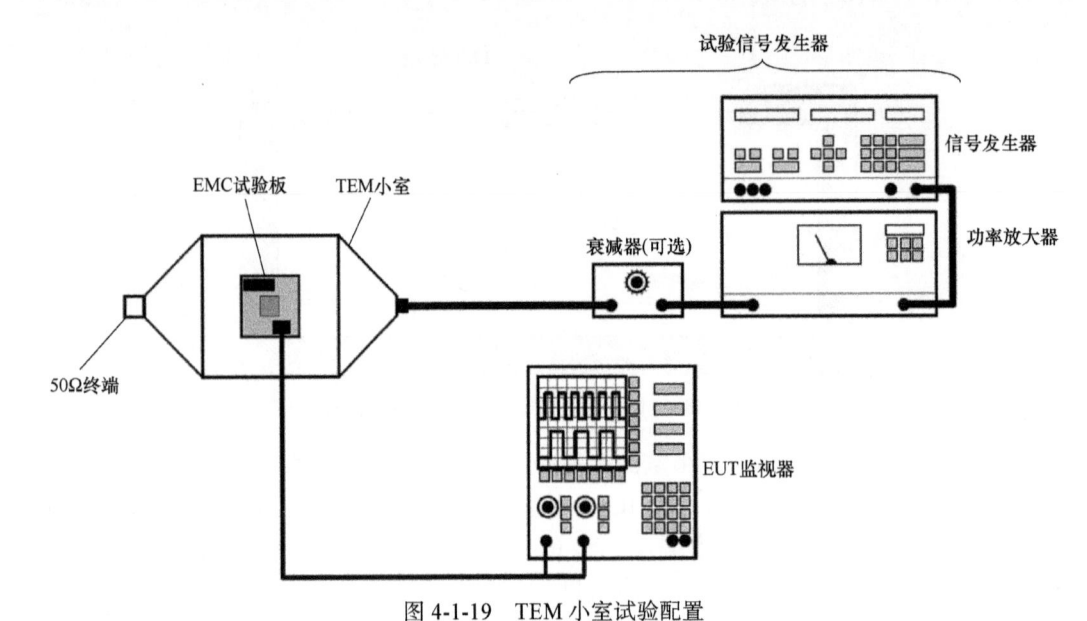

图 4-1-20　宽带 TEM 小室试验配置

4.1.4.3 集成电路传导抗扰度——射频功率直接注入法

引线框架决定了 IC 的最大几何尺寸,其大小不超过几厘米。芯片结构的尺寸比引线框架的尺寸更小。对于 1GHz 以下的频率范围,IC 结构及其引线框架不会构成接收无用 RF 信号的有效天线;形成有效天线的是电缆束和/或印制电路板的走线,IC 通过连接到这些电缆的引脚接收无用的 RF 信号。因此,IC 的电磁抗扰度可用传导 RF 骚扰(即 RF 正向功率)来表征,以取代通常在模块和/或系统测试中用到的场参数。

对于模块和系统试验,可以测量或估计由电缆束或印制电路板走线作为天线提供给电路的正向功率。事实上已经观察到许多 IC 对高反射的骚扰是敏感的。这是由于在这种情形下注入的 RF 电流或施加的 RF 电压能达到最大的可能值。为了表征 IC 的抗扰度,需要测量引起功能失效的正向功率。

1. 试验配置

通用试验配置由功率注入和测量单元、试验板上的 EUT、去耦网络、EUT 的检测装置和试验控制单元组成,如图 4-1-21 所示。

功率注入配置由两部分组成。第一部分不在试验板上,属于 EUT 试验板的外部配置,包括以下组件:

1)试验信号发生器;
2)同轴电缆;
3)RF 连接器;
4)具有正向功率测量端口的定向耦合器。

功率注入配置的另外一部分直接放置在试验板上,包括以下组件:

1)RF 注入端口,用于连接同轴电缆和印制电路板上的传输线;
2)从传输线末端(RF 注入端口)经过隔直流模块到 EUT 的连接线;
3)连接到受试引脚的直流偏置网络。

对于 IC 抗扰度试验,推荐使用具有公共 RF 接地平面的印制电路板,EUT 宜不经插座而直接安装在试验板上,因为大多数插座具有显著的电感,会影响试验结果(如 10nH 在 1GHz 时的感抗为 63Ω)。

频率可调的 RF 信号发生器提供信号给 RF 功率放大器并由其放大。定向耦合器和 RF 功率计用来测量注入到 EUT 的实际正向功率。在 RF 注入端口,RF 功率传递给受试的印制电路板。隔直流电容器可以避免直流电流进入 RF 功率放大器的输出端。去耦网络可以避免 RF 功率影响直流电源,该去耦网络在连接到 RF 注入路径的一端具有高的 RF 阻抗。

为了监测 EUT 的状态,可以使用示波器或其他合适的具有判定功能的监测装置。利用示波器进行低频测量时为了避免 EUT 的 RF 信号串扰影响,需要使用另外一个去耦网络。

2. 试验程序

从试验流程看,在每一个被测频率点有以下两种施加信号的方法:

(1)从低电平开始给 IC 注入正向功率,如低于试验规定的 20dB 电平正向功率。然后这个电平以步进的形式增加，直到观察到 EUT 功能失效或达到规定的正向功率电平。每一功率电平应保持足够长的时间（驻留时间）以使 IC 能够反应。

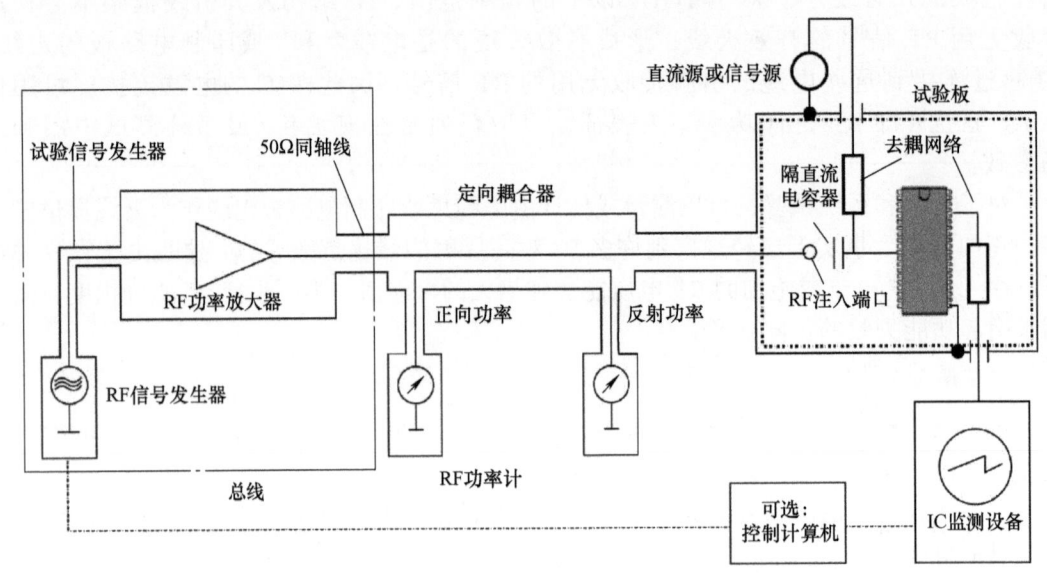

图 4-1-21 直接注入试验配置

（2）从规定的最大正向功率电平开始注入，然后逐步减小到出现正确的功能或达到最小的正向功率电平。这主要用于抗扰度较高的 EUT，可以减小总的试验时间。

4.2 移动通信 EMC 检测技术

4.2.1 概述

移动通信的历史可以追溯到 20 世纪初，起源于人类开始探索无线电波的传输和接收技术。之后几十年，移动通信技术不断发展，经历了多个阶段，发生了革命性的进步，也给人们的生活和社会带来了颠覆性的改变。移动通信的实现离不开通信系统和通信产品。随着通信技术的发展，通信系统和通信产品也在不断更迭。

4.2.1.1 移动通信系统

移动通信从第一代移动通信技术（1G）时代开始。美国摩托罗拉作为 1G 的发明者，顺理成章地主宰了所谓的 1G 时代。1G 是以模拟技术为基础的蜂窝系统，实现了无线的语音通话，但是网络容量较低、保密性差且信号不稳定，导致通话质量差。

随着 20 世纪 80 年代大规模集成电路（LSI）和数字信号技术的逐渐成熟，移动通信从基于模拟技术的 1G 发展为基于数字技术的第二代移动通信技术（2G）。欧洲为了摆脱 1G 时代美国的垄断局面，在 2G 时代，由欧洲电信标准协会（ETSI）的前身欧洲邮政电信管理会议（CEPT）成立了移动特别行动小组（Groupe Speciale Mobile）来研制通信标准，最终推出了以时分多址（TDMA）技术为代表的全球移动通信系统（GSM），成为 2G 的代表。美国也推出了基于码分多址（CDMA）的 IS-95 CDMA 技术，在 2G 市场上占有一席之地。

第三代移动通信技术（3G）将无线通信与互联网等通信技术进行结合，形成了一种不仅可以处理话音，还可以处理图像、音乐等各种数据形式的技术。此外它还支持室内、室外、慢速和高速移动状态下的稳定通信。3G 的核心技术是码分多址（CDMA）。其中占主导地位的三大标准分别为欧洲的宽带码分多址（WCDMA）、美国的 CDMA2000 和我国的时分同步码分多址（TD-SCDMA）。这三大标准都是基于 CDMA 技术的，而 CDMA 技术的专利却牢牢掌握在美国高通公司手中。为了摆脱技术垄断，我国加速了移动通信新技术的研发。

3G 在我国商用 4 年后，我国自主研发的第四代移动通信技术（4G）时分长期演进（TD-LTE）逐渐成为国际新一代无线通信的主流标准之一。4G 通过效率更高的频分多址（OFDMA）技术和多输入多输出（MIMO）技术使得频谱利用率大大提升。随着基础建设的完善，4G 不仅信号覆盖广泛，且能够传输高质量的视频图像、传输速度快、传输质量高。业务模式的创新，使得 4G 覆盖的人口激增，我国因人口基数庞大，也建成了全球规模最大的 4G 网络系统。

第五代移动通信技术（5G）将人类带入万物互联的时代。与 4G 相比，5G 不仅网络连接速度更快，还可以支持三大应用场景：增强移动宽带（eMBB）、超高可靠低时延通信（uRLLC）和海量机器类通信（mMTC）。5G 支持的三大应用场景概括了各行各业的使用需求；并且在相应的性能指标要求方面，如峰值速率、时延、连接数密度、频谱效率和流量密度等，都有质的提升。5G 通过万物互联，渗透到社会的各行各业，成为数字化、网络化和智能化转型的关键新基础设施。

2019 年，我国成立了 IMT-2030（6G）推进组，开启了全面布局 6G 愿景需求、关键技术、频谱规划、标准以及国际合作研究的新征程。6G 将实现地面无线与卫星通信集成的全连接世界。目前正是 6G 研发的关键阶段，各国和各主流厂商都已发布了 6G 相关白皮书，力争将新技术与现网融合，实现更为高效的移动网络。第一套 6G 技术规范预计将在 2030 年之前完成。

4.2.1.2 移动通信设备 EMC 标准

EMC 标准按照移动通信设备适用的标准可分为基础标准、通用标准、产品族标准、产品标准和系统间 EMC 标准。基础标准一般不涉及具体的测试产品。它规定了现象、环境特征、试验和测量方法、试验仪器和基本试验装置，如 IEC 61000-4-2：2008《电磁兼容性（EMC）第 4-2 部分：试验和测量技术静电放电抗扰度试验》、IEC 61000-4-3：2020《电磁兼容性（EMC）第 4-3 部分：试验和测量技术射频电磁场辐射扰度试验》。通用标准规定了一系列的标准化要求和试验方法，并指出这些方法和要求适用于何种环境。即，通用标准是对给定环境中所有产品的最低要求。如果某种产品没有产品（族）标准，则可以使用通用标准。通用标准将设备的使用环境分为两大类：工业环境和居住，商业及轻工业环境。对应的标准为 IEC 61000-6-1：2016《电磁兼容（EMC）第 6-1 部分：通用标准居住、商业和轻工业环境中的抗扰度》、IEC 61000-6-2：2016

《电磁兼容（EMC）第 6-2 部分：工业环境中的抗扰度》、IEC 61000-6-3：2020《电磁兼容（EMC）第 6-3 部分：通用标准居住、商业和轻工业环境中的发射》和 IEC 61000-6-4：2018《电磁兼容（EMC）第 6-4 部分：通用标准工业环境中的发射》。产品族标准是针对信息技术设备规定的特殊的 EMC 要求及测量程序，产品族标准不会像基础标准那样规定一般的测试方法，但比通用标准包含更多的特殊性和详细的规范，并增加了测试项目与测试具体要求，如 GB/T 9254.1—2021《信息技术设备、多媒体设备和接收机 电磁兼容 第 1 部分：发射要求》、GB/T 9254.2—2021《信息技术设备、多媒体设备和接收机 电磁兼容 第 2 部分：抗扰度要求》。产品标准测试规定了产品应满足的要求以确保其适用性的标准。产品标准对 EMC 的要求更加明确，会增加针对该类产品测试时的工作状态的要求及抗扰度的性能判据，试验方法通常参照相应基础标准进行。例如，YD/T 2583 系列标准规定了每一代不同制式的移动通信设备的 EMC 要求：YD/T 2583.13—2013《蜂窝式移动通信设备电磁兼容性要求和测量方法 第 13 部分：LTE 基站及其辅助设备》、YD/T 2583.14—2013《蜂窝式移动通信设备电磁兼容性要求和测量方法 第 14 部分：LTE 用户设备及其辅助设备》、YD/T 2583.17—2019《蜂窝式移动通信设备电磁兼容性能要求和测量方法 第 17 部分：5G 基站及其辅助设备》和 YD/T 2583.18—2024《蜂窝式移动通信设备电磁兼容性要求和测量方法 第 18 部分：5G 用户设备和辅助设备》。系统间 EMC 标准主要规定了经过协调的不同系统间的 EMC 要求。对于移动通信设备的 EMC 测试，需要重点关注产品标准以及产品标准引用的其他通用标准和基础标准，同时还需关注各个认证机构指定的测试标准。

4.2.2 移动通信设备的 EMC 测试要求

4.2.2.1 5G 用户设备

随着通信技术的快速发展及 5G 的商用，蜂窝移动通信技术的频谱情况更为复杂，相应的 EMC 问题也更为复杂。因此，对 5G 用户设备进行 EMC 测试验证具有十分重要的意义。5G 用户设备按移动性可主要分为固定设备、车载设备和便携设备。被测的 5G 用户设备与外部电磁环境的特定端口示意图如图 4-2-1 所示，包括壳体端口、交流电源端口、直流电源端口、信号/控制端口、天线端口、有线网络端口和接地端口。

图 4-2-1 被测的 5G 用户设备与外部电磁环境的特定端口示意图

5G 用户设备骚扰试验项目见表 4-2-1。

表 4-2-1 5G 用户设备骚扰试验项目

试验项目	适用端口	5G 用户设备及其辅助设备 固定	车载	便携
辐射杂散骚扰	壳体端口	适用	适用	适用
辐射骚扰	辅助设备的壳体端口	适用	适用	适用
传导骚扰	直流电源输入/输出端口	适用	适用	不适用
传导骚扰	交流电源输入/输出端口	适用	不适用	不适用
传导骚扰	有线网络端口	适用	适用	适用
谐波电流	交流电源输入端口	适用	不适用	不适用
电压变化、电压波动和闪烁	交流电源输入端口	适用	不适用	不适用
瞬态传导骚扰（车载环境）	直流电源输入/输出端口	不适用	适用	不适用

5G 用户设备抗扰度试验项目见表 4-2-2。

表 4-2-2 5G 用户设备抗扰度试验项目

试验项目	适用端口	5G 用户设备及其辅助设备 固定	车载	便携
静电放电抗扰度	壳体端口	适用	适用	适用
射频电磁场辐射抗扰度	壳体端口	适用	适用	适用
电快速瞬变脉冲群抗扰度	信号/控制端口、有线网络端口、直流或交流电源端口	适用	不适用	不适用
浪涌（冲击）抗扰度	有线网络端口、直流或交流电源端口	适用	不适用	不适用
射频场感应的传导骚扰抗扰度	信号/控制端口、有线网络端口、直流或交流电源端口	适用	适用	适用
工频磁场抗扰度	壳体端口	适用	适用	适用
电压暂降、短时中断和电压变化的抗扰度	直流或交流电源输入端口	适用	不适用	不适用
瞬变与浪涌抗扰度（车载环境）	直流电源输入端口	不适用	适用	不适用

　　5G 用户设备的 EMC 测试应在制造厂商规定的设备正常工作条件下进行。射频输出功率应为最大额定输出功率，试验配置应接近实际使用的典型情况。EUT 的端口在与辅助设备或延长电缆连接时，应确保这些操作不会影响测试评估。EUT 应在每一种工作模式下分别进行试验。EUT 应尽量放置在试验区域外，如果放置在试验区域内则不能影响测试结果。在进行测试时 EUT 应与基站模拟器建立通信连接。在条件允许时，EUT 的发信机部分和收信机部分的试验可同时进行。抗扰度试验需要在业务模式和空闲模式下进行。在测量时应特别注意骚扰信号对测量设备的影响。不同于前几代的通信系统，5G 将工作频率范围（FR）分成 FR1 和 FR2 两段（见表 4-2-3），对于不同的工作频段，EMC 测量条件有所不同。

表 4-2-3　5G 通信设备工作频率范围

名称	频率范围 /MHz
FR1	410 ～ 7125
FR2-1	24250 ～ 52600
FR2-2	52600 ～ 71000

4.2.2.2　5G 系统设备

通信系统级设备同样需要通过 EMC 测试来保证满足 EMC 要求。5G 系统设备包括 5G 数字移动通信系统基站设备、辅助射频放大器、中继器及其辅助设备。基站设备通常是固定位置的无线通信设备。设备可以通过交流电源网直接或间接供电，或者由本地直流电源网延伸供电。单机箱基站和多机箱基站的示意图如图 4-2-2 和图 4-2-3 所示。

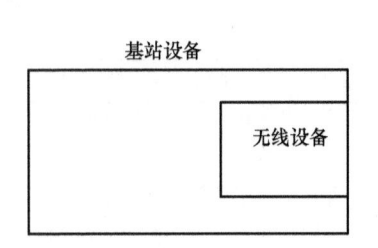

图 4-2-2　单机箱基站示意图　　　　图 4-2-3　多机箱基站示意图

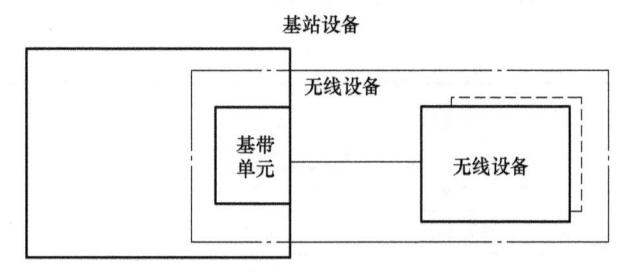

被测的 5G 系统设备与外部电磁环境之间的特定端口示意图如图 4-2-4 所示，包括壳体端口、光纤端口、交流电源端口、直流电源端口、有线网络端口、信号/控制端口、接地端口和天线端口。

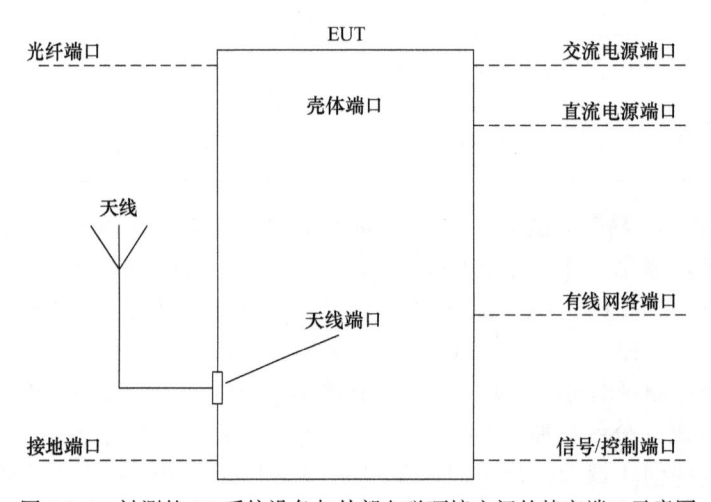

图 4-2-4　被测的 5G 系统设备与外部电磁环境之间的特定端口示意图

5G 系统设备骚扰试验项目见表 4-2-4。

表 4-2-4 5G 系统设备骚扰试验项目

试验项目	适用端口	适用设备
辐射杂散发射	壳体端口	基站设备、中继器及辅助射频放大器
辐射骚扰	壳体端口	基站设备、中继器、辅助射频放大器的非射频部分及辅助设备（注）
传导骚扰	直流电源输入/输出端口	基站设备、中继器、辅助射频放大器及辅助设备
	交流电源输入/输出端口	基站设备、中继器、辅助射频放大器及辅助设备
	有线网络端口	基站设备、中继器、辅助射频放大器及辅助设备
谐波电流	交流电源输入端口	基站设备、中继器、辅助射频放大器及辅助设备
电压波动和闪烁	交流电源输入端口	基站设备、中继器、辅助射频放大器及辅助设备
瞬态传导骚扰（车载环境）	直流电源输入/输出端口	基站设备、中继器、辅助射频放大器及辅助设备（车载）

注：如果基站设备和辅助设备不能分离，则不适用。

5G 系统设备抗扰度试验项目见表 4-2-5。

表 4-2-5 5G 系统设备抗扰度试验项目

试验项目	适用端口	适用设备
静电放电抗扰度	壳体端口	基站设备、中继器、辅助射频放大器及辅助设备
射频电磁场辐射抗扰度	壳体端口	基站设备、中继器、辅助射频放大器及辅助设备
电快速瞬变脉冲群抗扰度	有线网络端口、信号/控制端口，交流电源输入/输出端口、直流电源输入/输出端口	基站设备、中继器、辅助射频放大器及辅助设备
浪涌（冲击）抗扰度	有线网络端口、信号/控制端口，交流电源输入/输出端口、直流电源输入/输出端口	基站设备、中继器、辅助射频放大器及辅助设备
射频场感应的传导骚扰抗扰度	有线网络端口、信号/控制端口，交流电源输入/输出端口、直流电源输入/输出端口	基站设备、中继器、辅助射频放大器及辅助设备
工频磁场抗扰度	壳体端口	基站设备、中继器、辅助射频放大器及辅助设备
电压变化、电压暂降和短时中断抗扰度	直流或交流电源输入端口	基站设备、中继器、辅助射频放大器及辅助设备
瞬变与浪涌（车载环境）	直流电源输入端口	基站设备、中继器、辅助射频放大器及辅助设备

5G 系统设备的 EMC 试验应在制造厂商规定的设备正常工作条件下进行。无论被测系统设备是否需要特殊的软件或试验夹具连接到主机设备，试验布置都应尽可能接近正常或典型的实际运行状态，且设备的布线应与实际使用时一致。如果制造厂商规定 EUT 应安装在支架内或机箱内，除非另有说明，测试时 EUT 应按照说明书或安装手册声明的方式安装，并且所有的盖板及接线板应按照正常运行放置。对于单载波基站，每一个工作频段的载波配置都应使用产品宣称的最小信道带宽和最小子载波间隔。对于多载波基站，需要按照产品标准的规定对基站进行配置。在进行骚扰测量时，EUT 应正常工作，且在最

大发射功率。在进行抗扰度试验时，EUT 正常调制，且与终端模拟器建立通信链路。对于天线可分离的基站，收信机有用信号电平应在参考灵敏度以上 15dB。对于天线不可分离的基站，需要采用在整个通道吞吐量下降至 95% 临界点时对应的外部信号源输出电平的基础上回退 15dB。不同类型基站或中继器在测试中的实际配置有所不同，需要具体类型具体配置。

4.2.2.3 S 波段卫星通信终端

卫星通信是指，地球上两个或多个地球站利用人造通信卫星作为中继站，来转发或反射无线电波，在地球站之间进行的通信方式。卫星移动通信系统主要面向个人及数据采集等小型用户终端，与卫星宽带通信相比，其传输带宽相对较窄。移动卫星通信系统的组成如图 4-2-5 所示，包括空间段、地面段和用户段。地面段又包括地面主站、网络控制中心和卫星控制中心。用户段的小型终端包括个人手持机、车载、机载、船载等形式。

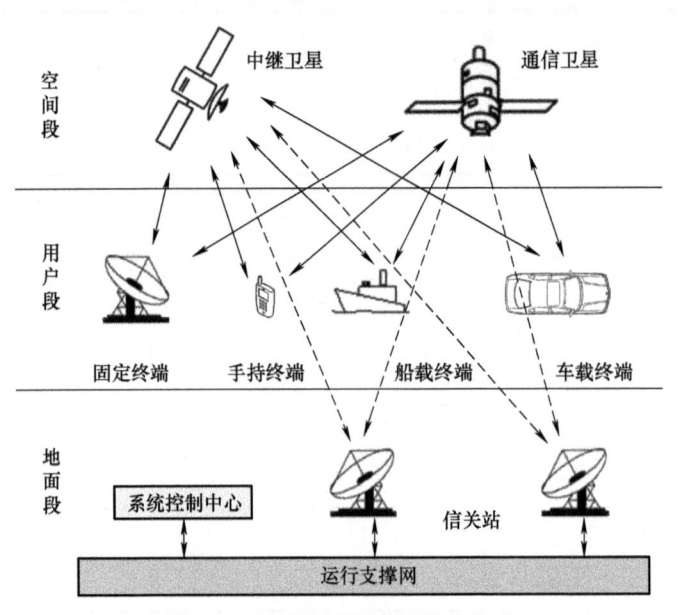

图 4-2-5　移动卫星通信系统的组成

国际电信联盟是负责规划、管理和监督全球空间业务资源的机构。频谱资源是空间各项业务开展的基础。国际电信联盟发布《无线电规则》来对频谱资源进行划分（见表 4-2-6），以规范空间各项业务的频率兼容。

表 4-2-6　国际电信联盟对频谱资源的划分

频段	频率范围	使用情况
L	1～2GHz	资源紧缺，主要用于地面移动通信、卫星定位、卫星移动通信及卫星测控等业务
S	2～4GHz	资源紧缺，主要用于雷达、卫星定位、地面移动、卫星移动通信及卫星测控等业务
C	4～8GHz	近乎饱和，主要用于雷达、地面移动、卫星通信等业务
X	8～10GHz	主要用于雷达、地面通信和卫星通信等业务

(续)

频段	频率范围	使用情况
Ku	10～14GHz	已饱和，主要用于卫星通信和卫星电视直播等业务
Ka	18～30GHz	主要用于卫星通信、地面移动、星间通信等业务
Q	37～52GHz	进入商业卫星通信领域
太赫兹	0.1～10THz	正在研发

表 4-2-6 所示的卫星通信主要使用的频段资源都十分紧俏。传统的 30GHz 以下的频谱资源已经不能支持快速上涨的使用需求，目前正在探索利用太赫兹频段的大带宽。Ku 和 C 波段是卫星通信中固定卫星通信使用的主要波段。其中，卫星电视和广播的主要波段为 Ku 波段，而移动卫星通信的主要波段则是 L 波段。国外主要使用的卫星移动通信系统包括海事卫星（INMARSAT）、欧星（Thuraya）、铱星（Iridium）、全球星、Sky Terra 卫星系统。其中，海事卫星、欧星、铱星以及 Sky Terra 卫星系统使用的都是 L 波段；而全球星系统上行是 L 波段，下行是 S 波段。之后的数年 L 波段的使用不断增加，必然造成 L 波段资源的紧缺。所以说，可以用作卫星移动通信的频谱资源是十分有限的。从卫星通信系统的发展演化来也可以看出，国内外对新的频谱资源越来越重视，对其应用也必然越来越广泛。随着我国天通一号卫星的发射成功，该 S 波段的卫星通信系统使我国在空间资源的争取和拥有上具有了极大优势。

近年来，我国卫星通信快速发展，支持 S 波段卫星通信的终端也越来越丰富。为了其解决 EMC 问题，需要对 S 波段卫星通信终端用户设备及其辅助设备（包括用于语音通信和/或数据通信的 S 波段卫星通信设备，如天通一号卫星电话和卫星终端、下行使用 S 波段的北斗卫星终端、使用 S 波段的其他卫星电话和卫星终端等设备）的 EMC 要求进行规定。被测的卫星终端设备与外部电磁环境的特定端口示意图与图 4-2-4 所示的示意图相同，包括壳体端口、光纤端口、交流电源端口、直流电源端口、有线网络端口、信号/控制端口、接地端口和天线端口。

S 波段卫星终端设备骚扰试验项目见表 4-2-7。

表 4-2-7 S 波段卫星终端设备骚扰试验项目

试验项目	适用端口	S 波段卫星通信终端及其辅助设备 固定	车载	便携
辐射杂散骚扰	壳体端口	适用	适用	适用
辐射骚扰	辅助设备的壳体端口	适用	适用	适用
传导骚扰	有线网络端口	适用	适用	不适用
传导骚扰	直流电源输入/输出端口	适用	适用	不适用
传导骚扰	交流电源输入/输出端口	适用	不适用	不适用
谐波电流	交流电源输入端口	适用	不适用	不适用
电压波动和闪烁	交流电源输入端口	适用	不适用	不适用
瞬态传导骚扰	直流电源输入/输出端口	不适用	适用	不适用

S 波段卫星终端设备抗扰度试验项目见表 4-2-8。

表 4-2-8　S 波段卫星终端设备抗扰度试验项目

试验项目	适用端口	卫星通信终端及其辅助设备		
		固定	车载	便携
静电放电抗扰度	壳体端口	适用	适用	适用
射频电磁场辐射抗扰度	壳体端口	适用	适用	适用
电快速瞬变脉冲群抗扰度	有线网络端口、信号/控制端口、直流或交流电源输入端口	适用	不适用	不适用
浪涌（冲击）抗扰度	有线网络端口、直流或交流电源输入端口	适用	不适用	不适用
射频场感应的传导骚扰	有线网络端口、信号/控制端口、直流或交流电源输入端口	适用	适用	不适用
工频磁场抗扰度	壳体端口	适用	适用	适用
电压变化、电压暂降和短时中断	直流或交流电源输入端口	适用	不适用	不适用
瞬变与浪涌（车载环境）	直流电源输入端口	不适用	适用	不适用

与 5G 终端 EMC 测试相似，S 波段卫星终端在试验配置时应尽可能接近其真实使用时的典型情况。EUT 的端口在与辅助设备或延长电缆连接时，应确保这些操作不会影响测试结果。辅助设备等最好放置在试验区域外，放置在区域内的辅助设备不应影响测试结果。在试验时，应使用卫星终端测试仪与被测设备建立通信连接，且利用传输质量测试设备来评估卫星终端的传输质量。其中，传输质量可能包括音频信号、误码率、报文吞吐量等。

4.2.3　移动通信设备的骚扰测量

4.2.3.1　辐射骚扰

辐射骚扰主要测试 EUT 或系统在正常工作时自身对外界发出的辐射发射强度，包括来自电路板、机箱、电缆及连接线等所有部件的辐射骚扰。与前几代通信设备相比，无论是终端还是基站，用于辐射骚扰测量的主要试验设备和设施都没有较大的变化，包括 EMI 接收机、天线、不同尺寸的电波暗室等。这些仪器仪表和暗室场地都需要通过校准和场地验证。试验方法按照测量频段的不同稍有不同。30MHz～1GHz 的辐射骚扰测量通常在 10m 或 3m 的场地进行，而 1GHz 以上的辐射骚扰宜在 3m 的全电波暗室展开。

接下来以 5G 终端为例，介绍 1GHz 以上频段的辐射骚扰测量方法。1GHz 以上辐射骚扰测量场地布置示意图如图 4-2-6 所示，台式设备放置在离地面 80cm 高的转台上，转台可 360° 旋转，接收天线在 1～4m 高度范围内升降。转台的旋转和天线塔的升降都是为了能寻找到被测设备发出的最大辐射值。台式设备可直接放置测试台桌面上；落地式设备可直接放置在转台上，但需要用 10cm 高的绝缘支架与转台地面隔开。组合式设备需要满足台式和落地式对应的布置要求。接收天线水平极化和垂直极化两种状态都需要进行测试。此外，EUT 的电源线和电缆等需要按照对应的标准要求捆扎。

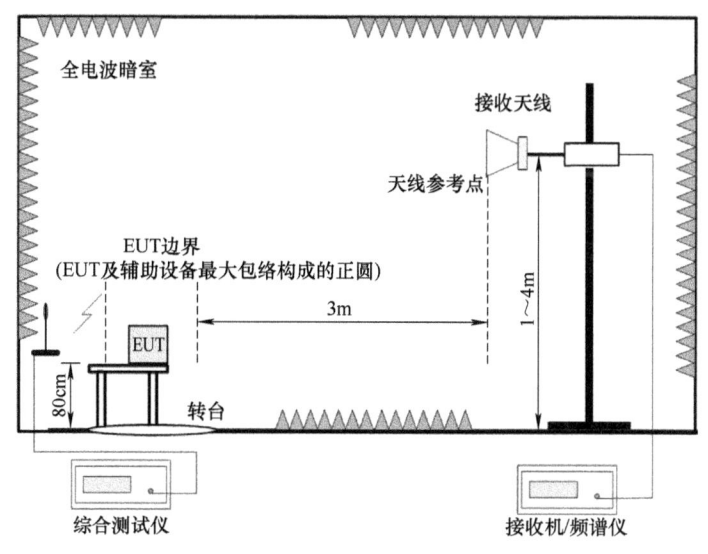

图 4-2-6 1GHz 以上辐射骚扰测量场地布置示意图

5G 移动终端和 S 波段卫星终端的辐射骚扰限值见表 4-2-9 和表 4-2-10。其中，S 波段卫星终端的限值根据最新的通信行业标准 YD/T 1312.21—2024《无线通信设备电磁兼容性要求和测量方法 第 21 部分：S 波段卫星通信终端及其辅助设备》，只适用于开阔场或半电波暗室对应的限值。

表 4-2-9 辐射骚扰限值（30MHz～1GHz）

频率范围 /MHz	测量场地	测量距离 /m	检波器类型	限值 /[dB（μV/m）]
30～230	开阔场或半电波暗室	10	准峰值	30
230～1000				37
30～230	开阔场或半电波暗室	3	准峰值	40
230～1000				47
30～230	全电波暗室	10	准峰值	32～25
230～1000				32
30～230	全电波暗室	3	准峰值	42～35
230～1000				42

注：在过渡频率处（230MHz）应采用较严格的限值。

表 4-2-10 辐射骚扰限值（1～6GHz，测量距离为 3m）

频率范围 /GHz	测量场地	测量距离 /m	检波器类型	限值 /[dB（μV/m）]
1～3	地面铺设吸波材料的开阔场或地面铺设吸波材料的半电波暗室或全电波暗室	3	平均值	50
3～6				54
1～3		3	峰值	70
3～6				74

注：在过渡频率处（3GHz）应采用较严格的限值。

5G系统级设备的测试方法与终端相类似。但限值需要按照其所在的电磁环境进行区分。具体的电磁环境分为电信中心和非电信中心。

（1）电信中心指具有以下特征的电磁环境：在地域内的供电采用48V直流供电或50Hz 220/380V交流供电。必须确保直流供电的负载很少开关。内部的交流电缆必须同直流电缆和信号线缆保持一定的距离以避免互耦合。直流电缆和信号线间不需要保护距离。电缆支架应使用接地的金属支架。必须采取一定的防静电措施，如采用防静电地板，并制定操作和维护设备的导则（如使用防静电环、静电防护鞋）。必须与大功率广播发射机保持一定的距离。可以允许无线发射机的存在，但必须采取相应的措施限制向空间发射电磁场。必须限制无线移动设备在电信中心的使用。

（2）非电信中心指的是设备不在电信中心内运行的地点，如在无保护措施的本地远端局站、商业区、办公室内，以及用户室内和街道等。

两种环境下的辐射骚扰限值见表4-2-11～表4-2-14。

表4-2-11　电信中心以及工业环境设备机箱端口的辐射骚扰限值

频率范围/MHz	准峰值（测量距离为10m）/[dB（μV/m）]	准峰值（测量距离为3m）/[dB（μV/m）]
30～230	40	50
230～1000	47	57

注：在过渡频率处（230MHz）应采用较严格的限值。

表4-2-12　非电信中心设备机箱端口的辐射骚扰限值

频率范围/MHz	准峰值（测量距离为10m）/[dB（μV/m）]	准峰值（测量距离为3m）/[dB（μV/m）]
30～230	30	40
230～1000	37	47

注：在过渡频率处（230MHz）应采用较低的限值。

表4-2-13　电信中心以及工业环境设备机箱端口的辐射骚扰限值

频率范围/GHz	平均值限值/[dB（μV/m）]	峰值限值/[dB（μV/m）]
1～3	56	76
3～6	60	80

注：在过渡频率处（3GHz）应采用较低的限值。

表4-2-14　非电信中心机箱端口的辐射骚扰限值

频率范围/GHz	平均值限值/[dB（μV/m）]	峰值限值/[dB（μV/m）]
1～3	50	70
3～6	54	74

注：在过渡频率处（3GHz）应采用较低的限值。

4.2.3.2　传导骚扰

传导骚扰是指，电子、电气设备或系统内部的电压或电流通过信号线、电源线或地线传输出去而成为其他电子、电气设备或系统干扰源的一种电磁现象。通过定义可知传导骚扰的传播途径主要是各种线路。如果接入同一个电网的所有电子设备都会发出较大的骚扰信号，那么整个电网的质量就会大大降低。因此，需要通过试验测量的方式与相应设备的限值相比较来保证设备传导骚扰不会对其他设备产生干扰。传导骚扰的测量设备主要包括 EMI 接收机、线性阻抗稳定网络 [也称为人工电源网络（AMN）]。除了测量设备，传导骚扰还需要有接地平板，并且该接地平板至少要超出被测设备边界 0.5m。为了避免周围电磁环境对测试结果的影响，推荐在屏蔽室内进行传导骚扰测量。

以终端电源端口测试为例，测试时将 EUT 电源线连接至 AMN，AMN 通过 50Ω 同轴电缆连接至 EMI 接收机。AMN 的作用是首先将被测开关电源与电网上的高频干扰隔离开，然后将干扰电压耦合到接收机上，同时在射频范围内为 EUT 提供稳定的阻抗。在布置 EUT 时，需要特别注意，台式 EUT 需要放置在测试桌面的后边缘，且与屏蔽室金属侧墙（即垂直耦合板）之间间隔 0.4m，与 AMN 间隔 0.8m；落地式 EUT 必须与地面绝缘 10cm 以上。

5G 移动终端和 S 波段卫星终端的有线网络端口的传导骚扰限值见表 4-2-15。

表 4-2-15 5G 移动终端和 S 波段卫星终端的有线网络端口的传导骚扰限值

频率范围 /MHz	电压限值 /[dB（μV）]		电流限值 /[dB（μA）]	
	准峰值	平均值	准峰值	平均值
0.15～0.5	84～74	74～64	40～30	30～20
0.5～30	74	64	30	20

注：在 0.15～0.5MHz 的频率范围内，限值随频率的对数呈线性减小。

对于直流电源端口和交流电源端口，5G 移动终端和 S 波段卫星终端的传导骚扰限值有所不同，见表 4-2-16～表 4-2-19。

表 4-2-16 5G 移动终端直流电源端口传导骚扰限值

频率范围 /MHz	限值 /[dB（μV）]	
	平均值	准峰值
0.15～0.5	56～46	66～56
0.5～5	46	56
5～30	50	60

注：1. 在过渡频率处（0.5MHz 和 5MHz）应采用较严格的限值。
2. 在 0.15～0.5MHz 的频率范围内，限值随频率的对数呈线性减小。

表 4-2-17 5G 移动终端交流电源端口传导骚扰限值

频率范围 /MHz	限值 /[dB（μV）]	
	平均值	准峰值
0.15～0.5	56～46	66～56
0.5～5	46	56
5～30	50	60

注：1. 在过渡频率处（0.5MHz 和 5MHz）应采用较严格的限值。
2. 在 0.15～0.5MHz 的频率范围内，限值随频率的对数呈线性减小。

表 4-2-18 S 波段卫星终端直流电源端口和电信中心以及工业环境 5G 系统设备交流电源端口传导骚扰限值

频率范围 /MHz	准峰值 /[dB（μV）]	平均值 /[dB（μV）]
0.15～0.5	79	66
0.5～30	73	60

注：在过渡频率（0.50MHz）处应采用较严格的限值。

表 4-2-19 S 波段卫星终端和非电信中心 5G 系统设备交流电源端口传导骚扰限值

频率范围 /MHz	限值 /[dB（μV）]	
	准峰值	平均值
0.15～0.50	66～56	56～46
0.50～5	56	46
5～30	60	50

注：1. 在过渡频率处（0.50MHz 和 5MHz）应采用较严格的限值。
2. 在 0.15～0.50MHz 的频率范围内，限值随频率的对数呈线性减小。

对于 5G 系统设备，其直流电源端口的传导骚扰限值与 S 波段卫星终端相同，见表 4-2-18。交流电源端口的限值与设备所处的环境相关，电信中心以及工业环境中的交流电源端口限值与直流电源端口限值相同，非电信中心的交流电源端口的传导骚扰限值与 S 波段终端相同，见表 4-2-19。5G 系统设备的有线网络端口的传导共模（非对称）骚扰限值与设备所处的环境相关，见表 4-2-20 和表 4-2-21。

表 4-2-20 5G 系统设备电信中心以及工业环境有线网络端口传导共模（非对称）骚扰限值

频率范围 /MHz	电压限值 /[dB（μV）]		电流限值 /[dB（μA）]	
	准峰值	平均值	准峰值	平均值
0.15～0.5	97～87	84～74	53～43	40～30
0.5～30	87	74	43	30

注：1. 在 0.15～0.5MHz 的频率范围内，限值随频率呈对数线性减小。
2. 电流和电压的骚扰限值是在使用了规定阻抗的 AMN 的条件下导出的。该 AMN 相对于受试的信号和控制端口呈现 150Ω 的共模（非对称）阻抗（转换因子为 $20\log_{10}150=44\text{dB}$）。

表 4-2-21 5G 系统设备非电信中心有线网络端口传导共模（非对称）骚扰限值

频率范围 /MHz	电压限值 /[dB（μV）]		电流限值 /[dB（μA）]	
	准峰值	平均值	准峰值	平均值
0.15～0.5	84～74	74～64	40～30	30～20
0.5～30	74	64	30	20

注：1. 在 0.15～0.5MHz 的频率范围内，限值随频率呈对数线性减小。
2. 电流和电压的骚扰限值是在使用了规定阻抗的 AMN 的条件下导出的。该 AMN 相对于受试的信号和控制端口呈现 150Ω 的共模（非对称）阻抗（转换因子为 $20\log_{10}150=44\text{dB}$）。

4.2.3.3 辐射杂散

杂散发射是指设备产生或放大的通过设备机壳和电源、控制及音频线缆辐射的工作信道带外频率上的发射。杂散发射包含谐波发射、寄生发射和互调、变频产物。杂散发射的途径有很多种，天线、射频模块、电源线、天线附件元器件等都可能造成杂散发射。为了避免杂散发射影响工作频段发射的信号，必须对其进行严格规定。辐射杂散的测量设备包括EMI接收机或频谱仪、天线、滤波器组、低噪声放大器和全电波暗室。5G无线通信的FR2频段相比以往几代通信系统要高，对应的其谐波杂散覆盖的频段范围高达200GHz。因此，天线和频谱仪都需要覆盖到200GHz。

辐射杂散的测量方法有两种：替代法和预校准法。对于5G终端或系统，FR1频段的辐射杂散测试方法与传统无线通信设备的辐射杂散测试方法相同。FR2频段因其测试频段较高，通常采用替代法进行测试。图4-2-7所示为5G移动终端FR2频段辐射杂散测试场地布置。FR2频段较高，电波传播损耗较大，3m或10m的测试具体可能会使杂散信号到达接收机时幅度低于接收机的本底噪声，因此，在测试时可以适当采用更近的测试距离。测试必须在全电波暗室中进行，吸波材料确保良好的吸波性能。

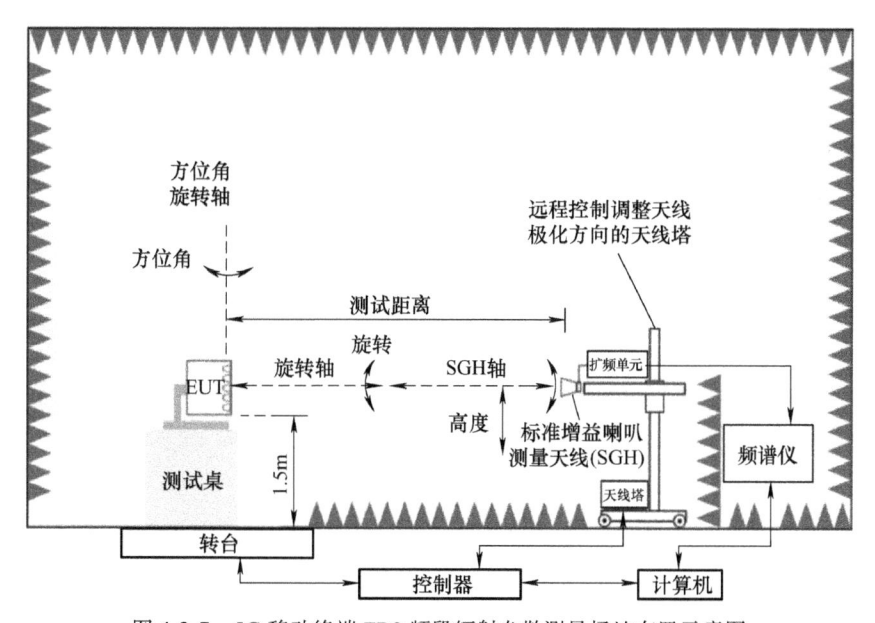

图 4-2-7　5G 移动终端 FR2 频段辐射杂散测量场地布置示意图

S波段卫星通信终端在进行辐射杂散测试时，测量的上限频率为EUT最高工作频率的10次谐波，但不高于40GHz。1GHz以下采用的分辨率带宽为100kHz，1GHz以上采用的为1MHz，视频带宽应至少为分辨率带宽的3倍。S波段卫星通信终端壳体端口的辐射杂散限值见表4-2-22。

表 4-2-22　S 波段卫星通信终端壳体端口的辐射杂散限值

频率范围	有效辐射功率（e.r.p.）电平（RMS 值）
30MHz～1GHz	-36dBm
>1GHz	-30dBm

5G 无线移动终端在进行辐射杂散测试时，在独立组网（SA）方式下，终端宜设置如下：

（1）信道带宽，为终端支持的信道带宽。FR1 设置为最小信道带宽；FR2 设置为最大信道带宽；

（2）信道，设置为终端支持频段的中间信道。

（3）子载波间隔，为终端支持的子载波间隔。FR1 设置为最小子载波间隔；FR2 设置为 120kHz。

（4）调制方式，FR1 设置为 CP-OFDM QPSK；FR2 设置为 DFT-s-OFDM QPSK；

（5）RB 数量，FR1 设置为 1@0；FR2 设置为 1@1。

在非独立组网（NSA）方式下，终端宜设置如下：

（1）信道带宽，E-UTRA（演进的通用移动通信系统陆地无线接入，也简写为 E-UTRAN）设置为 5MHz，NR 设置为终端支持的信道带宽，FR1 设置为最小信道带宽，FR2 设置为最大信道带宽。

（2）信道，E-UTRA 设置为中间信道，NR 设置为支持频段的中间信道。

（3）子载波间隔，E-UTRA 设置为 15kHz，NR 设置为终端支持的子载波间隔，FR1 设置为最小子载波间隔，FR2 设置为 120kHz。

（4）调制方式，E-UTRA 设置为 QPSK，NR、FR1 设置为 CP-OFDM QPSK，FR2 设置为 DFT-s-OFDM QPSK。

（5）RB 数量，E-UTRA 设置为 1@0，NR FR1 设置为 1@0，FR2 设置为 1@1。

（6）NSA 频段组合，需要选择实际使用时典型的频段进行组合。

（7）NSA 功率，FR1 设置为支持的最大功率减去 3dB，FR2 设置为支持的最大功率。

辐射杂散测量的限值，需要按照终端的工作模式进行分别规定，对于业务模式，FR1 和 FR2 的限值见表 4-2-23 和表 4-2-24；对于空闲模式，FR1 和 FR2 的限值见表 4-2-25 和表 4-2-26。

表 4-2-23　5G 终端壳体端口的辐射杂散限值——FR1，业务模式

频率范围	e.r.p. 电平
30MHz～1GHz	-36dBm
1GHz 至 12.75GHz 或 5 次谐波或 26GHz	-30dBm
$F_{UL\_l}-F_{OOB}<f<F_{UL\_h}+F_{OOB}$	不要求

注：1. 最大的测试频率为，12.75GHz 与被测设备工作频段上限频率的 5 次谐波的最大值且不大于 26GHz。
　　2. $F_{OOB}(MHz)=2\times BW_{Channel}(MHz)$。
　　3. 在过渡频率处应采取较严格限值。

第 4 章 新兴领域 EMC 检测技术

表 4-2-24 5G 终端壳体端口的辐射杂散限值——FR2，业务模式

频率范围	总辐射功率（TRP）电平
30MHz～1GHz	−36dBm
1～12.75GHz	−30dBm
12.75GHz 至 2 次谐波	−13dBm
$F_{UL\_l}-F_{OOB}<f<F_{UL\_h}+F_{OOB}$	不要求

注：1. 最大测试频率为被测设备工作频段上限频率的 2 次谐波。
2. $F_{OOB}(MHz)=2\times BW_{Channel}(MHz)$。
3. 在过渡频率处应采取较严格限值。
4. 对于 SA 方式，将测试等效全向辐射功率（e.i.r.p.）与限值进行比较，如果合格则判定测试结果合格；如超出限值，应将测试 TRP 与限值进行比较。
5. 对于 NSA 方式，E-UTRA 的限值为 e.i.r.p. 的限值。将 NR 测试 e.i.r.p. 与限值进行比较，如果合格则判定测试结果合格；如超出限值，将测试 TRP 与限值进行比较。

表 4-2-25 5G 终端壳体端口的辐射杂散限值——FR1，空闲模式

频率范围	e.r.p. 电平
30MHz～1GHz	−57dBm
1GHz 至 12.75GHz 或 5 次谐波或 26GHz	−47dBm

注：1. 最大测试频率为，12.75GHz 与被测设备工作频段的上限频率的 5 次谐波的最大值且不大于 26GHz。
2. 在过渡频率处应采取较严格限值。

表 4-2-26 5G 终端壳体端口的辐射杂散限值——FR2，空闲模式

频率范围	TRP 电平
30MHz～1GHz	−57dBm
1～12.75GHz	−47dBm
12.75GHz 至 2 次谐波	−47dBm

注：1. 最大测试频率为被测设备工作频段上限频率的 2 次谐波。
2. 在过渡频率处应采取较严格限值。
3. 对于 SA 方式，将测试 e.i.r.p. 与限值进行比较，如果合格则判定测试结果合格；如超出限值，将测试 TRP 与限值进行比较。
4. 对于 NSA 方式，E-UTRA 的限值为 e.i.r.p. 的限值。将 NR 测试 e.i.r.p. 与限值进行比较，如果合格则判定测试结果合格；如超出限值，将测试 TRP 与限值进行比较。

5G 系统设备根据基站类型的不同，辐射杂散的限值也有所不同。5G 基站的类型如下：

（1）1-C 类型。运行在 FR1 的 5G 基站，基站与其天线通过天线连接器连接。该类型基站在分离的天线连接器上满足传导性的射频要求。

（2）1-H 类型。运行在 FR1 的 5G 基站，基站与其天线是一体化的，一体化天线通过多个阵列边界连接器与基站连接。该类型基站，在可分离的阵列边界连接器满足传导性的射频要求，在无线接口边界上满足相应 OTA 的射频要求。

（3）1-O 类型。运行在 FR1 的 5G 基站，基站与其天线是一体化的，天线不可拆卸。该类型基站仅在无线接口边界上满足 OTA 的射频要求。

（4）2-O 类型。运行在 FR2 的 5G 基站，基站与其天线是一体化的，天线不可拆卸。该类型基站仅在无线接口边界上满足 OTA 的射频要求。

对于 1-C 类型与 1-H 类型的基站，在测量时天线输出端口应接 50Ω 匹配负载，辐射杂散限值见表 4-2-27，表中给出了测量接收机的分辨率带宽。其免测频段最大偏移量见表 4-2-28～表 4-2-30。对于 1-O 类型和 2-O 类型，辐射杂散限值见表 4-2-31 和表 4-2-32，表中给出了测量接收机的分辨率带宽。表 4-2-32 所示的频率步进见表 4-2-33。1-O 类型与 2-O 类型基站下行工作频段的辐射杂散免测频段最大偏移量见表 4-2-34。

表 4-2-27　1-C 类型与 1-H 类型基站机箱端口的辐射杂散限值

频率范围	分辨率带宽	限值（功率 dBm，RMS 值）
30MHz～1GHz	100kHz	−36dBm
1～12.75GHz	1MHz	−30dBm
12.75GHz 至 5 次谐波最高下行频率（最高不超高 26GHz）	1MHz	−30dBm
$F_{DL\_l}-F_{OOB}<f<F_{DL\_h}+F_{OOB}$	不要求	不要求

注：对于多频段运行的基站，所有的工作频段应分别计算免测频段。

表 4-2-28　1-C 类型与 1-H 类型基站下行工作频段的辐射杂散免测频段最大偏移量

基站类型	下行工作频段特性	F_{OOB}/MHz
1-H 类型基站	$F_{DL\_h}-F_{DL\_l}<100MHz$	10
	$100MHz \leqslant F_{DL\_h}-F_{DL,l} \leqslant 900MHz$	40
1-C 类型基站	$F_{DL\_h}-F_{DL,l} \leqslant 200MHz$	10
	$200MHz < F_{DL\_h}-F_{DL,l} \leqslant 900MHz$	40

表 4-2-29　n46、n96、n102 下行工作频段的辐射杂散免测频段最大偏移量

下行工作频段	F_{OOB}/MHz
n46, n102	40
n96	50

表 4-2-30　n104 下行工作频段的辐射杂散免测频段最大偏移量

基站类型	下行工作频段	F_{OOB}/MHz
1-H 类型基站	n104	100
1-C 类型基站	n104	40

表 4-2-31　1-O 类型基站机箱端口的辐射杂散限值

频率范围	分辨率带宽	限值（RMS 值）
30MHz ~ 1GHz	100kHz	−36dBm
1 ~ 12.75GHz	1MHz	−30dBm
12.75GHz 至 5 次谐波最高下行频率（最高不超高 26GHz）	1MHz	−13dBm
$F_{DL\_l}-F_{OOB}<f<F_{DL\_h}+F_{OOB}$	不要求	不要求

注：对于多频段运行的基站，所有的工作频段应分别计算免测频段。

表 4-2-32　2-O 类型基站机箱端口的辐射杂散限值

频率范围	分辨率带宽	限值（RMS 值）
30MHz ~ 1GHz	100kHz	−36dBm
1 ~ 18GHz	1MHz	−30dBm
18GHz ~ $F_{step,1}$	10MHz	−20dBm
$F_{step,1}$ ~ $F_{step,2}$	10MHz	−15dBm
$F_{step,2}$ ~ $F_{step,3}$	10MHz	−10dBm
$F_{step,4}$ ~ $F_{step,5}$	10MHz	−10dBm
$F_{step,5}$ ~ $F_{step,6}$	10MHz	−15dBm
$F_{step,6}$ 至最高发射频率的 2 次谐波或 60GHz（两者之间的较小值）	10MHz	−20dBm
$F_{DL\_l}-F_{OOB}<f<F_{DL\_h}+F_{OOB}$	不要求	不要求

注：对于多频段运行的基站，所有的工作频段应分别计算免测频段。

表 4-2-33　2-O 类型基站机箱端口的辐射杂散限值所定义的频率步进

频段	$F_{step,1}$/GHz	$F_{step,2}$/GHz	$F_{step,3}$/GHz	$F_{step,4}$/GHz	$F_{step,5}$/GHz	$F_{step,6}$/GHz
n257	18	23.5	25	31	32.5	41.5
n258	18	21	22.75	29	30.75	40.5
n259	23.5	35.5	38	45	47.5	59.5

表 4-2-34　1-O 类型与 2-O 类型基站下行工作频段的辐射杂散免测频段最大偏移量

基站类型	下行工作频段特性	F_{OOB}/MHz
1-O 基站	$F_{DL\_h}-F_{DL\_l}<100MHz$	10
1-O 基站	$100MHz \leqslant F_{DL\_h}-F_{DL\_l} \leqslant 900MHz$	40
1-O 基站	n104	100
2-O 基站	$F_{DL\_h}-F_{DL\_l} \leqslant 4000MHz$	1500

4.2.3.4　谐波电流

　　为通信产品供电的电网系统的电压波形为正弦波，当设备含有非线性元件时，输入的电压正弦波经过非线性元件后会发生畸变，电流波形也随之畸变。畸变的电流波形分解成基波和各次谐波分量，谐波分量经电源线注入到供电网络，即形成了谐波电流。供电网络中的谐波电流指的是频率为供电网络基波频率整数倍的正弦波分量。若谐波频率为基波频率的 N 倍，则此谐波成为 N 次谐波。谐波电流会对同一电网中的其他设备形成干扰，还可能缩短设备本身的使用寿命。因此需要对接入公共供电网的通信设备进行规范。谐波电流测量中使用到的设备有，试验电源（纯净供电电源）、谐波分析仪、电流取样传感器等。

谐波电流限值通过确定被测设备的类别进行规定。A 类为一般家用电器、三相设备、音频设备等；B 类为便携式工具等；C 类为照明设备等；D 类为个人计算机等。5G 终端设备、S 波段卫星终端设备和 5G 系统设备为 A 类设备，使用表 4-2-35 所示的 A 类设备限值。需要注意的是，对于 S 波段卫星终端设备和 5G 系统设备，只有每相输入电流小于等于 16A 的才可使用表 4-2-35 所示的限值；当每相输入电流大于 16A 时，需要另行参照系列国家标准 GB/Z 17625.6。

表 4-2-35　A 类设备限值（GB 17625.1—2022）

谐波次数 n	最大允许谐波电流 /A
奇次谐波	
3	2.30
5	1.14
7	0.77
9	0.40
11	0.33
13	0.21
$15 \leqslant n \leqslant 39$	$0.15 \times 15/n$
偶次谐波	
2	1.08
4	0.43
6	0.30
$8 \leqslant n \leqslant 40$	$0.23 \times 8/n$

4.2.3.5　电压波动和闪烁

设备工作时引起的电网电压在短时间内出现的大幅度波动现象称为电压波动。闪烁为电压波动的一种特殊情况。在商业和居住环境中，电压波动会造成照明灯闪烁，对环境产生影响，因此需要对其进行测试。相关的主要测量设备包括纯净电源和闪烁计等。电压波动和闪烁的测量方法有直接测量法、模拟法和解析法。

5G 终端设备、S 波段卫星终端设备和 5G 系统设备均使用表 4-2-36 所示的限值。需要注意的是，对于 S 波段卫星终端设备和 5G 系统设备，只有每相输入电流小于等于 16A 的才可使用表 4-2-36 所示的限值；当每相输入电流大于 16A 时，需要另行参照系列国家标准 GB/Z 17625.3。

表 4-2-36　电压波动和闪烁限值要求

电压波动	限值
电压变化期间 $d(t)$ 超过 3.3% 的时间	≤500ms
相对稳态电压变化 d_c	≤3.3%
最大相对电压变化 d_{max}	≤4%
闪烁	限值
短期闪烁 P_{st}	1.0
长期闪烁 P_{lt}	0.65

4.2.3.6　瞬态传导骚扰

瞬态传导骚扰主要存在于车载设备领域。车辆点火系统、整流器系统等发出的电磁骚扰可能导致其他设备功能下降或损坏。因此，需要对车载设备的电瞬变传导骚扰发射大小进行限制。相关的主要的测量设备包括示波器、电压探头、人工网络和电源等。测量需要在屏蔽室中进行。测量时所有设备应保持间隔距离并使用非导电材料等隔离。5G 终端设备、S 波段卫星终端设备和 5G 系统设备均使用表 4-2-37 所示的限值。

表 4-2-37　车载环境的 DC 电源端口瞬态传导骚扰

脉冲极性	限值 /V	
	12V 系统	24V 系统
正慢脉冲（毫秒范围或更慢）	+75	+75
负慢脉冲（毫秒范围或更慢）	−100	−200
正快脉冲（微秒至纳秒范围）	+100	+200
负快脉冲（微秒至纳秒范围）	−150	−200

4.2.4　移动通信设备的抗扰度试验

移动通信设备抗扰度试验的目的是验证设备，在受到传导和辐射电磁骚扰时，能承受相应骚扰而不会出现性能降低或损坏的能力。本节针对移动通信设备的抗扰度试验项目和试验等级进行详细介绍。

4.2.4.1　性能判据

移动通信设备类型繁多，为了对 EUT 的抗干扰性能进行评价，在进行试验之前，需要首先确定性能判据。即，EUT 在试验过程中和试验结束后，其性能出现何种变化是合格的，何种变化是不合格的。移动通信类设备应分别在业务模式和空闲模式下进行试验。特别当被测终端设备（即 EUT）带有语音功能时，需要利用音频校准和音频突破测量结果判定其语音功能是否合格；而对于 5G 终端，在抗扰度性能评估时会用到 EUT 的吞吐量测试。因此，在性能判据之前，先介绍两种测量方法。

1. 音频突破测量方法

在音频突破测试之前，需要对音频链路进行校准，校准布置示意图如图 4-2-8 所示。

这里需要记录上行链路语音输出信号的参考电平。校准时，音频分析仪应使用最大保持的检波方式测量语音输出信号的参考电平，从而可以在噪声和回声抵消算法生效前测出语音输出信号的参考电平。

（1）下行链路校准。此时，不使用 EUT。调整 1kHz 音频信号源的输出，使其在耳参考点（ERP，为下行链路的声音耦合器，即图 4-2-8 所示的声波管）输入的 SPL 为 0dBPa，此时记录的音频分析仪的读数做为下行链路语音输出信号的参考电平。对于免提中使用了外部扩音器的设备，外部扩音器的声压通常比移动台听筒的声压高，从而可以克服周围的高噪声电平。测试时，应增加下行链路语音输出信号的参考电平以补偿上述声压的差别，或者调整扩音器和测试传声器（俗称话筒、麦克风）之间的距离，达到所需的 SPL。校准过程中，使用的仪表不能超过其动态范围。

（2）上行链路校准。此时，使用 EUT。调整 1kHz 音频信号源的输出，使其在嘴参考点（MRP）输入音频信号的 SPL 为 -5dBPa，此时记录的音频分析仪（图 4-2-8 所示的音频分析仪与 SS 连接）的读数做为上行链路语音输出信号的参考电平。使用免提时，通常上行链路语音输出的参考电平不需要进行调整。如果不能完成上述校准（如带有耳机的印制电路板），厂商应对 MRP 和传声器之间的距离加以规定。校准时，EUT 安装在人工头上，EUT 的受话器（俗称听筒）位于人工头的人工耳中心。校准过程中，使用的仪表不能超过其动态范围。

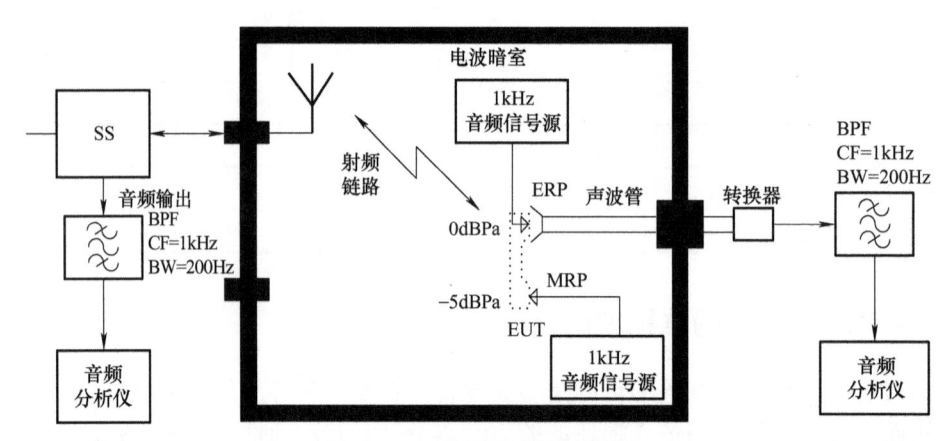

图 4-2-8 音频校准布置示意图

注：上行链路校准时，EUT 在图示位置，应按实际使用的方式将 EUT 的传声器放置在 MRP 处；下行链路校准时，EUT 由 1kHz 音频信号源代替。

在音频突破测试过程中，应对 EUT 的语音控制软件进行设置，避免噪声和回声抵消算法的影响。如果不能禁用这些算法，音频分析仪应使用最大保持的检波方式进行测量，从而可以在噪声和回声抵消算法生效前测出语音输出信号电平。测试时，EUT 的音量设成额定音量或中等音量。

下行链路的语音输出信号电平，应在 ERP 处通过测量 SPL 来评估，音频突破测量布置示意图如图 4-2-9 所示。当使用外部扬声器时，应使用在校准时的位置将声耦合器固定到扬声器上。

EUT 上行链路的语音输出信号电平，应在 SS 的模拟输出口测量 EUT 上行语音信道的解码输出信号电平。测试时，通过密封 EUT 的语音输入端口（即传声器），使 EUT 的传声器接收的外来背景噪声降至最小。

音频突破的测试方法也适用于具有外部声学传感器的 EUT。如果 EUT 没有声学传感器，则可测量规定的终端阻抗产生的线电压。

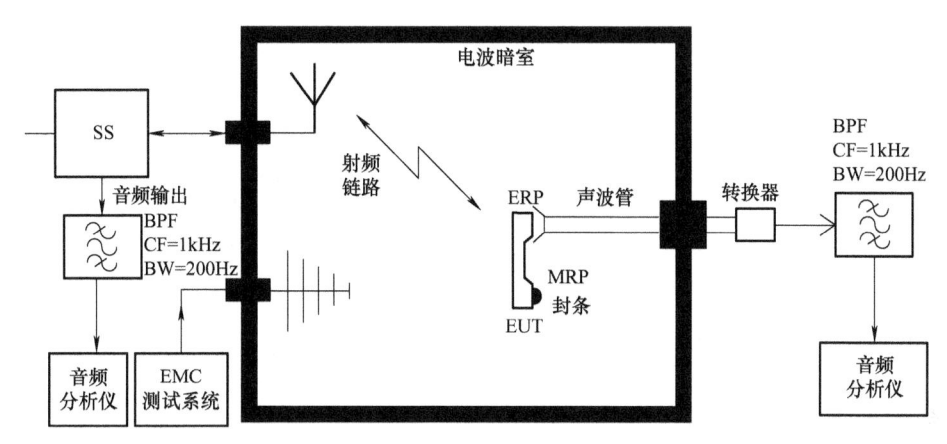

图 4-2-9 音频突破测量布置示意图

2. 吞吐量测试方法

在试验前，建立数据传输模式，通过测量吞吐量百分比对数据传输进行校准。本部分的吞吐量均指应用层的吞吐量。试验时，在双向端对端链路（上行链路和下行链路）中都应传送具体数据。抗扰度试验的每一个频率步长下都应进行性能评估。用得到的吞吐量除以最大吞吐量就得出吞吐量百分比。使用的数据模式应当有足够长度，且等效于信道数据率。

对于无数据辅助应用的设备，数据监测仪被看作是测试系统的一部分。制造厂商应采取不影响辐射电磁场的措施来连接数据控制器。其试验布置示意图如图 4-2-10 所示。

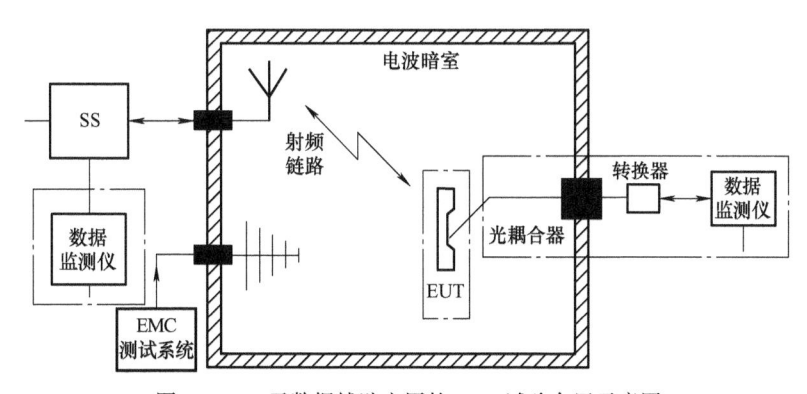

图 4-2-10 无数据辅助应用的 EUT 试验布置示意图

对于有数据辅助应用的设备，数据监测仪被看作是测试系统的一部分。数据辅助应用被看作是数据传送环路（上行链路和下行链路）的一部分，将包含在设备的规格说明里。其试验布置示意图如图 4-2-11 所示。

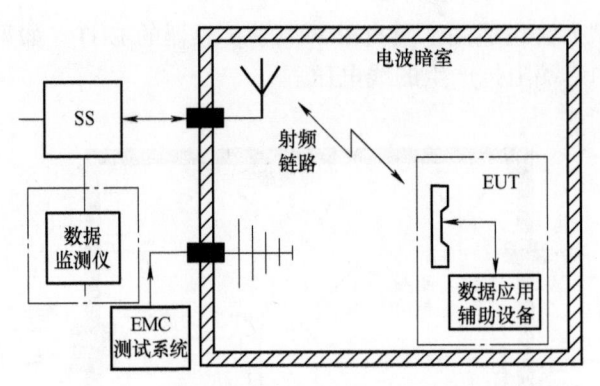

图 4-2-11　有数据辅助应用的 EUT 试验布置示意图

接下来介绍移动通信设备抗扰度试验时的性能判据，根据加扰信号为持续现象、瞬态现象和间断现象分别适用不同的性能判据。

（1）性能判据 A（持续现象）。

1）实验前。5G 终端和 S 波段卫星通信设备抗扰度试验进行之前需建立通信连接。

2）实验中。特别对于 5G 终端设备的数据传输业务模式，试验中，数据吞吐量（应用层吞吐量）应不小于参考测试信道最大吞吐量的 95%。对于语音业务模式，试验中，使用音频突破测量方法，通过一个中心频率为 1kHz、带宽为 200Hz 的音频 BPF 测量语音输出电平，上行链路和下行链路语音输出电平应至少比在音频校准时记录的语音输出信号的参考电平低 35dB。对于 5G 系统设备，上行链路和下行链路需在特殊配置下进行吞吐量判定。

3）试验后。EUT 应正常工作，无用户控制功能的丧失或存储数据的丢失，且保持通信连接。

终端设备试验还应在空闲模式下进行，试验时 EUT 的发信机不应有误操作。

（2）性能判据 B（瞬态现象）。

1）试验前。应建立通信连接。

2）试验中。EUT 的工作模式或关键存储数据未改变，无用户可察觉的通信链路丢失。

3）试验后。EUT 应能正常工作，无用户控制功能的丧失或存储数据的丢失，并且保持通信连接。

终端设备试验还应在空闲模式下进行，试验时 EUT 的发信机不应有误操作。

（3）性能判据 C（间断现象）。

1）试验中。EUT 的性能可以降级，功能可以丧失；EUT 的发信机在空闲状态时不应产生无意发射。

2）试验后。EUT 的功能可以由操作者恢复；恢复后，EUT 性能没有降级且能正常工作。

对于 5G 系统设备，其辅助设备同样适用三种性能判据。中继器使用前两种性能判据。

4.2.4.2 静电放电抗扰度试验

无线移动通信设备在遭到静电放电时，可能会造成设备元器件损坏。放置在常用环境中的各类电子产品需要考虑静电放电抗扰度试验。在进行静放电试验时，实验室需要包含接地参考平面，EUT 放置和布线等都需要有一定的间隔距离。为了确保静电放电有效，在实验开始前还需对环境进行验证。

5G 终端设备、S 波段卫星终端设备和 5G 系统设备均使用以下试验等级：
1）接触放电，试验电压为 ±2kV 和 ±4kV。
2）空气放电，试验电压为 ±2kV、±4kV 和 ±8kV。
3）间接放电，试验电压为 ±2kV 和 ±4kV。

对于 5G 终端或系统设备，瞬态现象的性能判据适用。

对于 S 波段卫星终端，能够建立连续通信链路的设备，瞬态现象的性能判据适用；不能建立连续通信链路的设备，需要制造商自行规定性能判据。

4.2.4.3 射频辐射骚扰抗扰度试验

无线电或无线通信设备在使用过程中都会发出一定程度的电磁辐射。当设备所在环境的电磁场较强时，可能会对设备产生影响甚至出现性能降低等现象。因此，需要对无线通信设备射频电磁场的抗干扰程度做出规定。相关试验设备包括全电波暗室、信号发生器、功率放大器、发射天线等。试验前需要对暗室中的测试区域进行场均匀性校准，确保 EUT 受到均匀的电磁辐射。发射天线需要对两个极化方式分别进行。

5G 终端、S 波段卫星终端和 5G 系统设备均使用以下试验等级：
1）试验在 80MHz～6GHz 频率范围内进行，频率增加的步长应为前一频率的 1%，每个频点的驻留时间应不短于 EUT 动作及响应所需的时间，且不得短于 0.5s。
2）5G 终端和 S 波段卫星终端试验场强为 3V/m；5G 系统设备试验场强，在 80～690MHz 为 3V/m，在 690～6000MHz 为 10V/m。
3）试验信号经过 1kHz 的正弦音频信号进行 80% 的幅度调制。
4）发信机、收信机或作为收发信机一部分的收信机的免测频段除外。
5）如果收信机或作为收发信机一部分的收信机在离散频率点的响应，是窄带响应，那么此响应忽略。

对于 5G 终端或系统设备，持续现象的性能判据适用。

对于 S 波段卫星终端，能够建立连续通信链路的设备，持续现象的性能判据适用；不能建立连续通信链路的设备，需要制造商自行规定性能判据。

4.2.4.4 电快速瞬变脉冲群抗扰度试验

电快速瞬变脉冲群抗扰度试验是为了验证 EUT 受到各种瞬变骚扰时的抗扰能力，通过为 EUT 各端口耦合由许多快速瞬变脉冲组成的脉冲群来实现。试验设备包括，脉冲群发生器、耦合夹、耦合/去耦合网络等。电快速瞬变脉冲群试验不需要在屏蔽室内进行，有必要可在设备的安装现场进行试验，在现场试验时需注意保护其他设备。

电快速瞬变脉冲群试验等级如下：
1）信号/控制端口和有线网络的试验电压为开路电压 0.5kV，重复频率为 5kHz。其中，对于 S 波段卫星终端的 xDSL 有线网络端口的试验电平为开路电压 0.5kV，重复频率为 100kHz。

2）DC 电源端口的试验电压为 0.5kV，重复频率为 5kHz；5G 系统设备的 DC 电源端口的试验电压为 1kV。

3）AC 电源端口的试验电压为 1kV，重复频率为 5kHz；5G 系统设备的 AC 电源端口的试验电压为 2kV。

对于 5G 终端或系统设备，瞬态现象对应的性能判据适用。

对于 S 波段卫星终端，能够建立连续通信链路的设备，瞬态现象的性能判据适用；不能建立连续通信链路的设备，需要制造商自行规定性能判据。

4.2.4.5 浪涌（冲击）抗扰度试验

浪涌（冲击）是指沿着线路传送的电压、电流或功率的瞬态波。电网中设备和系统短路和故障等都有可能在线路上引发浪涌，其波形特征是先快速上升再缓慢下降。这种高脉冲信号，很容易造成通信设备的损坏。用于浪涌（冲击）抗扰度试验的试验设备包括，各种类型的组合波发生器、耦合/去耦网络等。对屏蔽和非屏蔽线进行试验时，均需注意 EUT 的布置及需要的线缆长度。

浪涌试验等级如下：

1）对于 AC 电源端口，试验电压为 2kV（线对地），或者 1kV（线对线）。试验波形为组合波（1.2/50～8/20μs）。5G 系统设备按室内外设备区分，对于室内型设备，AC 电源线试验电平应为 2kV（线对地），或者 1kV（线对线）；对于室外型设备，AC 电源线试验电平应为 4kV（线对地），或者 2kV（线对线）。

2）对于 DC 电源端口，试验电压为 1kV（线对地），或者 0.5kV（线对线）；试验波形为组合波（1.2/50～8/20μs）。

3）对于直接与室外线缆连接的有线网络端口，连接对称线缆的端口，试验电压应为 1kV（线对地），试验波形为 10/700μs（5/320μs）组合波；连接非对称线缆的端口，试验电压为 1kV（线对地），或者 0.5kV（线对线），试验波形为 1.2/50μs（8/20μs）组合波。

4）对于与室内线缆相连并且连接线缆长度大于 30m 的有线网络端口，试验电压应为 0.5kV（线对地或屏蔽层对地），试验波形为 1.2/50μs（8/20μs）组合波。

对于 5G 终端或系统设备，瞬态现象对应的性能判据适用。

对于 S 波段卫星终端，能够建立连续通信链路的设备，瞬态现象的性能判据适用；不能建立连续通信链路的设备，需要制造厂商自行规定性能判据。

4.2.4.6 射频场感应的传导骚扰抗扰度试验

射频场感应的传导骚扰抗扰度试验主要是评估 EUT 在遭受到电磁辐射感应的传导骚扰时的抗扰能力。电磁场通过作用于 EUT 的电缆线，通过传导路径影响设备。试验需要的设备包括，信号发生器、功率放大器、功率计、耦合/去耦网络、电流注入钳和电流探头等。试验信号的注入方式包括耦合/去耦网络注入法、钳注入法和直接注入法等。在试验过程中，耦合/去耦网络的 EUT 端口上的共模阻抗、适配器插入损耗和电流监测探头插入损耗等均需要校准。

射频场感应的传导骚扰抗扰度试验等级如下：

（1）试验在 150kHz～80MHz 的频率范围内进行，频率增加的步长应为前一频率的

1%，每个频点的驻留时间应不短于 EUT 动作及响应所需的时间，且不短于 0.5s。

（2）试验电平（RMS）为 3V（对于 5G 系统设备，适用于转移阻抗为 150Ω 设备）。

（3）试验信号经过 1kHz 的正弦音频信号进行 80% 的幅度调制。

对于 5G 终端或系统设备，持续现象对应的性能判据适用。

对于 S 波段卫星终端，如果是能够建立连续通信链路的设备，持续现象的性能判据适用；如果是不能建立连续通信链路的设备，需要制造厂商自行规定性能判据。

4.2.4.7 工频磁场抗扰度试验

工频磁场对 EUT 的影响可能是出于正常运行条件下的电流产生磁场的影响，也可能是故障条件下电流产生的磁场的影响。工频磁场试验设备包括试验发生器、感应线圈等。5G 终端、系统设备和 S 波段卫星终端的试验磁场强度均为 3A/m。

对于 5G 终端或系统设备，持续现象对应的性能判据适用。

对于 S 波段卫星终端，能够建立连续通信链路的设备，持续现象的性能判据适用；不能建立连续通信链路的设备，需要制造厂商自行规定性能判据。

4.2.4.8 电压暂降、短时中断和电压变化抗扰度试验

为 EUT 供电的电网出现电压暂降、电压短时中断和电压变化时，可能会对设备产生影响。电压暂降、电压短时中断和电压变化抗扰度试验均是以 EUT 的额定工作电压为基础电压确定试验等级的。

对于 AC 电源端口试验等级如下：

（1）EUT 的供电电压下降到额定电压的 0%，持续时间为 10ms。

（2）EUT 的供电电压下降到额定电压的 0%，持续时间为 20ms。

（3）EUT 的供电电压下降到额定电压的 70%，持续时间为 500ms。

（4）EUT 的供电电压下降到额定电压的 0%，持续时间为 5s。

对于 DC 电源端口，相关的试验等级和性能判据见表 4-2-38～表 4-2-40。

表 4-2-38 DC 电源端口电压暂降试验等级和性能判据

试验项目	试验等级（剩余电压）（%U_T）	持续时间 /s
电压暂降	70	0.01
		1
	40	0.01
		1

注：如果 EUT 在后备电源或双路电源工作下进行试验，采用持续现象的性能判据，否则采用间断现象的性能判据。

表 4-2-39 直流电源端口电压短时中断试验等级和性能判据

试验项目	试验条件	试验等级（剩余电压）（%U_T）	持续时间 /s
电压短时中断	高阻抗（试验发生器输出阻抗）	0	0.001
			1
	低阻抗（试验发生器输出阻抗）	0	0.001
			1

注：如果 EUT 在后备电源或双路电源工作下进行试验，采用持续现象的性能判据，否则采用间断现象的性能判据。

表 4-2-40　直流电源端口电压变化试验等级和性能判据

试验项目	试验等级（剩余电压）（%U$_T$）	持续时间 /s
电压变化	80	0.1
	80	10
	120	0.1
	120	10

注：采用持续现象的性能判据。

对于不能建立连续通信链路的 S 波段卫星终端设备，需要制造厂商自行规定性能判据。

4.2.4.9　瞬变和浪涌抗扰度试验（车载环境）

随着通信系统的更新迭代，车联网技术发展迅速，车辆本身智能化程度越来越高。当车辆内部某些部件切换时，可能会产生瞬态脉冲信号，这个信号可能会对其他电气部件产生干扰，因此需要规定其抗干扰能力。车载环境下瞬变和浪涌抗扰度试验设备包括示波器、瞬态脉冲发生器、供电电源、耦合钳等。EUT 的电源线和电源线端口均需按照规定进行测试。12V 和 24V 系统的车载设备试验等级见表 4-2-41 和表 4-2-42。

表 4-2-41　12V 系统车载设备试验等级

试验脉冲	试验等级 /V	脉冲数或试验时间	重复时间 最小	重复时间 最大
1	−75	10 个脉冲	0.5s	5s
2a	+37	10 个脉冲	0.2s	5s
2b	+10	10 个脉冲	0.5s	5s
3a	−112	20min	90ms	100ms
3b	+75	20min	90ms	100ms

表 4-2-42　24V 系统车载设备试验等级

试验脉冲	试验等级 /V	脉冲数或试验时间	重复时间 最小	重复时间 最大
1	−450	10 个脉冲	0.5s	5s
2a	+37	10 个脉冲	0.2s	5s
2b	+20	10 个脉冲	0.5s	5s
3a	−150	20min	90ms	100ms
3b	+150	20min	90ms	100ms

对于脉冲 3a 和 3b，性能判据为持续现象的性能判据。

对于脉冲 1、2a、2b，性能判据为瞬态现象的性能判据。但试验中通信链路不需维持，在试验后应可重新建立。

对于 S 波段卫星终端，不能建立连续通信链路的设备，需要制造厂商自行规定性能判据。

4.3 汽车电子 EMC 检测技术

4.3.1 概述

汽车电子零部件作为整车的组成部分，其 EMC 性能影响整车的 EMC 性能。为了提高汽车电子零部件的 EMC 设计水平，减少后期整改工作量和降低汽车电子零部件 EMC 风险，主机厂基本都制定了各自的企业标准，以管控汽车电子零部件的 EMC 性能。企业标准通常都采用国家标准的测量/试验方法，这些国家标准包括 GB/T 18655、GB/T 33014 系列、GB/T 21437 系列和 GB/T 19951 等，常用标准详见表 4-3-1。汽车电子零部件 EMC 测量/试验方法标准已形成了完整的标准体系。

表 4-3-1 汽车电子零部件 EMC 测量/试验相关国家标准

序号	测量/试验项目	标准编号及名称
1	发射试验（频域）	GB/T 18655—2018《车辆、船和内燃机 无线电骚扰特性 用于保护车载接收机的限值和测量方法》
2	发射试验（瞬态传导发射，时域）	GB/T 21437.2—2021《道路车辆 电气/电子部件对传导和耦合引起的电骚扰试验方法 第 2 部分：沿电源线的电瞬态传导发射和抗扰性》
3	辐射和传导抗扰度试验	GB/T 33014.2—2016《道路车辆 电气/电子部件对窄带辐射电磁能的抗扰性试验方法 第 2 部分：电波暗室法》
4		GB/T 33014.3—2016《道路车辆 电气/电子部件对窄带辐射电磁能的抗扰性试验方法 第 3 部分：横电磁波（TEM）小室法》
5		GB/T 33014.4—2016《道路车辆 电气/电子部件对窄带辐射电磁能的抗扰性试验方法 第 4 部分：大电流注入（BCI）法》
6		GB/T 33014.5—2016《道路车辆 电气/电子部件对窄带辐射电磁能的抗扰性试验方法 第 5 部分：带状线法》
7		GB/T 33014.8—2020《道路车辆 电气/电子部件对窄带辐射电磁能的抗扰性试验方法 第 8 部分：磁场抗扰法》
8		GB/T 33014.9—2020《道路车辆 电气/电子部件对窄带辐射电磁能的抗扰性试验方法 第 9 部分：便携式发射机法》
9		GB/T 33014.11—2023《道路车辆 电气/电子部件对窄带辐射电磁能的抗扰性试验方法 第 11 部分：混响室法》
10	脉冲抗扰度试验	GB/T 21437.2—2021《道路车辆 电气/电子部件对传导和耦合引起的电骚扰试验方法 第 2 部分：沿电源线的电瞬态传导发射和抗扰性》
11		GB/T 21437.3—2021《道路车辆 电气/电子部件对传导和耦合引起的电骚扰试验方法 第 3 部分：对耦合到非电源线电瞬态的抗扰性》
12	静电放电抗扰度试验	GB/T 19951—2019《道路车辆 电气/电子部件对静电放电抗扰性的试验方法》

随着电动车辆和混合动力车辆的发展，当前车辆上具有两种类型的电系统：一类为普通的低压系统（通常为非屏蔽的）；另一类为高压系统（通常为屏蔽的）。对于低压电子零部件，表 4-3-1 给出的国家标准都已涵盖其测量/试验方法；对于高压电源系统部件（其通常为全屏蔽的），GB/T 18655—2018 的附录 I 给出了发射测量的试验布置和限值，ISO 11452-2：2019《道路车辆 零部件对窄带辐射电磁能的抗扰性试验方法 第 2 部分：电

波暗室法》、ISO 11452-4：2020《道路车辆 零部件对窄带辐射电磁能的抗扰性试验方法 第4部分：线束激励法》和ISO/TS 7637-4：2020《道路车辆 由传导和耦合引起的电骚扰 第4部分：沿屏蔽高压电源线的电瞬态传导》等国际标准中都已涵盖高压电源系统部件的抗扰度试验方法。我国也正在将这些国际标准转化为国家标准。

根据表4-3-1所示的内容，汽车电子零部件主要的EMC测量/试验项目如下：
1）传导发射；
2）辐射发射；
3）瞬态传导发射；
4）辐射抗扰度（电波暗室法）；
5）大电流注入（BCI）抗扰度；
6）沿电源线的瞬态传导抗扰度；
7）沿非电源线的瞬态传导抗扰度；
8）静电放电抗扰度。

4.3.2 技术特点

汽车电子零部件的辐射发射/辐射抗扰度测量布置不同于其他民用标准，要求EUT和线束必须放置于距离电波暗室90cm±10cm的接地平板上，测量/试验距离为1m。这种要求的原理是大多数的汽车电子零部件的安装接近车身和发动机机舱的金属部分，线束的走线也接近车辆的金属壳体。因此汽车行业一直采用这种试验布置。

汽车电子零部件不同于其他民用标准的试验项目还有瞬态传导发射（见4.3.3.4节）和沿电源线/非电源线的瞬态传导抗扰度（见4.3.4.3节和4.3.4.4节），瞬态传导发射在时域进行测量，沿电源线/非电源线的瞬态传导抗扰度试验所用试验脉冲也是车辆环境中所独有的。

4.3.3 发射

4.3.3.1 传导发射（电压法）

传导发射（电压法）考核沿EUT电源线传播的传导骚扰。试验频率范围为150kHz～108MHz。试验应在半电波暗室或屏蔽室中进行。试验依据的标准为GB/T 18655—2018。该标准用于保护车载接收机免受车内产生的传导和辐射发射骚扰，涉及的电磁骚扰源可划分为如下两类：
1）窄带骚扰源，如具有时钟、晶振、微处理器和显示器中的数字逻辑的车辆电子零部件）。
2）宽带骚扰源，如电机和点火系统。

这里要强调的是大多数车辆电子/电气零部件既是宽带骚扰源，也是窄带骚扰源，而有些只是某单一的骚扰源。宽带骚扰源可分为短时宽带（如洗涤器电机、电动后视镜、电动窗）和长时宽带（如刮水器电机、暖风电机、发动机冷却系统）。

标准GB/T 18655—2018对骚扰源进行了分类，其目的仅是简化试验要求，减少使用的检波器数量（例如，如果知道是宽带骚扰源，如直流电刷整流电机，则可不使用平均值检波器)。否则将要求骚扰源同时符合两种检波器(即峰值和平均值或准峰值和平均值)的限值要求,而不用考虑该骚扰属于何种类型。

电压测量只能表征 EUT 单一导线的传导发射特性测量。这种试验方法不能表征 EUT 辐射发射(如由电子部件的印制电路板上不同天线结构产生的辐射发射)和屏蔽效能测量。因此,电压测量不能完全表明 EUT 的发射特性。但在低频时(如调幅频段),电压测量通常能比辐射测量有更好的动态范围。

1. 试验设备

传导发射(电压法)试验使用的设备包括参考接地平面、电源、人工网络、测量接收机和模拟负载。

(1)参考接地平面。参考接地平面应采用至少 0.5mm 厚的紫铜、黄铜、青铜或镀锌钢板。用于传导发射(电压法)的参考接地平面的最小尺寸应为 1000mm×400mm。试验台架上的参考接地平面(试验台面)距离地面为 900mm±100mm。

(2)电源和人工网络。直流供电电源电压允差应在标称值的 ±10% 内。除非试验计划中特殊规定,否则应使用以下值进行试验:

$$U_s = (13^{+1}_{-1})V,12V 电气系统$$

$$U_s = (26^{+2}_{-2})V,24V 电气系统$$

$$U_s = (48^{+4}_{-4})V,48V 电气系统$$

供电电源应充分滤波,以使射频噪声低于规定限值至少 6dB。

人工网络的标称电感应为 5μH。EUT 的每一根电源正极线都应经过人工网络与供电电源相连。通常电源负极接地。电源回线应与参考接地平面相连(在电源和人工网络之间)。

根据 EUT 在车辆上的预期安装情况进行布置,分为远端接地和近端接地,如图 4-3-1 和图 4-3-2 所示。

1)EUT 远端接地(指车辆电源回线大于 200mm),使用两个人工网络,其中一个接电源正极线,另一个接电源回线。

2)EUT 近端接地(指车辆电源回线小于或等于 200mm),使用一个人工网络,接在电源正极线上。

人工网络应直接安装在参考接地平面上。人工网络的外壳应与参考接地平面搭接。人工网络的测量端口地与参考接地平面间的直流电阻不应超过 2.5mΩ。未与测量接收机相连的人工网络测量端口应端接 50Ω 的负载。

(3)测量接收机。测量接收机应符合标准 GB/T 6113.101—2021 的要求,手动或自动频率扫描方式均可使用。

对于传导发射(电压法)限值,所对应的平均值检波器是标准 GB/T 6113.101—2021 定义的线性模式的检波器。

(4)模拟负载。模拟负载包括传感器和执行器,位置在与 EUT 连接的试验线束末端。

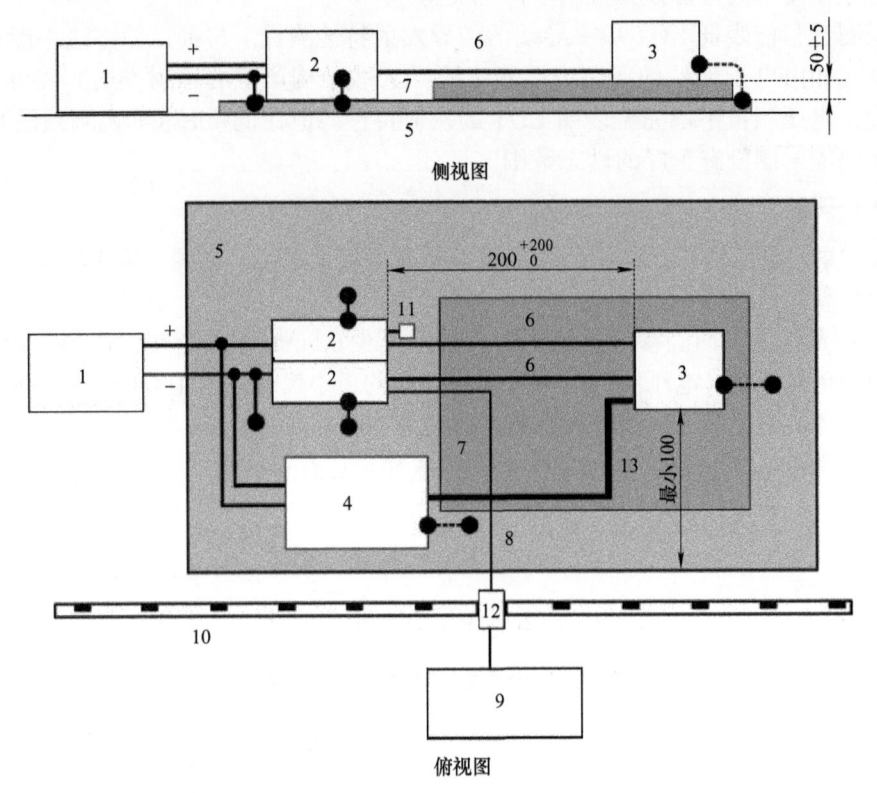

图 4-3-1 传导发射（电压法）——电源回线远端接地试验布置

1—电源 2—人工网络 3—EUT 4—模拟负载 5—参考接地平面 6—电源线
7—低相对介电常数（$\varepsilon_r \leqslant 1.4$）支撑物 8—优质同轴电缆（50Ω） 9—测量接收机
10—屏蔽室或半电波暗室 11—50Ω负载 12—壁板连接器 13—试验线束（不包括电源线）

为了保证足够的重复性，每次测量应使用相同的端接方式，可在射频边界使用专门的端接设备（如人工网络、滤波器），或者使用相同的模拟负载。

2. 试验布置

EUT应放置在非导电、低相对介电常数（$\varepsilon_r \leqslant 1.4$）材料上，距参考接地平面50mm±5mm。

EUT外壳不应与参考接地平面相连（除非实际车辆上要进行接地）。若实际车辆布置要求EUT外壳接地，则其外壳接地线长度不超过150mm。

EUT各表面距参考接地平面边界至少100mm。EUT外壳接地时，接地点离参考接地平面边缘至少100mm。

人工网络连接器与EUT连接器之间的电源线长度应为200^{+200}_{0}mm。EUT的电源线束沿直线放置在非导电、低相对介电常数（$\varepsilon_r \leqslant 1.4$）材料上，距参考接地平面50mm±5mm。

为了使电源线和输入/输出导线之间的耦合最小，这两种类型导线的间距应足够大（大于等于200mm或与人工网络与EUT之间连接的电源线垂直）。输入/输出导线（即试验线束）应放置在低相对介电常数（$\varepsilon_r \leqslant 1.4$）材料上，距参考接地平面50mm±5mm。输入/输出导线（不包括电源线）总长不应超过 2m，其规格应根据 EUT 的应用及要求进行确定。

单位：mm

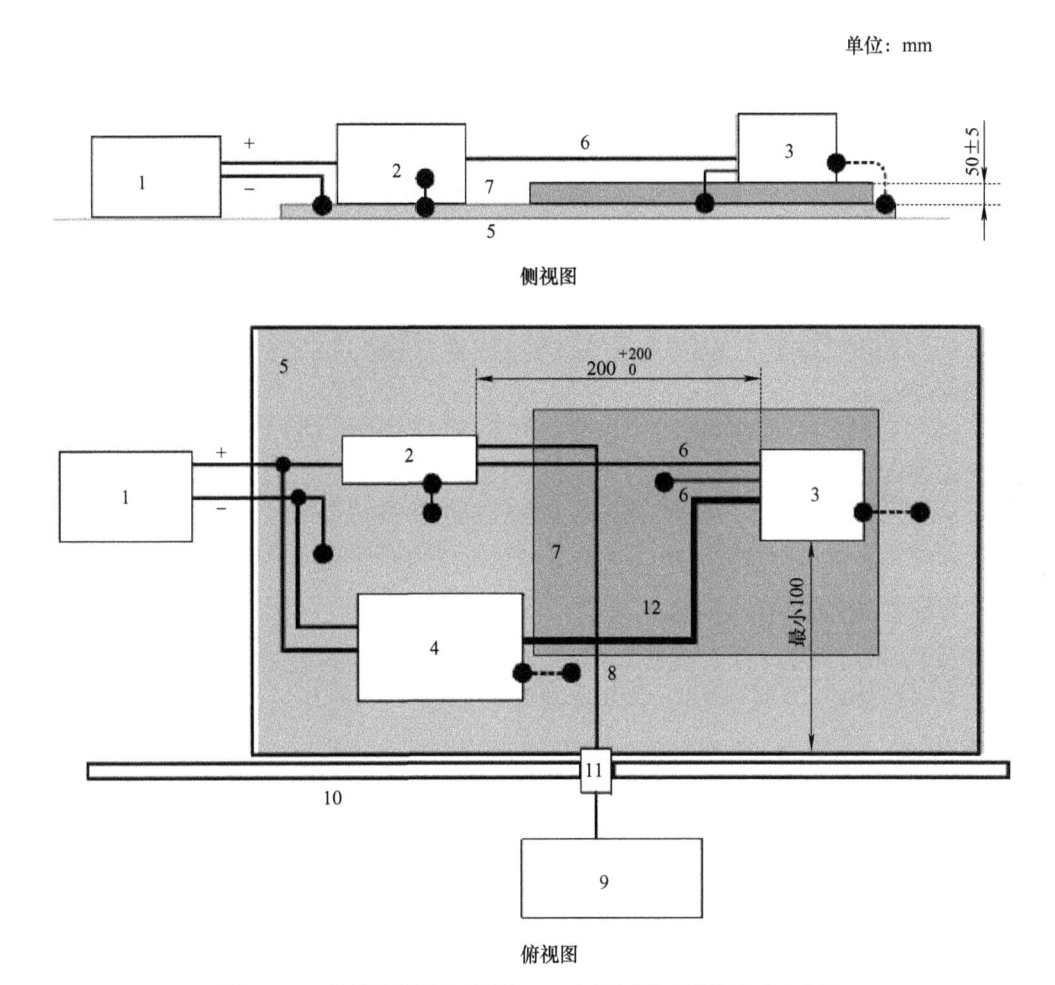

侧视图

俯视图

图 4-3-2　传导发射（电压法）——电源回线近端接地试验布置

1—电源　2—人工网络　3—EUT　4—模拟负载　5—参考接地平面　6—电源线
7—低相对介电常数（$\varepsilon_r \leq 1.4$）支撑物　8—优质同轴电缆（50Ω）　9—测量接收机
10—屏蔽室或半电波暗室　11—壁板连接器　12—试验线束（不包括电源线）

所有导线和电缆应放置在距参考接地平面边缘至少为 100mm 的位置。

模拟负载最好直接放置在参考接地平面上。如果模拟负载外壳为金属，则外壳应与参考接地平面搭接。模拟负载也可布置在参考接地平面附近（模拟负载外壳应与接地平面搭接）或在暗室外（此时 EUT 的试验线束穿过与参考接地平面搭接的射频边界）。

当模拟负载放置在参考接地平面上时，模拟负载的直流电源线应直接与电源相连而不应再使用人工网络。

3. 测量程序

EUT 应工作在典型负载条件，以便得到最大发射状态。

通过连接测量接收机和相应的人工网络测量端口，依次对电源正极线和电源回线进行测量，其他未被测量电源线的人工网络的测量端口需端接50Ω负载。

若EUT远端接地，则电源正极线电源回线分别相对于地进行电压测量（见图4-3-1）。

若EUT近端接地，则电源正极线相对于地进行电压测量（见图4-3-2）。

4. 符合性判定

所用限值等级应由车辆制造商和零部件供应商协商确认。测得的骚扰电压不应超过标准GB/T 18655—2018给出的相应等级的峰值和平均值限值，或者准峰值和平均值限值。

5. 试验注意事项

在试验过程中，应注意以下几方面：

（1）试验布置中注意EUT和线束距参考接地平面边缘的距离。

（2）人工网络连接器与EUT连接器之间的电源线长度应严格按照标准要求，限制在200～400mm。

（3）其他未被测量电源线的人工网络的测量端口应端接50Ω负载。该50Ω负载应进行校准并定期进行确认。

（4）人工网络的分压系数应修正在测量接收机的测量结果中。

（5）需确认人工网络的测量端口地与参考接地平面间的直流电阻不超过2.5mΩ。

4.3.3.2 传导发射（电流探头法）

传导发射（电流探头法）考核沿信号线或控制线传播的传导骚扰。试验频率范围为150kHz～245MHz。测量应在半电波暗室或屏蔽室中进行。试验依据标准为GB/T 18655—2018。

1. 试验设备

传导发射（电流探头法）试验使用的设备包括电流探头、参考接地平面、电源、人工网络、测量接收机和模拟负载。参考接地平面、电源、人工网络、测量接收机和模拟负载的要求见4.3.3.1节。电流探头的测试频率应不低于245MHz，满足标准GB/T 6113.102—2018的要求。

2. 试验布置

EUT应放置在非导电、低相对介电常数（$\varepsilon_r \leqslant 1.4$）材料上，距参考接地平面50mm±5mm。

EUT的外壳不应与参考接地平面相连（除非实际车辆上要进行接地）。

EUT距参考接地平面的边缘应不小于100mm，并且距屏蔽室或半电波暗室墙体不小于500mm。该试验布置如图4-3-3所示。

试验线束应为1700^{+300}_{0}mm长，并且应放置在非导电、低相对介电常数（$\varepsilon_r \leqslant 1.4$）材料上，距参考接地平面50mm±5mm。所有导线和电缆应放置在距离参考接地平面边缘至少为200mm的位置。这些试验线束应彼此平行且彼此靠近。

3. 试验程序

EUT应工作在典型负载条件，以便得到最大发射状态。

电流探头应圈住每个连接器的整个线束。如果EUT具有多端口连接器导致有多捆线束时,每捆线束(每个连接器)应分别进行测量,然后所有线缆集中到一起再进行测量。

单位:mm

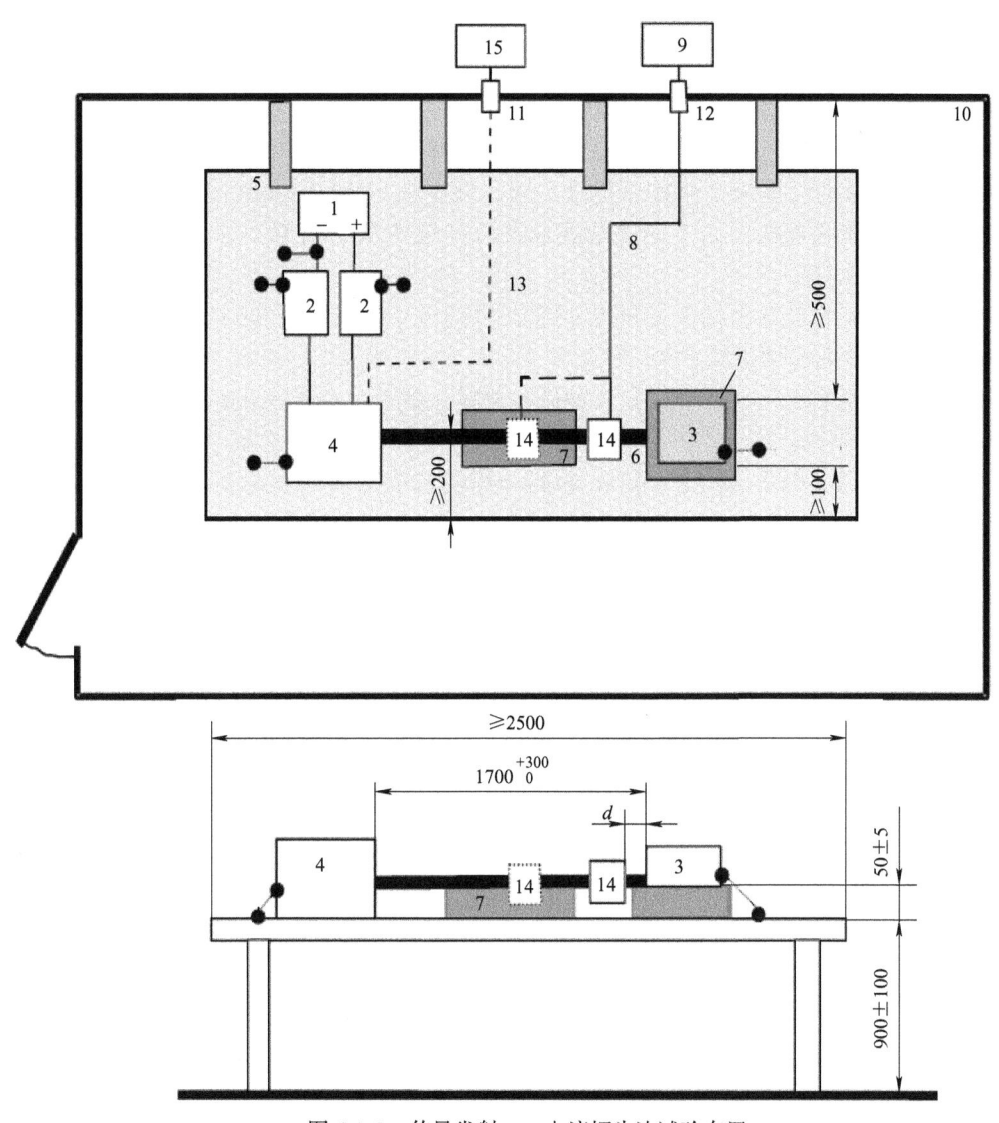

图 4-3-3 传导发射——电流探头法试验布置

1—电源 2—人工网络 3—EUT 4—模拟负载 5—参考接地平面 6—导线线束
7—低相对介电常数($\varepsilon_r \leqslant 1.4$)支撑物 8—优质同轴电缆(50Ω) 9—测量接收机 10—屏蔽室或半电波暗室
11—光纤馈通 12—壁板连接器 13—光纤 14—电流探头(两个典型位置) 15—激励和监视系统
d—EUT 到最近的探头位置的距离

试验所用的屏蔽线束,应为实车典型使用的。其线缆结构和连接终端应在试验计划中规定。

在距 EUT 为 50mm 和 750mm 的两处用电流探头进行发射测量。

通常情况下,最大发射位置会尽可能接近 EUT 连接器。当 EUT 具有金属外壳连接器时，电流探头应夹住与连接器外壳最接近的电缆，但不能夹到连接器外壳。

4. 符合性判定

所用限值等级应由车辆制造商和零部件供应商协商确认。测得的骚扰电流不应超过标准 GB/T 18655—2018 给出的相应等级的峰值和平均值限值，或者准峰值和平均值限值。

5. 试验注意事项

在试验过程中，应注意以下几方面：

（1）试验布置中注意 EUT 和线束距参考接地平面边缘的距离。

（2）试验线束的长度应严格按照标准要求，限制在 1700～2000mm。

（3）EUT 电源线连接的人工网络的测量端口应端接 50Ω 负载。该 50Ω 负载应进行校准并定期进行确认。

（4）电流探头的转移阻抗的校准频率范围应覆盖 150kHz～245MHz，该转移阻抗值应修正在测量接收机的测量结果中。

（5）每捆线束（每个连接器）应分别进行测量，然后再将所有的线缆集中到一起进行测量。

（6）在距 EUT 为 50mm 和 750mm 的两处用电流探头进行发射测量是考虑被测端口线缆上的驻波效应。

（7）当 EUT 具有金属外壳连接器时，进行测量时电流探头不能夹到连接器外壳。

4.3.3.3 辐射发射

辐射发射考核 EUT 壳体及连接线束产生的辐射电磁骚扰。试验频率范围为 150kHz～2500MHz。试验应在半电波暗室中进行。试验依据标准为 GB/T 18655—2018。

1. 试验设备

辐射发射试验使用的设备包括测量天线、参考接地平面、电源、人工网络、测量接收机和模拟负载。参考接地平面、电源、人工网络、测量接收机和模拟负载的要求见 4.3.3.1 节。测量天线应使用具有标称 50Ω 输出阻抗的线性极化电场天线。为提高实验室间结果的一致性，推荐采用以下天线：

1）0.15～30MHz，1m 长的垂直单极天线。

2）30～300MHz，双锥天线。

3）200～1000MHz，对数周期天线。

4）1000～5925MHz，喇叭天线或对数周期天线。

2. 试验布置

EUT 应放置在非导电、低相对介电常数（$\varepsilon_r \leqslant 1.4$）材料上，距接地平面 50mm ± 5mm。

EUT 的外壳不接地（除非实际车辆上要进行接地）。

EUT 最靠近接地平面前端边缘的侧面应放置在距参考接地平面前端边缘 200mm ± 10mm 处。

EUT 与模拟负载（或射频边界）之间试验线束的总长不应超过 2000mm。线束类型应该由 EUT 的使用和要求进行确定。

EUT 电源线长度也不应超过 2000mm。当电源不是由负载箱提供时，人工网络应位于可以使电源线保持在不超过 2000mm 的位置。如果电源是由负载箱供电，负载箱和人工网络之间的连接线应尽可能短，以避免额外增加电源线长度。

试验线束应放置在无导电性、低相对介电常数（$\varepsilon_r \leq 1.4$）材料上，距接地平面 50mm ± 5mm。

试验线束平行于参考接地平面边缘部分的长度应为 1500mm ± 75mm。

试验线束的长边应与参考接地平面的边缘平行放置，距参考接地平面的边缘 100mm ± 10mm。EUT 和模拟负载的位置要保证线束的弯曲角度为 $90°{}_{0}^{+45°}$，如图 4-3-4 所示。

EUT 的屏蔽线束应模拟车辆上的实际应用情况，试验计划据此规定线束结构和连接器终端。

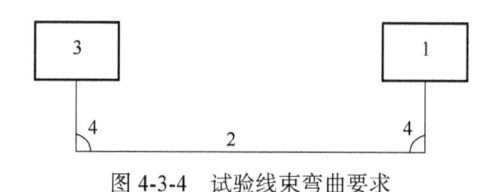

图 4-3-4 试验线束弯曲要求

1—EUT 2—试验线束 3—模拟负载 4—$90°{}_{0}^{+45°}$

模拟负载最好直接放置在参考接地平面上。如果模拟负载外壳为金属，则外壳应与参考接地平面搭接。模拟负载也可布置在参考接地平面附近（模拟负载外壳应与接地平面搭接）或在暗室外（此时 EUT 的试验线束穿过与参考接地平面搭接的射频边界）。

当模拟负载放置在参考接地平面上时，模拟负载的直流电源线应通过人工网络连接。

对于辐射发射试验，半电波暗室应有足够大的尺寸保证 EUT 及试验天线距离墙壁、天花板和吸波材料表面不小于 1m。天线辐射振子的任何部分距离地面不小于 250mm。

线束长边（长度为 1500mm）与天线参考点之间距离应为 1000mm ± 10mm。

对于双锥天线，天线的任何部分与试验线束或 EUT 的距离都不得小于 700mm。

天线参考点定义如下：

1）单极天线的垂直单极振子。
2）双锥天线的相位中心（中点）。
3）对数周期天线的顶端。
4）喇叭天线的开口处前端。

频率上限至 1000MHz 的天线，其相位中心应与线束纵向部分的中心成一条直线。

频率在 1000MHz 以上的天线，其相位中心应与 EUT 成一条直线。

不同天线的试验布置如图 4-3-5～图 4-3-8 所示。

3. 试验程序

EUT 应在典型负载条件下工作，以便能测得最大发射。

150kHz～30MHz 的测量仅在垂直极化状态进行。

30～2500MHz 的测量应分别在垂直极化和水平极化状态进行。

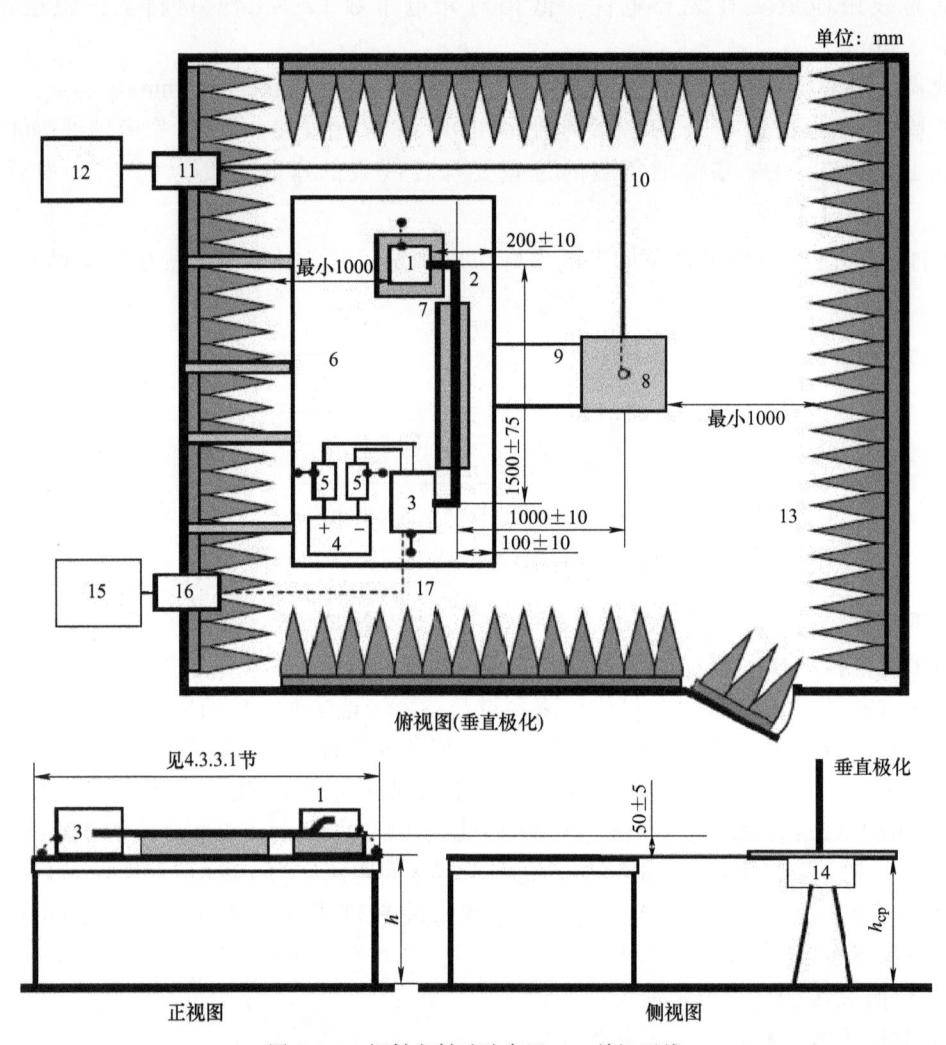

图 4-3-5 辐射发射试验布置——单极天线

1—EUT 2—试验线束 3—模拟负载 4—电源 5—人工网络 6—参考接地平面（搭接到半电波暗室的金属壁面）
7—低相对介电常数（$\varepsilon_r \leqslant 1.4$）支撑物 8—带有地网（典型尺寸为 600mm×600mm）的单极天线
9—接地连接（参考接地平面与地网之间的全宽度搭接） 10—优质同轴电缆（50Ω）或光纤 11—壁板连接器
12—测量接收机 13—射频吸波材料 14—天线匹配单元 15—激励及监测系统 16—光纤馈通 17—光纤
注：h_{cp} 为地网高度。$h=(900\pm100)$mm；$h_{cp}=h+(+10/-20)$mm。

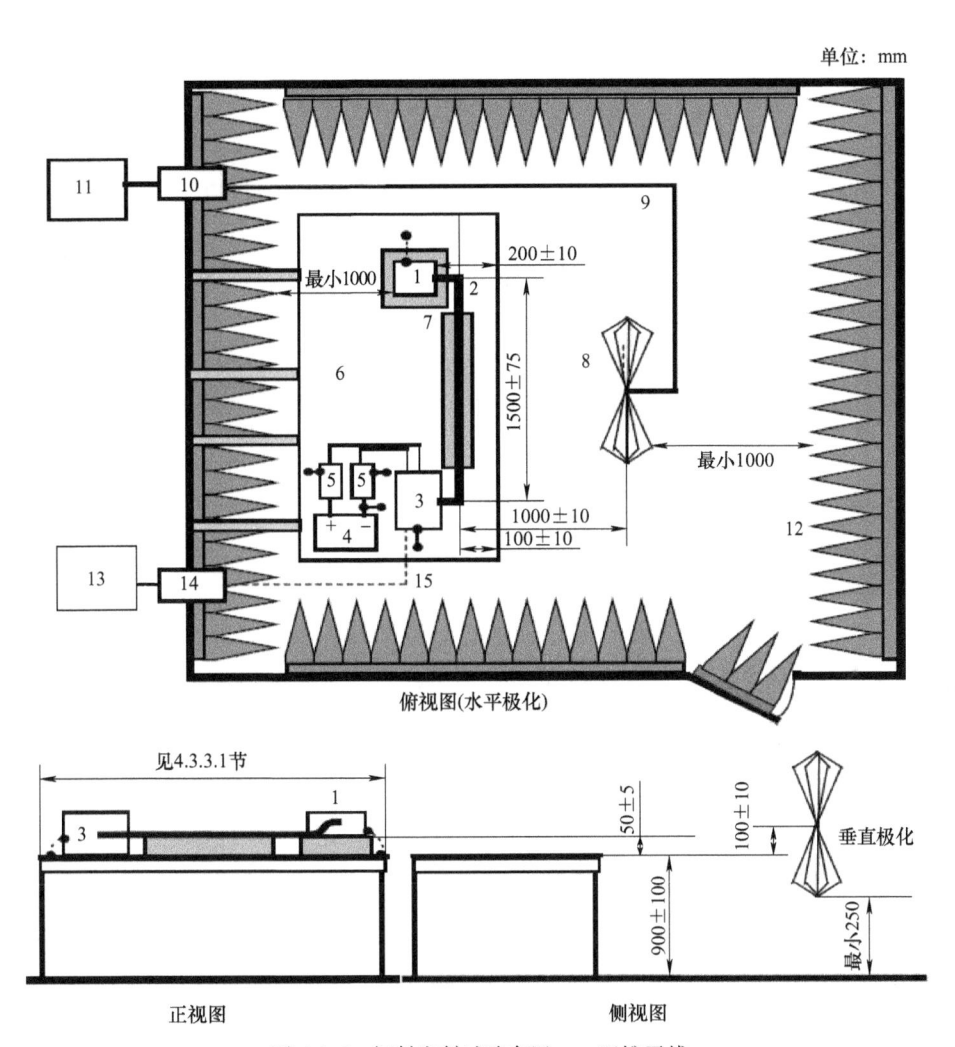

图 4-3-6 辐射发射试验布置——双锥天线

1—EUT 2—试验线束 3—模拟负载 4—电源 5—人工网络 6—参考接地平面（搭接到半电波暗室的金属壁面）
7—低相对介电常数（$\varepsilon_r \leqslant 1.4$）支撑物 8—双锥天线（天线任何部分与线束或EUT距离不得小于700mm）
9—优质同轴电缆（50Ω） 10—壁板连接器 11—测量接收机 12—射频吸波材料
13—激励及监测系统 14—光纤馈通 15—光纤

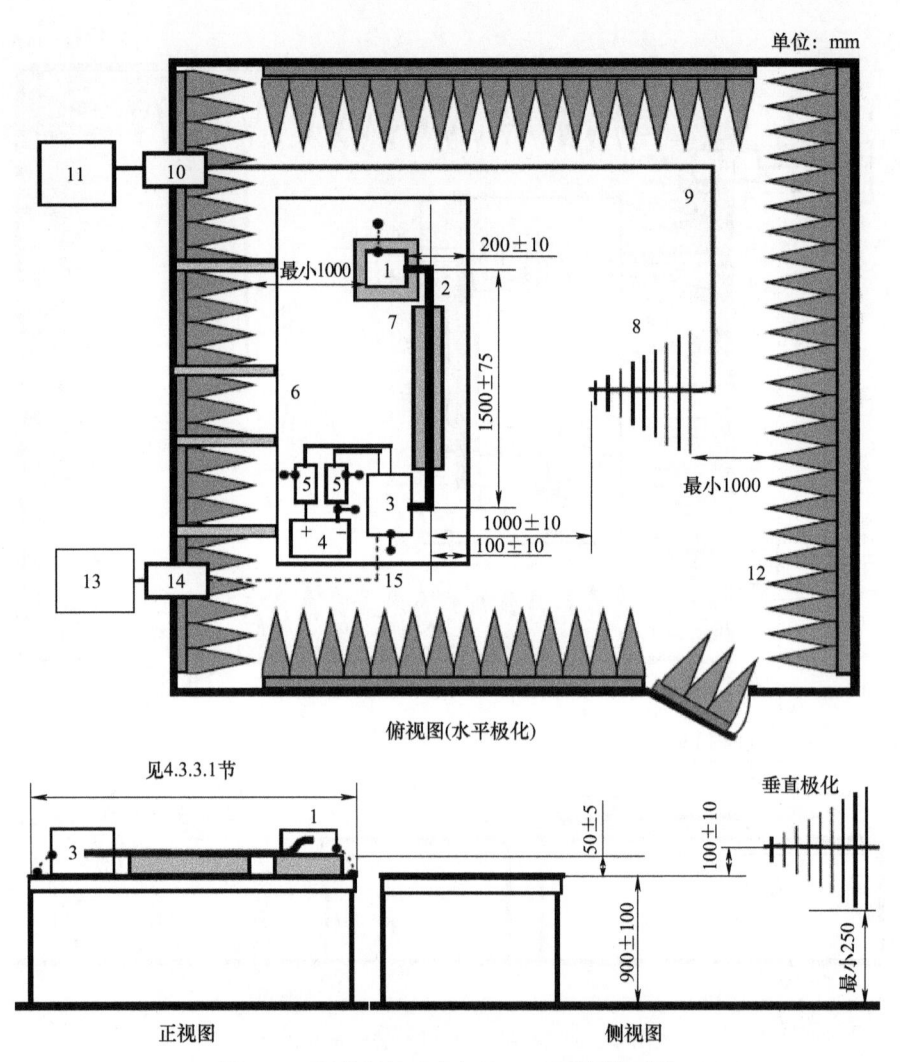

图 4-3-7 辐射发射试验布置——对数周期天线

1—EUT 2—试验线束 3—模拟负载 4—电源 5—人工网络 6—参考接地平面（搭接到半电波暗室的金属壁面）
7—低相对介电常数（$\varepsilon_r \leqslant 1.4$）支撑物 8—对数周期天线 9—优质同轴电缆（50Ω） 10—壁板连接器
11—测量接收机 12—射频吸波材料 13—激励及监测系统 14—光纤馈通 15—光纤

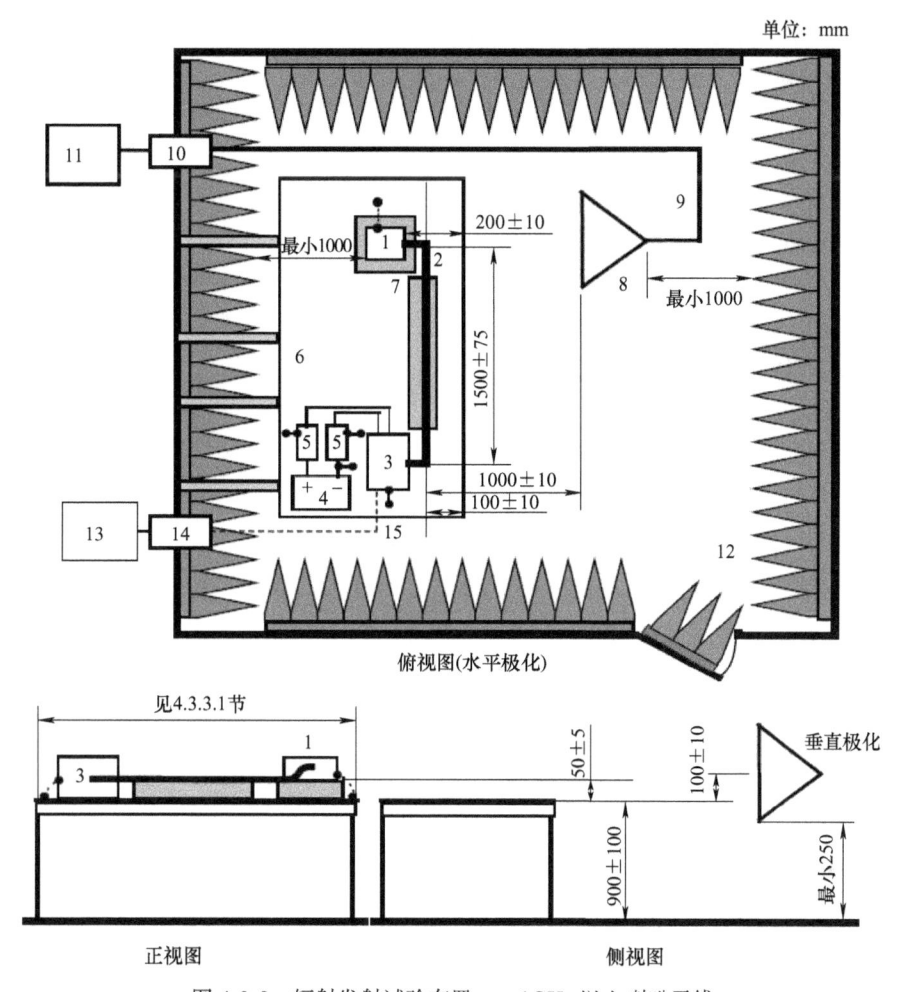

图 4-3-8 辐射发射试验布置——1GHz 以上喇叭天线

1—EUT 2—试验线束 3—模拟负载 4—电源 5—人工网络
6—参考接地平面（搭接到搭接到半电波暗室的金属壁面） 7—低相对介电常数（$\varepsilon_r \leq 1.4$）支撑物
8—喇叭天线 9—优质同轴电缆（50Ω） 10—壁板连接器 11—测量接收机
12—射频吸波材料 13—激励及监测系统 14—光纤馈通 15—光纤

4. 符合性判定

所用限值等级应由车辆制造商和零部件供应商协商确认。测得的辐射骚扰场强不应超过标准 GB/T 18655—2018 给出的相应等级的峰值和平均值限值，或者准峰值和平均值限值。

5. 试验注意事项

在试验过程中，应注意以下几方面：

（1）试验布置中注意 EUT 和线束距参考接地平面边缘的距离。

（2）若制造商或校准机构提供了水平极化和垂直极化各自的天线系数，则在每一种极化测量时应使用相应的天线系数。天线系数校准要按照标准 GB/T 18655—2018 中 6.5.2.2 的要求。

（3）EUT 电源线连接的人工网络的测量端口应端接 50Ω 负载。该 50Ω 负载应进行校准并定期进行确认。

（4）测量天线的天线系数的校准频率范围应覆盖所测量的频率范围。该天线系数值应修正在测量接收机的测量结果中。

（5）在试验布置中，试验线束平行于参考接地平面边缘部分的长度应为 1500mm±75mm。

（6）双锥天线通常在 30～80MHz 频段内的电压驻波比（VSWR）高达 10∶1，当与测量接收机连接时会产生严重的失配，从而产生额外的测量误差，因此在天线输出端使用衰减器（最小 3dB）将会减小这种测量误差。

（7）当模拟负载放置在参考接地平面上时，模拟负载的直流电源线应通过人工网络连接。

（8）注意有源单极天线电压脉冲输入产生的过载，同时注意人体静电放电经常会损坏有源单极天线。

4.3.3.4 瞬态传导发射

瞬态传导发射考核 EUT 在工作过程中产生的电瞬态骚扰。该试验通常适用于含有感性负载或通过机械或电子开关驱动感性负载的 EUT，如连接到车辆电源、具有大电感或大感性负载电流的电动窗、电动座椅、继电器、电动后视镜等。试验在时域进行。试验依据标准为 GB/T 21437.2—2021。

1. 试验设备

传导瞬态发射试验使用的设备包括人工网络、电源、开关、并联电阻、示波器及电压探头。

（1）人工网络。人工网络代替车辆线束的阻抗，在实验室中作为阻抗的参考标准，以测定 EUT 的性能，电感值为 5μH。

图 4-3-9 所示的曲线是在理想电气元件的情况下测得的阻抗 $|Z_{PB}|$ 的值随频率变化的曲线，阻抗允差为 ±10%。

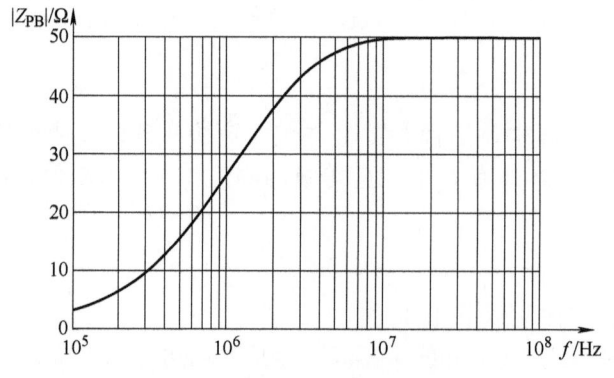

图 4-3-9 阻抗 $|Z_{PB}|$ 随频率变化曲线

（2）并联电阻 R_s。并联电阻 R_s 模拟与 EUT 并联的车辆其他电气装置的等效电阻，通常选取 R_s=40Ω。为模拟最严酷情况，可断开 R_s。

(3) 开关 S。开关应能承受短路电流。通过控制人工网络 EUT 侧的开关来测量快速瞬态（t_d 约为 ns 至 μs 级）。通过控制人工网络电源侧的开关来测量慢速瞬态（t_d 约为 ms 级）。

当开关 S 明显影响骚扰瞬态特性时，推荐的开关特性如下：

1）测量幅度超过 400V 的高压瞬态时，开关装置应是 EUT 在车上使用的标准产品开关。如果此标准产品开关无法使用，应采用满足标准 GB/T 21437.2—2021 中规定特性的汽车继电器。

2）为便于对骚扰进行精确评估，可使用具有复现性的开关，如电子开关。电子开关适用于控制含有抑制器的 EUT，可测量幅度小于 400V 的低压瞬态，电子开关的特性应满足标准 GB/T 21437.2—2021 中的规定。

(4) 电源。连续电源的直流内阻 R_i 应小于 0.01Ω，并且频率低于 400Hz 的内阻抗 $Z_i=R_i$。当负载从最小变化到最大（包括浪涌电流），输出电压的偏差应不大于 1V，在 100μs 内应恢复到最大幅度的 63%。叠加的纹波电压 U_r 的峰 – 峰值应不超过 0.2V。如使用标准电源（具有足够的电流容量）来模拟电池，应保证模拟电池的低内阻。

当使用电池时，可使用充电电源以达到规定的供电电压 U_A。12V 系统为（13.5 ± 0.5）V，24V 系统为（27 ± 1）V。

(5) 测量仪器。数字示波器应满足如下要求：

1）带宽，至少 0 ~ 400MHz。

2）采样率，至少 2GS/s（单通道采样模式）。

其探头特性应满足如下要求：

1）衰减，10∶1（如必要，可为 100∶1）。

2）最大输入电压，500V（如必要，可为 1000V）。

3）带宽，至少 0 ~ 400MHz。

4）输入阻抗，至少 1MΩ（DC）。

2. 试验布置

人工网络应放在接地平板上，人工网络的电源接地端应连接到接地平板。

人工网络、开关和 EUT 之间的所有连接配线均应放置在金属接地平板上方（50 ± 5）mm 处。配线规格尺寸应按照实车使用情况选择。

EUT 的接地方式应考虑实车的安装。EUT 应放置在接地平板上方（50 ± 5）mm 的非导电材料上。

对于慢脉冲试验，试验布置如图 4-3-10a 所示。EUT 经人工网络连接到并联电阻 R_s、开关 S 和供电电源。开关 S 代表 EUT 供电总开关（如点火开关、继电器等），其可位于距离 EUT 几米远处。

在 EUT 由内部机械和/或电子开关控制感性负载情况下，EUT 内部开关闭合（当开关 S 断开时，EUT 由感负载供电），试验布置如图 4-3-10a 所示。考虑到 EUT 内部开关的类型 [继电器、电子开关、绝缘栅双极型晶体管（IGBT）等]，可能无法确保 EUT 内部开关受控闭合。内部开关的详细描述应记录在试验报告中。EUT 电源断开产生的瞬态在开关 S 断开时测量（操作开关 S 以便产生瞬态骚扰）。

对于快脉冲试验，无内部开关的EUT试验布置如图4-3-10b所示。EUT经开关S连接到人工网络、并联电阻R_s和供电电源。EUT电源断开产生的瞬态在开关S断开时测量（操作开关S以便产生瞬态骚扰）。

有内部开关的EUT试验布置如图4-3-10c所示。EUT经人工网络连接到并联电阻R_s和供电电源。通过操作内部开关产生瞬态骚扰（不需要开关S）。在内部开关断开时（操作开关产生瞬态骚扰），测量EUT电源断开产生的瞬态，探头尽可能接近EUT端。

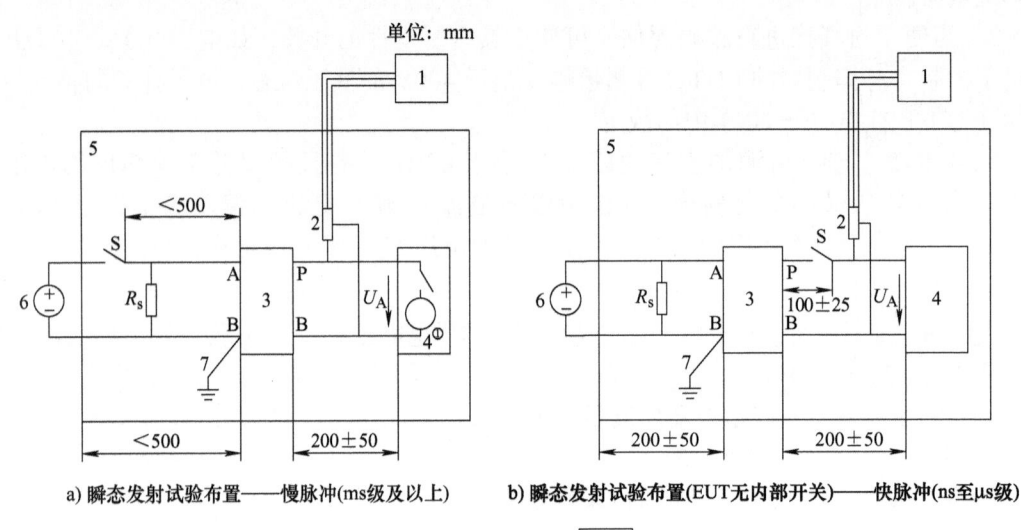

a) 瞬态发射试验布置——慢脉冲(ms级及以上)

b) 瞬态发射试验布置(EUT无内部开关)——快脉冲(ns至μs级)

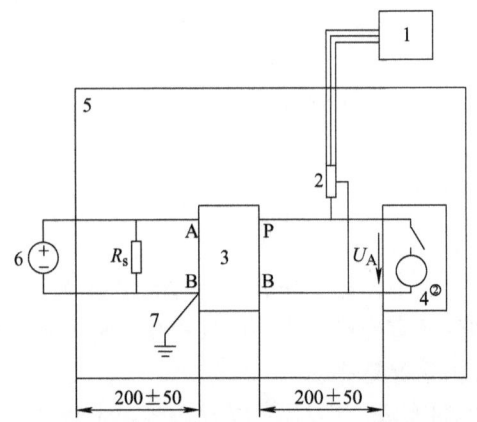

c) 瞬态发射试验布置(EUT有内部开关)——快脉冲(ns至μs级)

图4-3-10 瞬态发射试验布置

1—示波器或等效设备　2—电压探头　3—人工网络　4—EUT（即瞬态源）
5—接地平板　6—供电电源　7—接地连接（长度小于100mm）
注：单位为mm；R_s为并联电阻；S为开关；U_A为供电电压。
① 可选，带有内部开关驱动的感性负载。
② 带有内部负载和开关。

3. 试验程序

测量应在EUT断开及各种不同工作模式的切换下进行。EUT试验条件要求应在试验计划中规定。

示波器选择合适的采样率和触发电平,以获取完整的瞬态波形。选择足够的分辨率以显示瞬态最大的正值和负值。根据试验计划操作 EUT,并记录电压幅度及其他瞬态参数,如上升时间、下降时间、持续宽度等。除非另有规定,至少采集 10 个波形,记录包含最大正幅度和负幅度及其相关参数的波形。

4. 符合性判定

标准 GB/T 21437.2—2021 的附录 B 给出了瞬态发射的限值,所用限值等级应由车辆制造商和零部件供应商协商确认,根据该限值等级评估测得的瞬态是否符合要求。

5. 试验注意事项

在试验过程中,应注意以下几方面:

(1) 人工网络、开关和 EUT 之间的所有连接配线长度应严格按照标准要求,这会影响瞬态发射的测量结果。

(2) 某些情况下瞬态发射要在 EUT 开启时测量,有些 EUT 可能只有正脉冲或负脉冲。

(3) 为模拟最严酷情况,瞬态发射测量时可断开 R_s。

(4) 测量瞬态发射峰值幅度的基准为供电电压 U_A。

(5) 如果 EUT 具有不同工作模式,也应注意在不同工作模式的切换下进行测量。

(6) EUT 电源线连接的人工网络的测量端口应端接 50Ω 负载。该 50Ω 负载应进行校准并定期进行确认。

4.3.4 抗扰度

4.3.4.1 辐射抗扰度(电波暗室法)

辐射抗扰度(电波暗室法)考核实车状态下 EUT 可能受到的连续窄带辐射电磁场的干扰,尤其是与行车安全有关的电子和电气部件。试验依据标准为 GB/T 33014.2—2016。电波暗室法适用频率范围为 80 ~ 18000MHz。EUT 及其线束(实车使用的线束或标准试验线束)均在电波暗室内进行抗扰度试验。EUT 的外围装置可置于电波暗室内或电波暗室外。试验信号应满足如下要求:

1) 未调制正弦波(为 CW 信号),如图 4-3-11a 所示。

2) 调制频率为 1kHz、调制深度为 0.8 的调幅正弦波(为 AM 信号),如图 4-3-11b 所示。

3) 脉冲宽度为 577μs、周期为 4600μs 的脉冲调制正弦波(为 PM 信号),如图 4-3-11c 所示。

试验信号的适用频率范围如下:

1) CW 信号,0.01 ~ 18000MHz。

2) AM 信号,0.01 ~ 800MHz。

3) PM 信号,800 ~ 18000MHz。

这里需要注意的是,ISO 11452-1:2015 中增加了一种 PM 信号,适用的频率范围为 1.2 ~ 1.4GHz 和 2.7 ~ 18GHz。

a) CW信号　　　　b) AM信号　　　　c) PM信号

图 4-3-11　试验信号

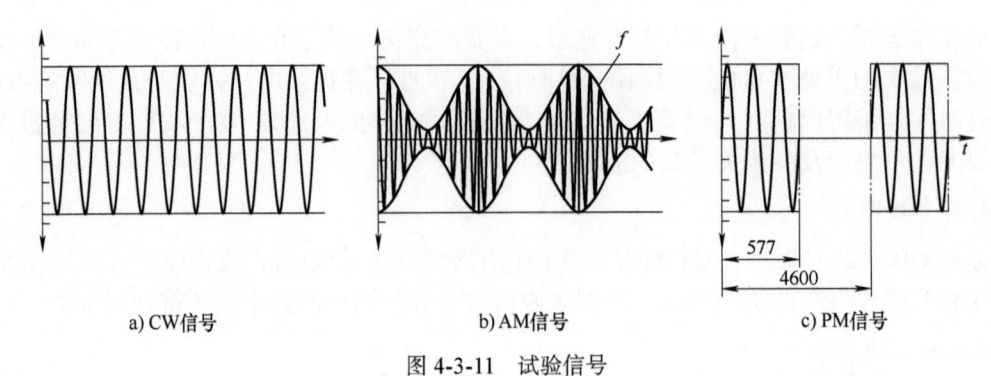

注：f 为频率，单位为 kHz；t 为时间，单位为 μs。

1. 试验设备

辐射抗扰度试验使用的设备如下：

（1）接地平板。接地平板应采用至少 0.5mm 厚的紫铜、黄铜或镀锌钢板。最小宽度为 1000mm，最小长度为 2000mm，或者比整个设备的各边大 200mm，取两者中尺寸较大的平板。

（2）场发生装置。在一定功率下，场发生装置能对 EUT 辐射预定场强的天线（包括大功率的平衡 - 不平衡变换器）。场发生装置的结构和方向应能保证产生规定极化方式的场。

（3）场探头。场探头应具有电小尺寸和各向同性特征。探头的传输线应为光纤或是高阻抗的电缆。

（4）人工网络。

（5）高频信号发生器。高频信号发生器可进行内部或外部调制。

（6）大功率放大器。

（7）功率计。功率计用于测量前向功率和反射功率。

（8）50Ω 双定向耦合器。50Ω 双定向耦合器的最小去耦系数为 30dB。

2. 试验布置

接地平板（试验台）的高度应位于地面上（900 ± 100）mm 处。接地平板应与电波暗室金属壳体电气搭接。接地带之间的距离不得大于 300mm。直流电阻不得超过 2.5mΩ。

供电电源负极通常接地。电源通过 5μH/50Ω 的人工网络连接到 EUT。

EUT 远端接地（车辆电源回线大于 200mm）：使用两个人工网络。

EUT 近端接地（车辆电源回线不大于 200mm）：使用一个人工网络，用到电源正极上。

人工网络应直接安装在接地平板上，外壳应与接地平板搭接。电源回线应与接地平板相连（在电源和人工网络之间）。每个人工网络的测量端口应端接 50Ω 的负载。

EUT 应放置在非导电、低相对介电常数（$\varepsilon_r \leq 1.4$）材料上，位于接地平板上方 50mm ± 5mm，EUT 的外壳不应与接地平板相连（模拟实际车辆结构的除外）。EUT 表面距离接地平板边缘 200mm ± 10mm。

试验线束与接地平板前边缘平行部分的长度应为 1500mm ± 75mm。

在 EUT 和负载模拟器（或射频界面）之间试验线束的总长不应超过 2000mm。线束类型应根据 EUT 的使用要求确定。

试验线束应放置在非导电、低相对介电常数（$\varepsilon_r \leqslant 1.4$）材料上，位于接地平板上方 50mm ± 5mm。试验线束与接地平板边缘平行的部分距离接地平板边缘为 100mm ± 10mm。

负载模拟器最好直接放置在接地平板上。如负载模拟器为金属外壳，外壳与接地平板直接搭接。

若 EUT 引出的试验线束穿过射频界面与接地平板搭接，负载模拟器可置于接地平板附近（外壳与接地平板搭接）或电波暗室外。

若负载模拟器放在接地平板上，负载模拟器的直流电源线应通过人工网络进行连接。

天线相位中心的高度在接地平板上方 100mm ± 10mm。天线辐射振子的任何部分距离地面不小于 250mm。天线的辐射振子距离任何吸波材料都应大于 500mm，与电波暗室的墙壁或天花板的距离不小于 1500mm。线束与天线的距离应为 1000mm ± 10mm，可选择以下位置进行测量：

1）双锥天线相位中心（中点）。
2）对数周期天线最近的部分。
3）喇叭天线最近的部分。

频率范围在 80～1000MHz 的天线，其相位中心应与线束纵向部分（1500mm）的中心成一条直线。频率在 1000MHz 以上的天线，其相位中心应与 EUT 成一条直线。

两种天线的辐射抗扰度试验布置如图 4-3-12～图 4-3-14 所示。

3. 试验程序

每个 EUT 应在最典型的条件下进行试验。即，至少在待机模式和 EUT 所有功能处于工作的模式下进行试验。

频率范围在 400MHz～18GHz 的试验，天线处于水平极化；频率范围在 80MHz～18GHz 的试验，天线处于垂直极化。

试验使用替代法，使用前向功率作为替代法场强的标定和试验的基准参数。试验分以下两个阶段进行：

（1）场强标定（不放置 EUT、线束和外围设备）。在场强标定阶段确定获得预定场强所需的射频功率。

规定的试验等级（场强）应定期进行标定，标定时记录每个试验频率下产生规定场强（使用场探头进行测量）所需的前向功率。采用未调制的正弦波进行标定。

场探头电相位中心应置于接地平板上方（150 ± 10）mm 处，距接地平板的前边缘（100 ± 10）mm。

频率范围为 80MHz～1000MHz 的，场探头的电相位中心应同导线线束纵向部分（长度 1500mm）的中心成一条直线。

频率为 1000MHz 以上的，场探头的电相位中心应与 EUT 的位置成一条直线。

场发生装置（即发射天线）距场探头电相位中心 1000mm ± 10mm。在天线水平和垂直极化方向进行场强的标定。

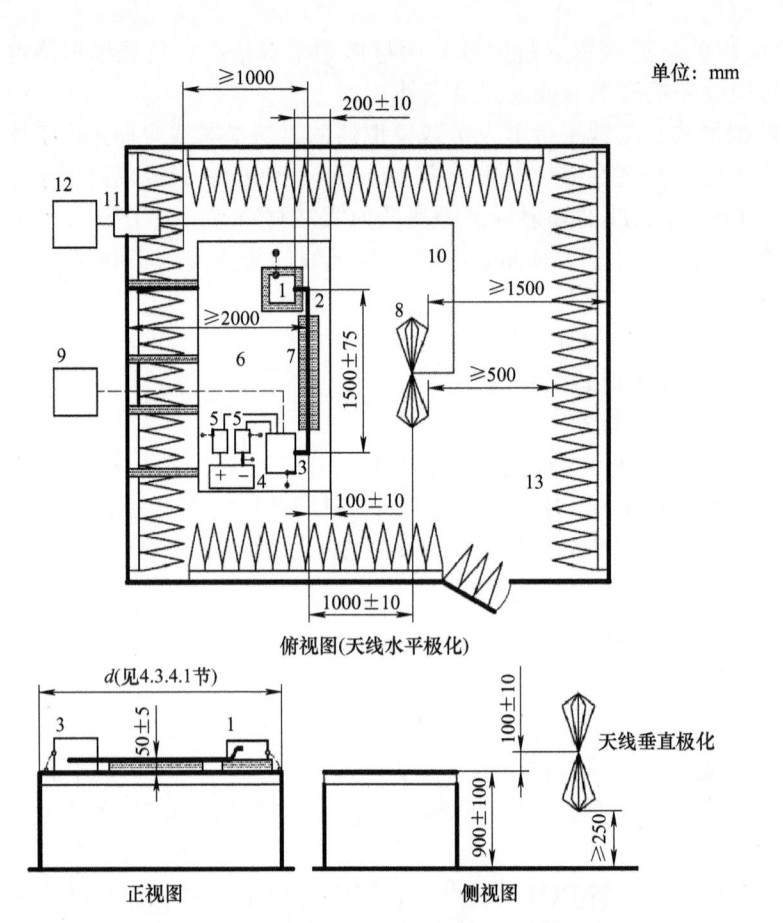

图 4-3-12 辐射抗扰度试验布置——双锥天线

1—EUT 2—试验线束 3—负载模拟器 4—电源 5—人工网络 6—接地平板（与电波暗室金属壁面搭接）
7—绝缘支撑物（$\varepsilon_r \leqslant 1.4$） 8—双锥天线 9—激励和监测设备 10—优质双屏蔽同轴电缆（50Ω）
11—穿墙板连接器 12—射频信号发生器和放大器 13—射频吸波材料

第 4 章　新兴领域 EMC 检测技术

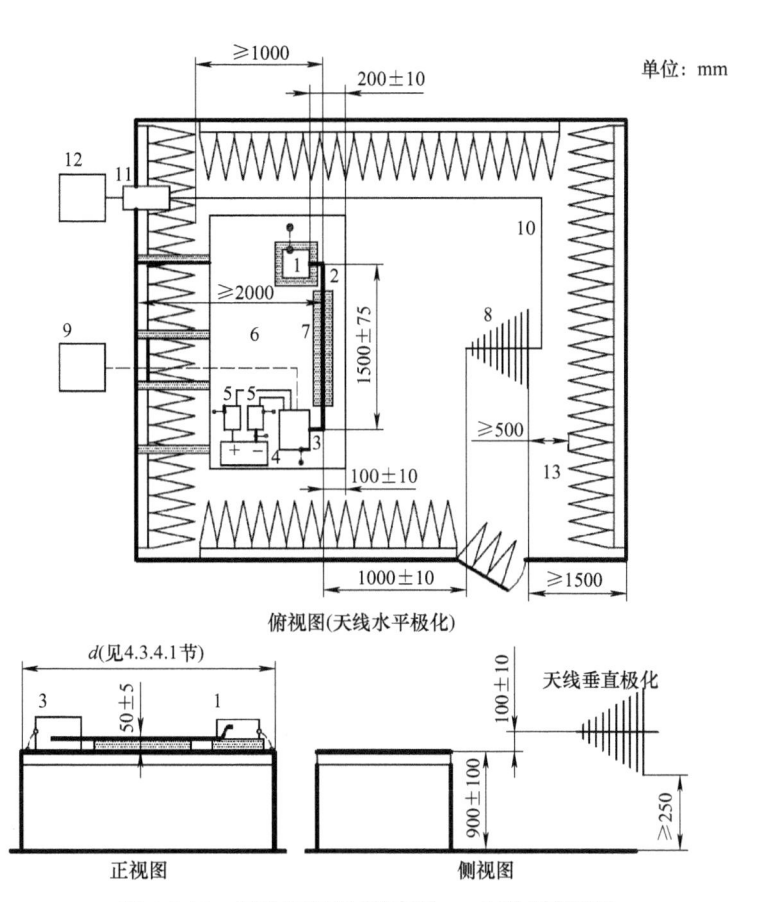

图 4-3-13　辐射抗扰度试验布置——对数周期天线

1—EUT　2—试验线束　3—负载模拟器　4—电源　5—人工网络　6—接地平板（与电波暗室金属壁面搭接）
7—绝缘支撑物（$\varepsilon_r \leq 1.4$）　8—对数周期天线　9—激励和监测设备　10—优质双屏蔽同轴电缆（50Ω）
11—穿墙板连接器　12—射频信号发生器和放大器　13—射频吸收材料

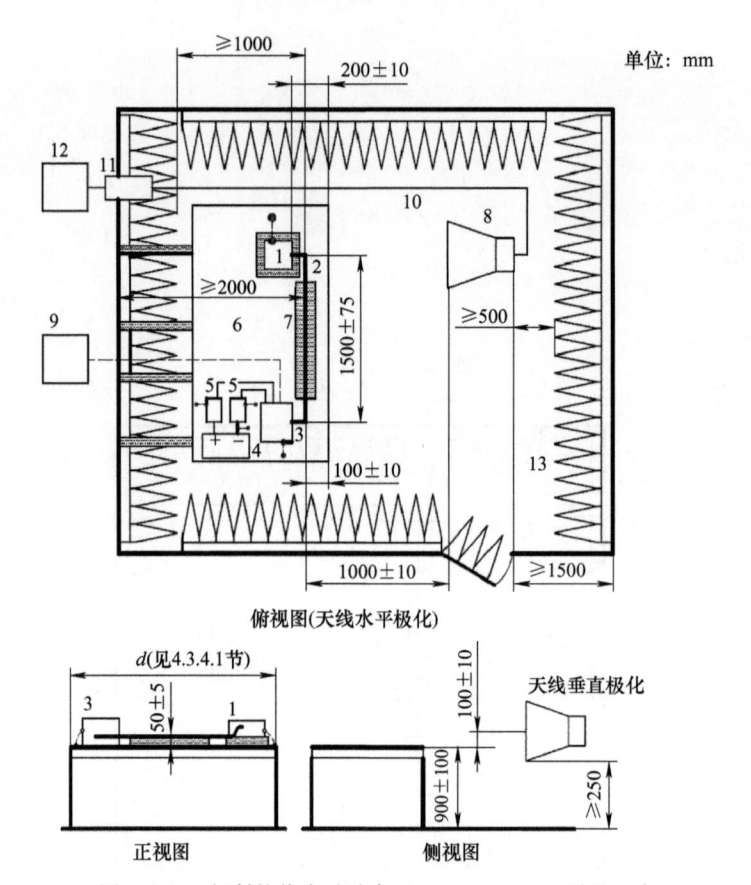

图 4-3-14 辐射抗扰度试验布置——1GHz 以上喇叭天线

1—EUT 2—试验线束 3—负载模拟器 4—电源 5—人工网络 6—接地平板（与电波暗室金属壁面搭接） 7—绝缘支撑物（$\varepsilon_r \leq 1.4$） 8—喇叭天线 9—激励和监测设备 10—优质双屏蔽同轴电缆（50Ω） 11—穿墙板连接器 12—射频信号发生器和放大器 13—射频吸收材料

需要时，试验报告应包括场标定时前向和反向功率数值的记录文件和场探头相关位置的明确描述。

（2）连接线束和外围设备的 EUT 试验。按 4.3.4.1 节的试验布置在试验台架上放置 EUT、线束和相关设备，并按预先确定的标定值进行试验。在试验过程中，场探头可置于线束上方，在规定的频率范围内，在天线水平和垂直极化方向进行试验。

4. 符合性判定

标准 GB/T 33014.2—2016 的附录 C 给出了试验场强等级。所用等级应由车辆制造商和零部件供应商协商确认。根据该等级（以及功能特性状态分类）评估 EUT 是否符合要求。

5. 试验注意事项

在试验过程中，应注意以下几方面：

（1）试验布置中注意 EUT 和线束距参考接地平面边缘的距离。

（2）EUT 电源线连接的人工网络的测量端口应端接 50Ω 负载，该 50Ω 负载应进行校准并定期进行确认。

（3）在试验布置中，试验线束平行于参考接地平面边缘部分的长度应为1500mm±75mm。

（4）双锥天线或复合天线通常在30～80MHz频段内的电压驻波比（VSWR）较大。在此频段，由于失配，天线会在功率放大器的输出端产生很强的反射，应特别注意不要损坏放大器，确保放大器在试验期间在线性要求范围内。

（5）当模拟负载放置在参考接地平面上时，模拟负载的直流电源线应通过人工网络连接。

（6）在试验过程中，场探头可置于线束上方，以确认是否施加了试验场强。

4.3.4.2 大电流注入抗扰度

大电流注入抗扰度试验考核实车状态下EUT的线束可能耦合到的连续窄带辐射电磁场的干扰，尤其是与行车安全有关的电子和电气部件。试验依据标准为GB/T 33014.4—2016。大电流注入法是使用电流注入探头将骚扰信号直接耦合到线束上进行抗扰度试验的一种方法。注入探头为电流互感器，EUT的线束穿过其中。大电流注入法适用的频率范围是电流探头特性的直接函数，为1～400MHz。试验用信号见4.3.4.1节。该试验在屏蔽室或半电波暗室中进行。试验方法有限制功率的闭环法和替代法，这里重点介绍常用的替代法。

1. 试验设备

大电流注入抗扰度试验使用的设备如下：

（1）接地平板。接地平板应采用至少0.5mm厚的铜板、黄铜或镀锌钢板。最小宽度为1000mm，最小长度为2000mm，或者比整个设备的各边大200mm，取两者中尺寸较大的平板。

（2）电流注入探头（探头组）。电流注入探头将射频信号发生器和功率放大器输出信号耦合到EUT，应覆盖试验频段1～400MHz，在试验频段1～400MHz可承受连续输入功率。

（3）电流测量探头（探头组）。电流测量探头应覆盖试验频段1～400MHz。

（4）人工网络。

（5）射频信号发生器。射频信号发生器具备内部或外部调制能力。

（6）功率放大器。

（7）标定夹具。

（8）功率计。功率计用于测量前向功率和反射功率。

（9）大功率衰减器。

（10）50Ω的同轴负载。50Ω的同轴负载的电压驻波比VSWR≤1.2∶1。

（11）50Ω双定向耦合器。50Ω双定向耦合器的最小去耦系数为30dB。

（12）测量接收机。

2. 试验布置

接地平板（试验台）的高度应位于地面上900mm±100mm处。接地平板应与屏蔽壳体电气搭接。接地铜带之间的距离不得大于300mm。直流电阻不得超过2.5mΩ。

供电电源负极通常接地。电源通过5μH/50Ω的人工网络连接到EUT。

EUT 远端接地（车辆电源回线大于 200mm），使用两个人工网络。

EUT 近端接地（车辆电源回线不超过 200mm），使用一个人工网络，用到电源正极上。

人工网络应直接安装在接地平板上，外壳应与接地平板搭接。电源回线应与接地平板相连（在电源和人工网络之间）。每个人工网络的测量端口应端接 50Ω 的负载。

EUT 应放置在绝缘支架（$\varepsilon_r \leqslant 1.4$）上，位于接地平板上方（50±5）mm。EUT 的外壳不应与接地平板相连（模拟实际车辆结构的除外）。EUT 表面距离接地平板边缘至少 100mm。

除了放置 EUT 的接地平板，EUT 和其他任何金属部件（如屏蔽室或半电波暗室的墙壁）的距离至少为 500mm。

EUT 和负载模拟器（或射频边界）之间试验线束的总长应为 1000mm±10mm。线束类型应根据 EUT 的实际使用确定。试验线束应放置在绝缘支架（$\varepsilon_r \leqslant 1.4$）上，位于接地平板上方 50mm±5mm，距接地平板边缘至少 200mm。

试验线束应直线放置，并且有固定的结构（导线的位置和数量）。线束应穿过电流注入探头和电流测量探头。连接负载模拟器的导线应固定，其长度应比试验线束短。

负载模拟器最好直接放置在接地平板上。如负载模拟器为金属外壳，外壳与接地平板直接搭接。

若 EUT 引出的试验线束穿过射频界面与接地平板搭接，负载模拟器可置于接地平板附近（外壳与接地平板搭接）或屏蔽室或半电波暗室外。

若负载模拟器放在接地平板上，负载模拟器的直流电源线应通过人工网络进行连接。

对于替代法，电流注入探头与 EUT 连接器距离 d 应分别为

$$d = (150 \pm 10) \text{ mm}$$

$$d = (450 \pm 10) \text{ mm}$$

$$d = (750 \pm 10) \text{ mm}$$

如在试验中使用电流测量探头，应位于 EUT 连接器（50±10）mm 处。

其替代法的试验布置如图 4-3-15 所示。

3. 试验程序

EUT 应端接典型负载，其他工作条件应与其在车辆上的条件一致。这些工作条件应在试验计划里规定，以便供应商与客户进行完全相同的试验。

每个 EUT 应在最典型的条件下进行试验，即至少在待机模式和 EUT 所有功能处于工作的模式下进行试验。

替代法使用前向功率做为标定和试验的参考基准，分以下两个阶段进行：

（1）标定（使用夹具）。规定的试验等级（电流）应定期进行标定，标定时记录各个试验频率下在 50Ω 标定夹具上产生规定电流所需的前向功率。应采用非调制正弦波进行标定。

若需要，试验报告的标定文件中应记录前向功率和反射功率。

标定夹具的一端连接 50Ω 负载（大功率），另一端连接 50Ω 测量接收机，并串接相应功率的 50Ω 衰减器来保护测量接收机。

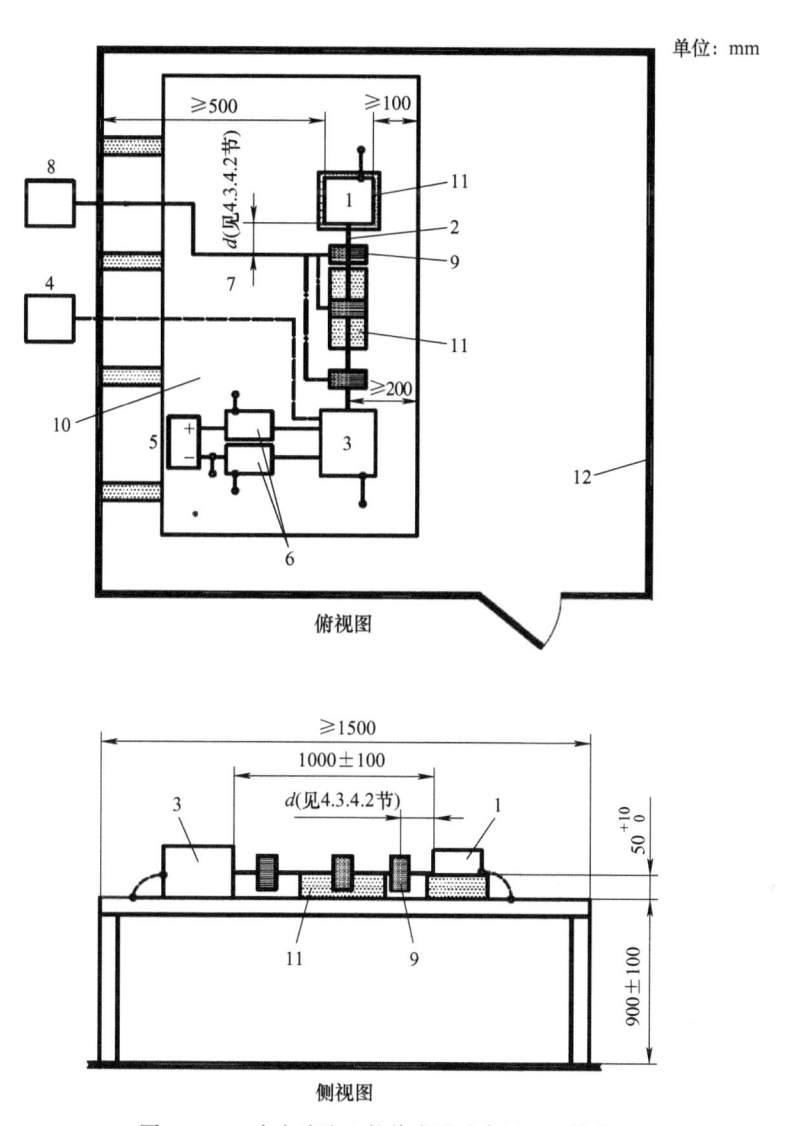

图 4-3-15　大电流注入抗扰度试验布置——替代法

1—EUT　2—试验线束　3—负载模拟器　4—激励和监测系统　5—电源　6—人工网络　7—光纤
8—高频设备　9—注入探头　10—接地平板　11—绝缘支撑物　12—屏蔽室或半电波暗室壳体

（2）试验。按图 4-3-15 所示在试验台架上安装 EUT、线束及相关设备。根据预先确定的标定值向 EUT 施加试验信号。

电流注入探头和 EUT 之间可选用电流测量探头。要注意的是，测量探头可能会影响注入电流。

4. 符合性判定

标准 GB/T 33014.4—2016 的附录 C 给出了试验电流等级，所用等级应由车辆制造商和零部件供应商协商确认，根据该等级（以及功能特性状态分类）评估 EUT 是否符合要求。

5. 试验注意事项

在试验过程中，应注意以下几方面：

（1）试验布置中注意EUT和线束距参考接地平面边缘的距离。

（2）EUT电源线连接的人工网络的测量端口应端接50Ω负载。该50Ω负载应进行校准并定期进行确认。

（3）试验线束的总长应为（1000±10）mm。

（4）在距离150mm、450mm和750mm进行试验是考虑施加的骚扰电流在受试线束上的驻波效应。

（5）当模拟负载放置在参考接地平面上时，模拟负载的直流电源线应通过人工网络连接。

（6）在试验过程中，电流测量探头可位于试验线束上，以确认是否施加了试验电流。

（7）标定时夹具端接的50Ω负载要确保能承受大功率，测量接收机前端使用的衰减器也要确保能承受大功率。

（8）确保放大器在试验期间在线性要求范围内。

4.3.4.3 沿电源线的瞬态传导抗扰度

该试验考核EUT对沿电源线施加的电瞬态的传导抗扰度。试验依据标准为GB/T 21437.2—2021。沿电源线的电瞬态传导抗扰度台架试验，采用试验脉冲发生器的方法。其中所施加的试验脉冲只是典型脉冲，未能涵盖车辆上可能出现的各种瞬态。

1. 试验设备

沿电源线的瞬态传导抗扰度试验使用设备如下：

（1）电源。电源的要求见4.3.3.4节。

（2）示波器。示波器的要求见4.3.3.4节。

（3）试验脉冲发生器。应能产生最大值为$|U_S|$的开路试验脉冲。下面将给出试验脉冲定义。表4-3-2～表4-3-6所示的U_S应可调整。时间t和内阻R_i的允差为±20%。

（4）试验脉冲1。试验脉冲1模拟电源与感性负载断开的瞬态现象。适用于EUT在车上使用时与感性负载保持直接并联的情况。

试验脉冲1波形如图4-3-16所示，其参数见表4-3-2。

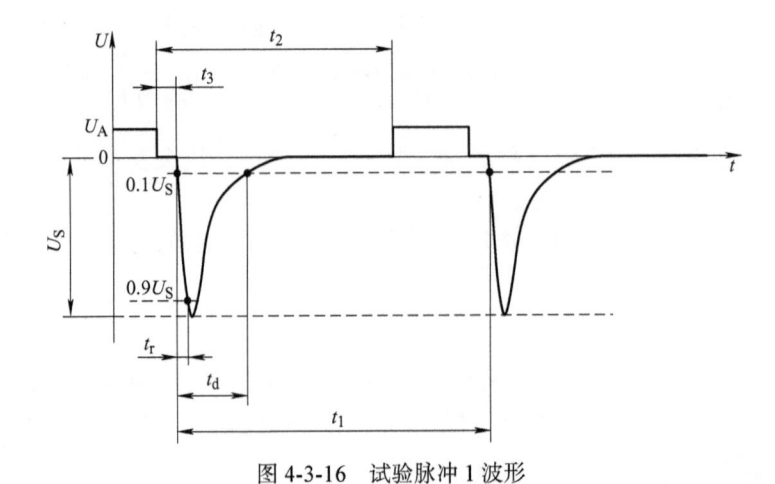

图4-3-16 试验脉冲1波形

第 4 章 新兴领域 EMC 检测技术

表 4-3-2 试验脉冲 1 参数

参数	12V 系统	24V 系统
U_s	$-150 \sim -75$V	$-600 \sim -300$V
R_i	10Ω	50Ω
t_d	2ms	1ms
t_r	$(1_{-0.5}^{0})$ μs	$(3_{-1.5}^{0})$ μs
t_1 ①	\multicolumn{2}{c}{≥0.5s}
t_2	\multicolumn{2}{c}{200ms}
t_3 ②	\multicolumn{2}{c}{<100μs}

① t_1 的选择需保证在施加下一个脉冲前，EUT 能被正常初始化的最小时间。
② t_3 为断开电源与施加脉冲之间所需的最短时间。

（5）试验脉冲 2a 和 2b。脉冲 2a 模拟由于线束电感原因，使与 EUT 并联装置内的电流突然中断引起的瞬态。脉冲 2b 模拟点火开关断开后直流电机作为发电机时的瞬态。

试验脉冲 2a 和 2b 波形如图 4-3-17 和图 4-3-18 所示，其参数见表 4-3-3 和表 4-3-4。

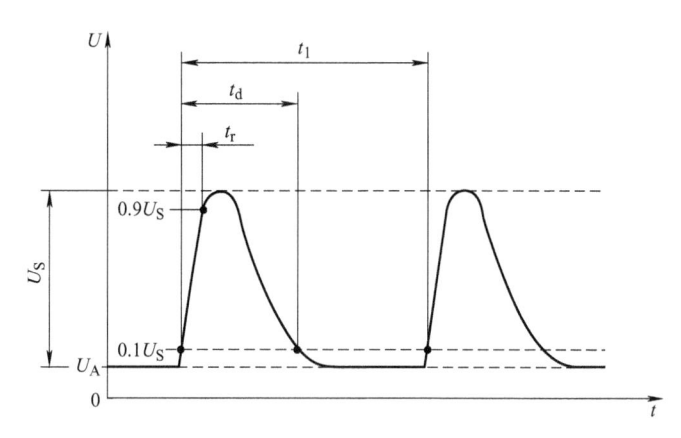

图 4-3-17 试验脉冲 2a 波形

表 4-3-3 试验脉冲 2a 参数

参数	12V 系统	24V 系统
U_s	\multicolumn{2}{c}{$37 \sim 112$V}
R_i	\multicolumn{2}{c}{2Ω}
t_d	\multicolumn{2}{c}{0.05ms}
t_r	\multicolumn{2}{c}{$(1_{-0.5}^{0})$ μs}
t_1 ①	\multicolumn{2}{c}{$0.2 \sim 5$s}

① 根据开关的情况，重复时间 t_1 可短，以缩短试验时间。

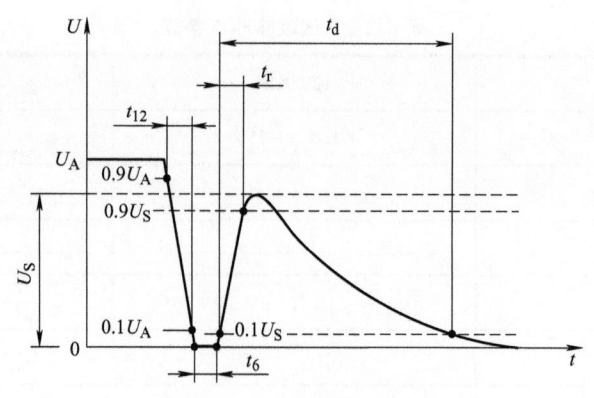

图 4-3-18 试验脉冲 2b 波形

表 4-3-4 试验脉冲 2b 参数

参数	12V 系统	24V 系统
U_s	10V	20V
R_i	\multicolumn{2}{c}{$0 \sim 0.05\Omega$}
t_d	\multicolumn{2}{c}{$0.2 \sim 2s$}
t_{12}	\multicolumn{2}{c}{1ms ± 0.5ms}
t_r	\multicolumn{2}{c}{1ms ± 0.5ms}
t_6	\multicolumn{2}{c}{1ms ± 0.5ms}

（6）试验脉冲 3a 和 3b。试验脉冲 3a 和 3b 模拟由开关过程发生的瞬态。这些瞬态特性受线束分布电容和分布电感的影响。试验脉冲 3a 和 3b 波形如图 4-3-19 和图 4-3-20 所示，其参数见表 4-3-5 和表 4-3-6。

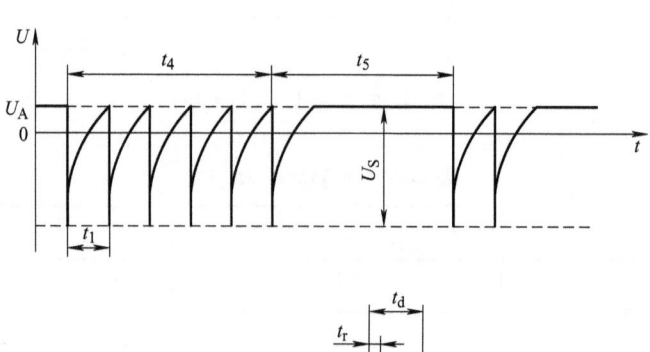

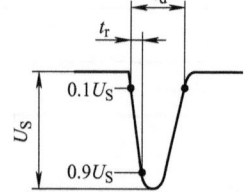

图 4-3-19 试验脉冲 3a 波形

表 4-3-5 试验脉冲 3a 参数

参数	12V 系统	24V 系统
U_s	−220 ～ −112V	−300 ～ −150V
R_i	50Ω	
t_d	150ns ± 45ns	
t_r	5ns ± 1.5ns	
t_1	100μs	
t_4	10ms	
t_5	90ms	

图 4-3-20 试验脉冲 3b 波形

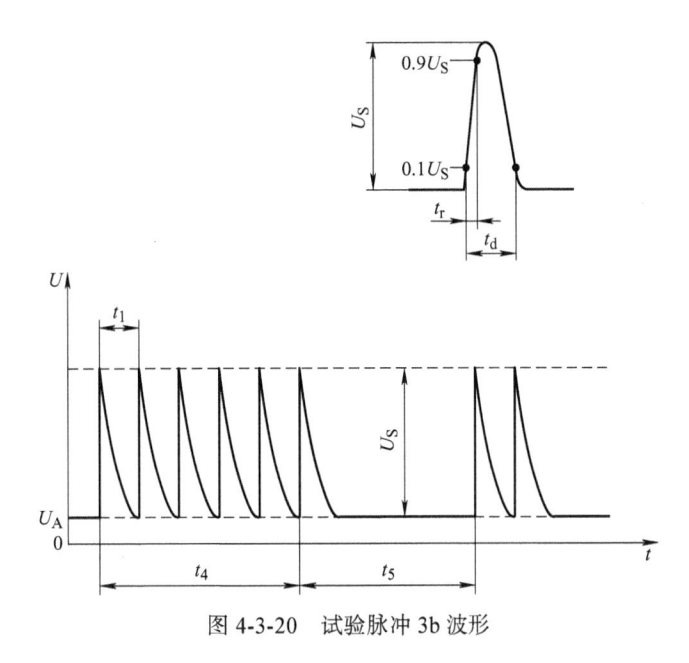

表 4-3-6 试验脉冲 3b 参数

参数	12V 系统	24V 系统
U_s	75 ～ 150V	150 ～ 300V
R_i	50Ω	
t_d	150ns ± 45ns	
t_r	5ns ± 1.5ns	
t_1	100μs	
t_4	10ms	
t_5	90ms	

2. 试验布置

EUT 应放置在非导电性、低相对介电常数（$\varepsilon_r \leq 1.4$）、厚度为 50mm ± 5mm 的支撑物上。

放置在接地平板上的 EUT，其接地方式应符合车辆实际连接。

对试验脉冲 3a 和 3b，试验脉冲发生器和 EUT 端口之间的电源线应笔直平行地放置在非导电性、低相对介电常数（$\varepsilon_r \leq 1.4$）、厚度为 50mm ± 5mm 的支撑物上，其长度为 500mm ± 100mm。

模拟负载最好直接放置在接地平板上。如果模拟负载有金属外壳，其外壳应与接地平板搭接。

模拟负载也可放在邻近接地平板处，其壳体与接地平板搭接。

3. 试验程序

试验前，在不带 EUT 的条件下，调整试验脉冲发生器（见图 4-3-21a）以产生特定的脉冲极性、幅度、宽度、阻抗。峰值电压 U_s 应调整到试验所需的电平，其误差为 0 ~ +10%。

接下来断开示波器，按图 4-3-21b 所示将 EUT 连接到试验脉冲发生器。按实际工作状态，评估 EUT 对施加的试验脉冲在试验中和／或试验后的功能。

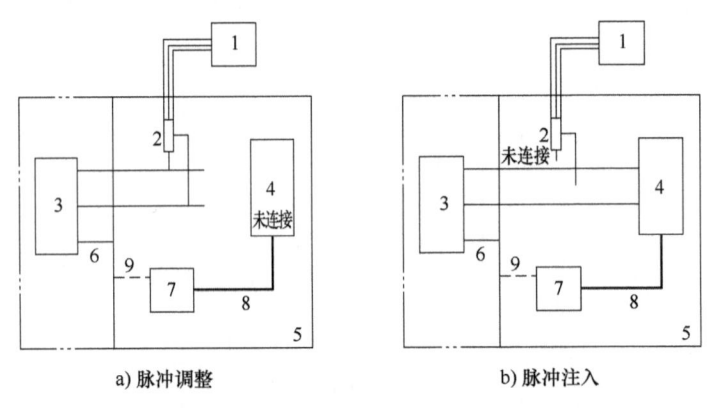

图 4-3-21 沿电源线的瞬态传导抗扰度试验布置

1—示波器　2—电压探头　3—试验脉冲发生器　4—EUT　5—接地平板
6—DC 电源接地连接（对试验脉冲 3，最长为 100mm）　7—模拟负载
8—连接电缆（试验时远离 EUT 电源线，避免耦合）　9—模拟负载接地

4. 符合性判定

标准 GB/T 21437.2—2021 的附录 A 给出了试验电压等级。所用等级应由车辆制造商和零部件供应商协商确认。根据该等级（以及功能特性状态分类）评估 EUT 是否符合要求。

5. 试验注意事项

在试验过程中，应注意以下几方面：

（1）对试验脉冲 3a 和 3b，试验脉冲发生器和 EUT 端口之间的电源线长度应为 500mm ± 100mm，其他试验脉冲也可使用该长度电源线。

(2）试验脉冲发生器的 DC 电源应进行接地连接（对试验脉冲 3，最长为 100mm）。

(3）按照试验程序，在施加试验脉冲之前要进行试验脉冲的验证。

(4）对于施加的试验脉冲，要规定好试验脉冲的各个参数（如严酷度电平、内阻、猝发周期/脉冲重复时间、最少脉冲数或试验时间等）。参数的变化会影响试验结果，如试验脉冲 2b 内阻 R_i。

(5）试验脉冲发生器要按照标准 GB/T 21437.2—2021 的附录 C 在两种不同负载条件（无负载状态和匹配负载状态）下进行校准。

(6）在试验过程中，要注意试验脉冲 1 和试验脉冲 2b 的功能特性状态分类的判定。

4.3.4.4 沿非电源线的瞬态传导抗扰度

该试验考核 EUT 对沿非电源线施加的电瞬态的传导抗扰度。试验依据标准为 GB/T 21437.3—2021，描述了 EUT 对耦合电瞬态脉冲抗扰度的三种试验方法：容性耦合钳（CCC）法、感性耦合钳（ICC）法、直接电容器耦合（DCC）法。本节将重点介绍 CCC 法和 ICC 法。

对于试验施加的瞬态脉冲模拟快速和慢速电瞬态骚扰，如感性负载切换、继电器触点弹跳等引起的瞬态骚扰，给出的试验脉冲均为典型脉冲，反映了可能出现在车辆中的瞬态的主要特征。

表 4-3-7 给出了三种不同试验方法的适用性。可从慢速电瞬态脉冲试验方法和快速电瞬态脉冲试验方法中各选择一种适用 EUT 的方法。CCC 法适用于耦合快速电瞬态试验脉冲，特别适用于带有中等或大量导线的 EUT。此方法不适用于耦合慢速电瞬态试验脉冲。DCC 法适用于慢速电瞬态脉冲和快速电瞬态脉冲。ICC 法适用于耦合慢速电瞬态试验脉冲，特别适用于带有中等或大数量受试线缆的 EUT。这里主要介绍常用的 CCC 法和 ICC 法。

表 4-3-7　三种不同试验方法的适用性

瞬态类型	CCC 法	DCC 法	ICC 法
慢速脉冲 2a	不适用	适用	适用
快速脉冲 3a 和 3b	适用	适用	不适用

1. 试验设备

沿非电源线的瞬态传导抗扰度试验使用设备如下：

（1）电源。电源的要求见 4.3.3.4 节。

（2）示波器和探头。示波器和探头的要求见 4.3.3.4 节。

（3）瞬态脉冲发生器。脉冲发生器的要求见 4.3.4.3 节。其中试验电压 U_A 设置为 0V。脉冲分别为慢速瞬态试验脉冲 2a 和快速瞬态试验脉冲 3a 和 3b。

慢速瞬态试验脉冲 2a 用于模拟较大的感性负载电路断开时产生的瞬态脉冲，如散热器风扇电机、空调压缩机、离合器等负载。负极性瞬态脉冲可通过切换发生器的输出连接来实现。正负慢速瞬态脉冲 2a 波形如图 4-3-22 和图 4-3-23 所示，其参数见表 4-3-8 和表 4-3-9。

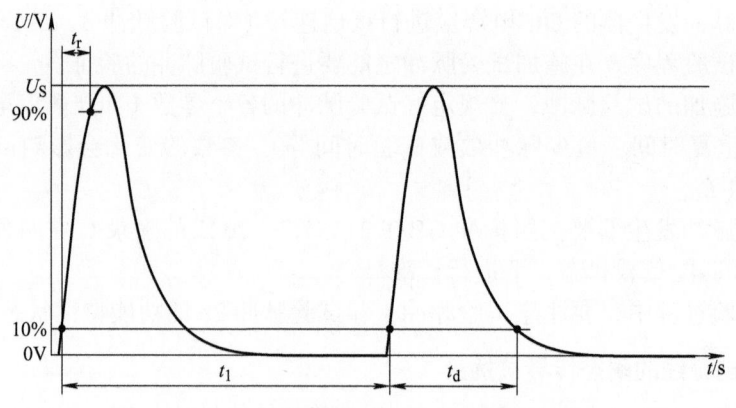

图 4-3-22　慢速瞬态脉冲 2a（正脉冲）波形

表 4-3-8　慢速瞬态脉冲 2a（正脉冲）参数

脉冲参数	参数值
U_S	见标准 GB/T 21437.3—2021 的表 B.1 和表 B.2
t_r	$(1_{-0.5}^{0})$ μs
t_d	0.05ms
t_1	0.2～5s
R_i	2Ω

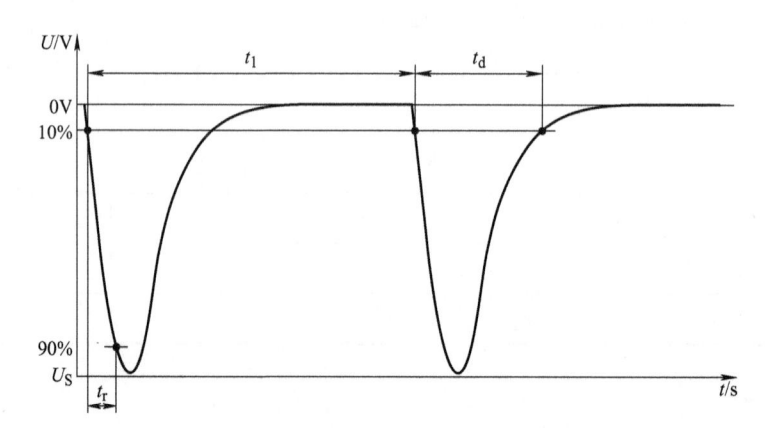

图 4-3-23　慢速瞬态脉冲 2a（负脉冲）波形

表 4-3-9　慢速瞬态脉冲 2a 参数（负脉冲）

脉冲参数	参数值
U_S	见标准 GB/T 21437.3—2021 的表 B.1 和表 B.2
t_r	$(1_{-0.5}^{0})$ μs
t_d	0.05ms
t_1	0.2～5s
R_i	2Ω

快速瞬态试验脉冲 3a 和 3b 用于模拟开关切换过程产生的瞬态脉冲。瞬态脉冲的特性受线束的分布电容和电感的影响。快速瞬态脉冲 3a 和 3b 波形如图 4-3-24 和图 4-3-25 所示，其参数见表 4-3-10 和表 4-3-11。

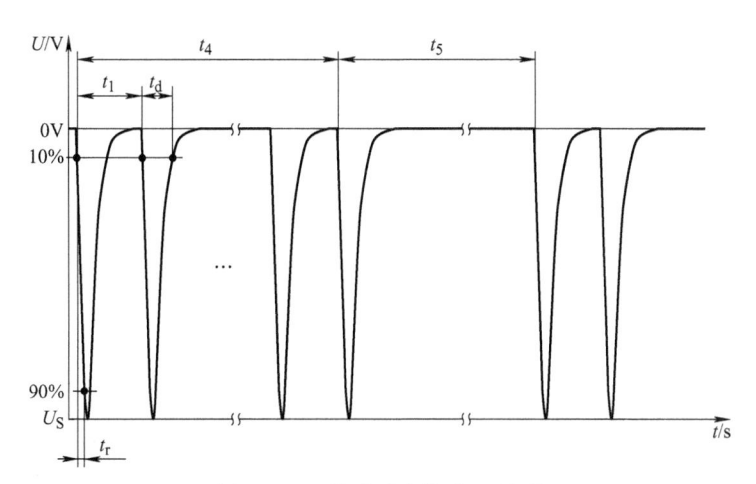

图 4-3-24　快速瞬态脉冲 3a 波形

表 4-3-10　快速瞬态脉冲 3a 参数

参数	12V 系统	24V 系统
U_s	见标准 GB/T 21437.3—2021 的表 B.1	见标准 GB/T 21437.3—2021 表 B.2
t_r	（5 ± 1.5）ns	（5 ± 1.5）ns
t_d	（0.15 ± 0.045）μs	（0.15 ± 0.045）μs
t_1	100μs	100μs
t_4	10ms	10ms
t_5	90ms	90ms
R_i	50Ω	50Ω

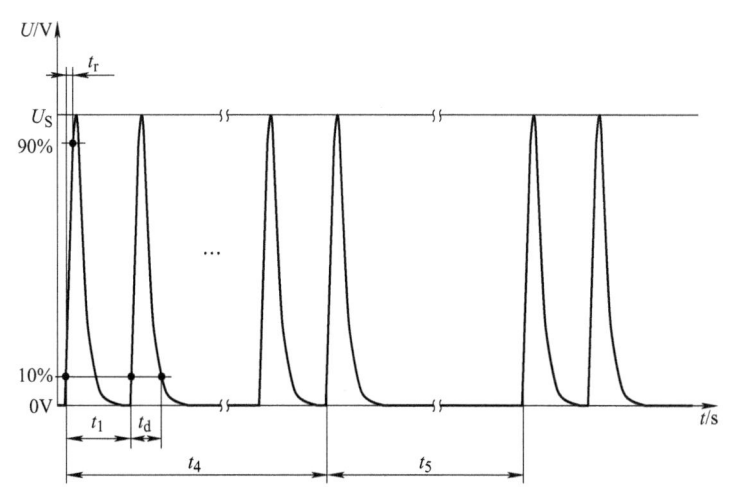

图 4-3-25　快速瞬态脉冲 3b 波形

表 4-3-11 快速瞬态脉冲 3b 参数

参数	12V 系统	24V 系统
U_s	见标准 GB/T 21437.3—2021 的表 B.1	见标准 GB/T 21437.3—2021 的表 B.2
t_r	(5±1.5) ns	(5±1.5) ns
t_d	(0.15±0.045) μs	(0.15±0.045) μs
t_1	100μs	100μs
t_4	10ms	10ms
t_5	90ms	90ms
R_i	50Ω	50Ω

（4）容性耦合钳（CCC）。容性耦合钳的材料可以是黄铜、紫铜或镀锌钢。CCC 特性如下：

1）电缆和耦合钳之间典型的耦合电容约为 100pF。

2）瞬态脉冲电压绝缘强度大于等于 200V。

（5）感性耦合钳（ICC）。感性耦合钳为适合于此试验的大电流注入探头，将试验脉冲耦合到受试电路，与 EUT、线束、辅助设备均无电气连接。

（6）接地平板。接地平板应为最小厚度 0.5mm 的金属薄板（如紫铜、黄铜或镀锌钢板）。接地平板的最小宽度应为 1000mm，或者整个试验布置下方的宽度（不包括电源和瞬态脉冲发生器）再加 200mm，取两者中尺寸较大的平板。接地平板的最小长度应为 2000mm，或者整个试验布置下方的长度（不包括电源和瞬态脉冲发生器）再加 200mm，取两者中尺寸较大的平板。

（7）校准夹具。校准夹具的物理尺寸应和被校准的注入探头兼容。

2. 试验布置

按试验程序中 EUT 试验使用的试验线束或产品线束将 EUT 与其正常运行所使用的装置（负载、传感器等）进行连接。如无法使用 EUT 运行的实际信号源，可使用模拟信号源。

EUT 应放置在接地平板上方 50mm±5mm 的非导电性、低相对介电常数（$\varepsilon_r \leq 1.4$）材料的绝缘支撑物上。EUT 的外壳接地应反映车辆安装情况。

所有线束放置在接地平板上方 50mm±5mm 的非导电性、低相对介电常数（$\varepsilon_r \leq 1.4$）材料的绝缘支撑物上。

所有负载、传感器等的接地（接地线、金属外壳）尽可能使用最短的线连接到接地平板。

为了使 EUT 无关的容性耦合最小化，EUT 和所有其他导电结构（试验布置下方的接地平板除外）的最短距离应大于 0.5m。

3. 试验程序

(1) 容性耦合钳（CCC）法。

1) 发生器验证。试验前应按标准 GB/T 21437.2—2021 对瞬态脉冲参数（见表 4-3-10、表 4-3-11）进行验证。验证应在端接 50Ω 的负载条件下进行。

2) 瞬态脉冲电平校正。瞬态脉冲发生器应按图 4-3-26 所示的方式进行连接。瞬态脉冲电平通过输入阻抗为 50Ω 示波器进行校正。

CCC（无内部连接电缆）输出端与示波器之间通过带有 50Ω 衰减器的 50Ω 同轴电缆相连。在校正过程中不得有线缆通过耦合钳。

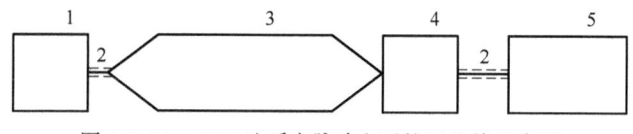

图 4-3-26 CCC 法瞬态脉冲电平校正连接示意图

1—瞬态脉冲发生器 2—50Ω 同轴电缆（≤1m） 3—CCC 4—50Ω 衰减器 5—示波器（50Ω 输入阻抗）

3) EUT 试验。试验布置应满足试验布置的总体规定。CCC 法试验布置如图 4-3-27 所示。

穿过 CCC 的 EUT 线缆的耦合长度为 1m。

CCC 法中无 12/24V 电源线（正极线和回线），其他需要连接到辅助设备（如传感器）的回线或正极线应包含进去。如果辅助设备近端接地，不应包含近端接地连线。

位于 CCC 中的所有线缆应呈单层（典型值为 10～20 根线缆）平直放置，为测量 EUT 全部线缆，可进行多次试验。

CCC 铰链盖应尽可能平放，确保与平放的受试线束尽可能多地接触。在 CCC 中应保持双绞线和屏蔽线的原有结构形式。带有多个连接器的 EUT 试验（所有连接器线束合并进行试验或每个连接器线束分别进行试验）或超过 20 根线缆的线束试验应在试验计划中规定。

EUT 和 CCC 之间以及外围设备和 CCC 之间的距离，均应大于或等于 300mm。受试线缆在 CCC 之外的部分应置于接地平板上方 50mm±5mm，并且和 CCC 纵向轴的夹角为 90°±15°。试验中非受试线缆放置（不需直线放置）在 CCC 外、50mm±5mm 高的绝缘支撑上，与 CCC 的最短距离为 100mm。上述规定长度之外的线缆布置应在试验计划中注明。

EUT 与瞬态脉冲发生器应放在 CCC 的同一端。受试线束总长度为 1700mm（+300mm/0mm）。

(2) 感性耦合钳（ICC）法。

1) 瞬态脉冲电平校正。脉冲发生器的输出电压应通过图 4-3-28 所示的校准装置进行校正。需使用匹配网络（可选），可改变脉冲发生器的设置（如脉冲幅度和输入阻抗 R_i）使脉冲达到要求。通过注入探头施加瞬态脉冲，按图 4-3-28 所示的方式通过高阻抗的示波器进行测量。瞬态脉冲的时域特性应满足表 4-3-12 所示的参数要求。

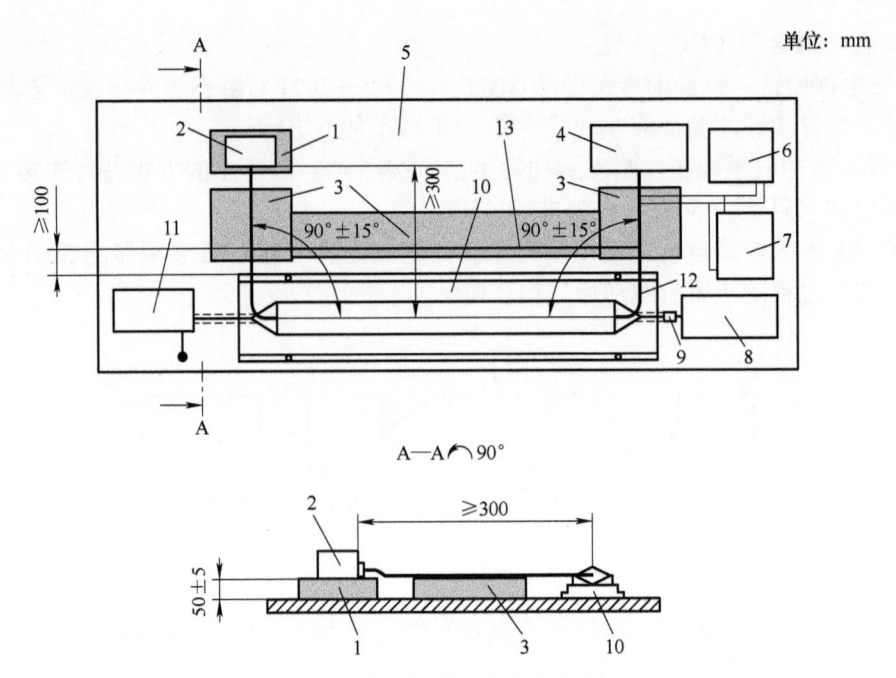

图 4-3-27 沿非电源线的瞬态传导抗扰度试验布置——CCC 法

1—绝缘支撑板 2—EUT 3—试验线束的绝缘支撑物 4—模拟负载 5—接地平板 6—电源
7—蓄电池 8—示波器（50Ω 输入阻抗） 9—50Ω 衰减器 10—CCC
11—瞬态脉冲发生器 12—受试线缆 13—非受试线缆

表 4-3-12 ICC 法瞬态脉冲特性

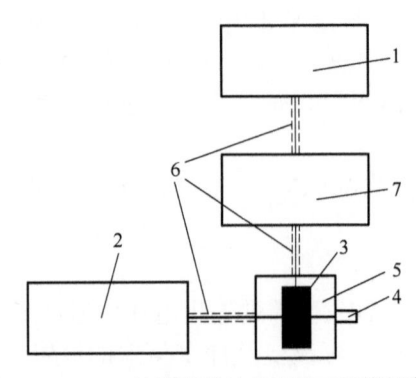

参数	12V 系统	24V 系统
t_d	7×（1±30%）μs	7×（1±30%）μs
t_r	≤1.2μs	≤1.2μs

图 4-3-28 ICC 法瞬态脉冲电平校正连接示意图

1—瞬态脉冲发生器 2—高阻抗示波器 3—ICC 4—短路电路
5—校准夹具 6—50Ω 同轴电缆 7—匹配网络（可选）

2) EUT 试验。试验布置应满足试验布置的总体规定。ICC 法试验布置如图 4-3-29 所示。

耦合电路由能钳住所有信号线的 ICC 组成。EUT 的 12V/24V 供电线（接地线和电源线）不应包括在 ICC 中。从 EUT 到辅助设备（传感器、执行器等）的其他任何地线或电源线均应包含在 ICC 中。如果辅助设备以近地方式接地，接地连接应置于 ICC 之外。

试验可按图 4-3-29 所示的布置进行，也可按大电流注入抗扰度试验规定的直线束的布置进行（见 4.3.4.2 节）。

EUT 有多个连接器时，试验条件（所有连接器线束同时进行试验或单个连接器线束分别进行试验）应在试验计划中规定。

线束应放置在接地平板上方 50mm±5mm 的非导电性、低相对介电常数（$\varepsilon_r \leq 1.4$）材料的绝缘支撑物上。线束长度应为 1700mm（+300mm/0mm）。ICC 中心距离 EUT 连接器 150mm±50mm。

负极性瞬态脉冲可通过反转线束上的注入探头来实现。

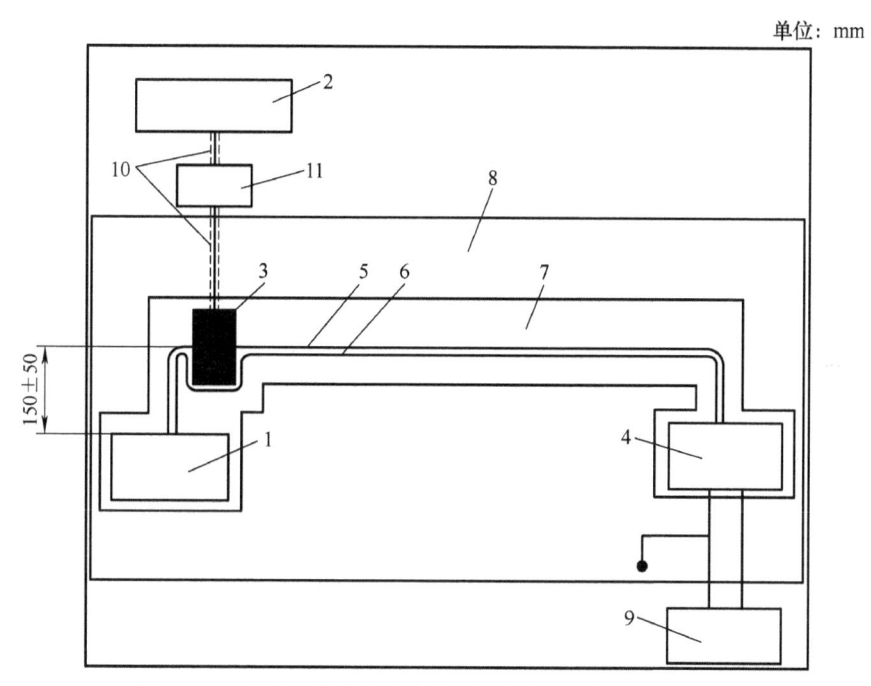

图 4-3-29 沿非电源线的瞬态传导抗扰度试验布置——ICC 法

1—EUT　2—瞬态脉冲发生器　3—ICC　4—模拟负载　5—试验线束（EUT 电源线除外）
6—EUT 电源线　7—低相对介电常数（$\varepsilon_r \leq 1.4$）材料的绝缘支撑物　8—接地平板　9—电源
10—50Ω 同轴电缆　11—匹配网络（可选）

4. 符合性判定

标准 GB/T 21437.3—2021 的附录 B 给出了试验电压等级，所用等级应由车辆制造商和零部件供应商协商确认，根据该等级（以及功能特性状态分类）评估 EUT 是否符合要求。

5. 试验注意事项

在试验过程中，应注意以下几方面：

（1）按照试验程序，在施加试验脉冲之前要进行试验脉冲的验证。

（2）对于 CCC 法，验证时应在端接 50Ω 的负载条件下进行。由于示波器和衰减器为 50Ω，瞬态脉冲发生器的开路电压约是规定试验电压的 2 倍。

（3）对于 CCC 法，EUT 与瞬态脉冲发生器应放在 CCC 的同一端。受试线束总长度为 1700mm（+300mm/0mm）。

（4）对于 CCC 法，脉冲验证时使用 50Ω 的示波器和衰减器。在 EUT 试验时也应进行连接。

（5）对于 ICC 法，线束长度应为 1700mm（+300mm/0mm）。ICC 中心距离 EUT 连接器（150±50）mm。

（6）对于施加的试验脉冲，要规定好试验脉冲的各个参数（如严酷度电平、试验时间等），参数的变化会影响试验结果。

（7）试验脉冲发生器要按照标准 GB/T 21437.2—2021 的附录 C 在两种不同负载条件（无负载状态和匹配负载状态）下进行校准。

4.3.4.5 静电放电抗扰度

该试验考核 EUT 对静电放电的抗干扰能力，这种静电放电是在装配、维修过程中及驾乘人员在车内外可能产生的。试验有两种放电方式：接触放电和空气放电。对导电表面使用接触放电电极进行接触放电。如试验计划中有要求，也可对导电表面施加空气放电。对非导电表面使用空气放电电极进行空气放电。

对于 EUT 通电试验，采用直接放电和间接放电。直接放电可采用接触或空气放电直接施加于 EUT 或可接触的远端连接部件，如开关和按键；间接放电为模拟 EUT 附近导电物体出现的放电，通过外部金属（如水平耦合板）施加。间接放电仅采用接触放电方式。

按 EUT 在车辆上的安装位置，静电放电发生器的电容可选择 330pF 或 150pF，选用的电阻为 330Ω 或 2kΩ。EUT 位于车内时一般使用 330pF，位于车外时一般使用 150pF。如不能确定 EUT 的位置，应仅使用 330pF。使用 2kΩ 电阻试验，模拟人体直接通过皮肤放电。使用 330Ω 电阻试验，模拟人体通过金属部分（如工具、钥匙、戒指）放电。使用 330Ω 电阻试验要比使用 2kΩ 电阻试验更为严酷。

对于 EUT 不通电试验，模拟在装配过程中或维修时人体对 EUT 的直接放电。静电放电发生器的电容应为 150pF，电阻值一般使用 330Ω。

静电放电抗扰度试验应在满足环境条件的试验室进行，可使用专用场地，如屏蔽室或电波暗室。

试验时的环境条件要求如下：

1）环境温度，25℃±10℃。

2）相对湿度，20%～60%（推荐 20℃和 30% 相对湿度）。

1. 试验设备

（1）静电放电发生器。静电放电发生器应能产生重复频率至少为 10 次/s 的放电。当

2m 长的放电回线不够时（如高大的 EUT），可以使用长度不超过 3m 的电线，要确保放电电流波形符合要求。静电放电发生器的特性参数见表 4-3-13。

表 4-3-13　静电放电发生器的特性参数

特性	参数
接触放电输出电压	2～15kV
空气放电输出电压	2～25kV
输出电压精度	≤5%
输出极性	正极和负极
接触放电短路电流上升时间	0.7～1.0ns
保持时间	≥5s
储能电容	150pF、330pF
放电电阻	330Ω、2000Ω

（2）放电电极。放电电极有接触放电电极和空气放电电极。接触放电波形参数见表 4-3-14。

表 4-3-14　接触放电波形参数

典型电容/电阻值	峰值电流/试验电压/(A/kV)	允差(%)	t_1 时的电流/试验电压/(A/kV)	允差(%)	t_2 时的电流/试验电压/(A/kV)	允差(%)
150pF/330Ω	3.75	±10	2（t_1=30ns）	±30	1（t_2=60ns）	±30
330pF/330Ω	3.75	±10	2（t_1=65ns）	±30	1（t_2=130ns）	±30
150pF/2000Ω	3.75	+30/0	0.275（t_1=180ns）	±30	0.15（t_2=360ns）	±50
330pF/2000Ω	3.75	+30/0	0.275（t_1=400ns）	±30	0.15（t_2=800ns）	±50

注：1. 峰值电流由实际测量得到。
　　2. t_1 和 t_2 为电流脉冲下降沿的两个时间，$t_1=RC(1-40\%)$，$t_2=RC(1+20\%)$。用于确定 t_1 和 t_2 所对应的电流脉冲幅值是否符合标准 GB/T 17626.2—2018 的要求。
　　3. 电流/试验电压（A/kV）为比例因子，不同试验电压下的电流应与比例因子相乘。

（3）水平耦合平板（HCP）和接地参考平面（GRP）。HCP 和 GRP 应为金属板（如紫铜、黄铜或铝），最小厚度为 0.25mm。GRP 放置在非导电桌的下面。

HCP 的尺寸应比 EUT 的投影尺寸（包括连接电缆）至少大 0.1m，且不小于 1.6m×0.8m。HCP 应位于 GRP 上面，高度为 0.7～1.0m。GRP 的尺寸至少应与 HCP 的尺寸相同。

（4）绝缘块。绝缘块应采用洁净无吸湿性的材料制成（如聚乙烯材料），相对介电常数为 1～5。绝缘块的厚度为 50mm±5mm，其每侧至少比试验布置的尺寸大 20mm。

（5）绝缘垫。绝缘垫应采用洁净无吸湿性的材料制成（如聚乙烯材料），相对介电常数为 1～5。绝缘垫的厚度为 2～3mm，其每侧至少比试验布置的尺寸大 20mm。应确保放电电压为 25kV 时绝缘垫不会被击穿。

（6）静电耗散垫。静电耗散垫的尺寸应大于 EUT 的水平投影尺寸，材料的表面电阻率应为 10^7～10^9Ω（根据国标 GB/T 37977.23—2019，表面电阻率等同于单位方块面积的表面电阻,通过两个相对的电极测得。其 SI 单位有时用 Ω/sq 或 Ω/□ 表示)。

2. 试验布置

(1) EUT 通电试验布置。

1) 直接放电试验布置。按图 4-3-30 所示将 EUT 放置在 HCP 上。如安装 EUT 时直接与车身连接,试验时将其直接放置在 HCP 上进行。如安装 EUT 时与车身不连接,试验时 EUT 与 HCP 间应放置绝缘垫。

试验时 EUT 应与完成其功能测试的必要外围设备相连接,试验线束的长度应为 1.50～2.50m。如不能使用实车中的外围设备,在试验计划中应说明替代的外围设备和放电试验点。

试验桌上所有部件之间的最小距离为 0.2m。试验线束应沿着 HCP 的边缘平行放置,距离 HCP 的边缘为 0.1m。试验线束应捆扎并放置在绝缘块上。线束规格应按实车使用选定。供电蓄电池应放置在试验桌上,其负极直接与 HCP 进行连接。

直接放电时静电放电发生器的放电回线应与 HCP 相连,发生器的放电回线应距 EUT 和其电缆至少 0.2m。试验桌(试验表面)应距其他导电结构(如屏蔽室的壁面)至少 0.1m。

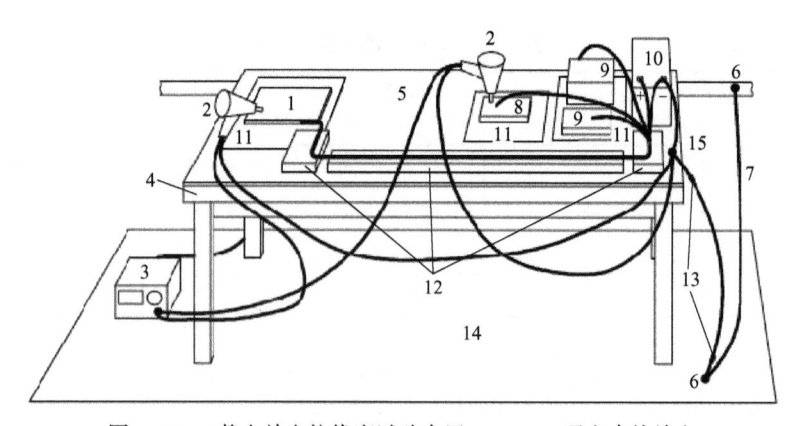

图 4-3-30 静电放电抗扰度试验布置——EUT 通电直接放电

1—EUT 2—静电放电发生器 3—静电放电发生器主机 4—非导电桌 5—HCP 6—接地点
7—接地连接 8—可触及的 EUT 远端连接部件 9—外围设备 10—蓄电池 11—绝缘垫(如需要)
12—绝缘块 13—470kΩ 电阻 14—GRP 15—HCP 的接地连接

2) 间接放电试验布置。按图 4-3-31 所示将 EUT 放置在 HCP 上。如 EUT 安装时直接与车身连接,试验时将其直接放置在 HCP 上进行。如安装时与车身不连接,试验时 EUT 与 HCP 间应放置绝缘垫。

试验时 EUT 应与完成其功能测试的必要外围设备相连接,试验线束的长度应为 1.50～2.50m。如不能使用实车中的外围设备,在试验计划中应说明替代的外围设备和试验放电点。

试验桌上所有部件之间的最小距离为 0.2m。试验线束应沿着 HCP 的边缘平行放置,距离 HCP 的边缘为 0.1m。试验线束应捆扎并放置在绝缘块上。线束规格应按实车使用选定。供电蓄电池应放置在试验桌上,其负极直接与 HCP 进行连接。

间接放电时静电放电发生器的放电回线应与 HCP 或 GRP(根据试验计划)相连,发生器的放电回线应距 EUT 和其试验线束至少 0.2m。试验桌（试验表面）应距其他导电结构（如屏蔽室的壁面）至少 0.1m。

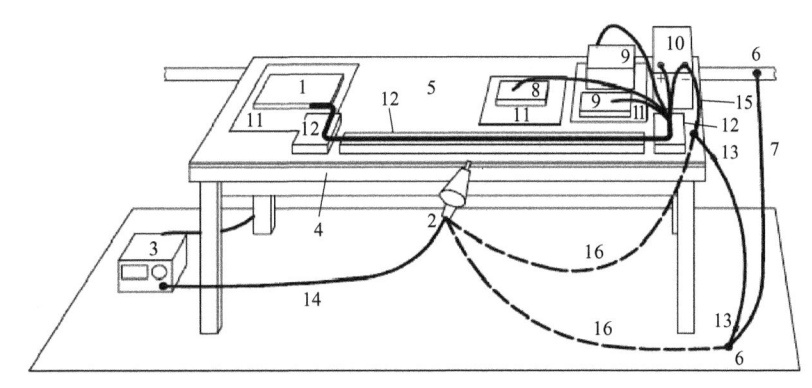

图 4-3-31 静电放电抗扰度试验布置——EUT 通电间接放电

1—EUT 2—静电放电发生器 3—静电放电发生器主机 4—非导电桌 5—HCP 6—接地点
7—接地连接 8—可触及的 EUT 远端连接部件 9—外围设备 10—蓄电池 11—绝缘垫（如需要）
12—绝缘块 13—470kΩ 电阻 14—GRP 15—HCP 的接地连接
16—ESD 发生器的接地连接（根据试验计划连接到 HCP 或 GRP）

（2）EUT 不通电试验布置。如图 4-3-32 所示，接地连接线应包括 2 个 470kΩ 的电阻（见图 4-3-32）。EUT 试验时不接外围设备。

当试验计划中有要求时，EUT 和 HCP 之间应使用静电耗散垫。

直接放电时静电放电发生器的放电回线应与 HCP 相连，发生器的放电回线应距 EUT 和其电缆至少 0.2m。试验桌（试验表面）应距其他导电结构（如屏蔽室的壁面）至少 0.1m。

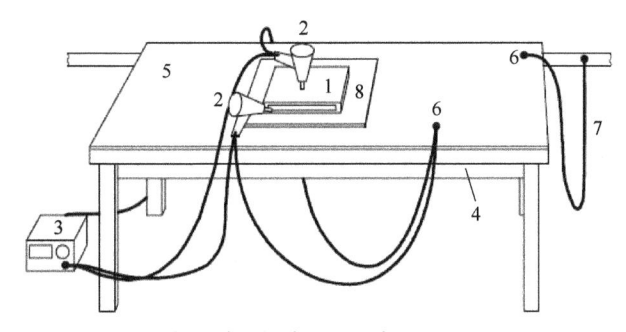

图 4-3-32 静电放电抗扰度试验布置——EUT 不通电

1—EUT 2—静电放电发生器 3—静电放电发生器主机 4—非导电桌 5—HCP 6—接地点
7—接地连接（包括 2 个 470kΩ 的电阻） 8—静电耗散垫（有要求时放置）

3. 试验程序

（1）EUT 通电试验程序

1）直接放电试验程序。直接放电施加于 EUT 正常工作状态下所有规定的试验点上。EUT 的响应与放电极性有关，应使用两种极性放电。接触放电之前，静电放电发生器的放电电极的尖端应与 EUT 接触。对于表面涂漆的导电层，如设备制造厂商未说明涂膜为绝缘层，电极尖端应穿透漆膜，与导电层接触。在空气放电过程中，放电电极的尖端应尽可能快地接近 EUT。当壳体是非导电面，或者是导电表面喷涂了绝缘层并做了相应声明，则作为绝缘面，只进行空气放电。

静电放电发生器的放电尖端应垂直于 EUT 的表面。如做不到，可与 EUT 的表面至少成 45° 角。

对每一个规定的试验电压和极性，所有的直接放电试验点应至少施加 3 次放电。连续单次放电之间的时间间隔应足够长（不小于 1s），确保新的放电之前使电荷消除。可以使用以下方法消除电荷。

① EUT 的残余电荷应按下列顺序、采用连接不低于 1MΩ 的泄放线方法接触泄地：a. 放电位置和地之间；b. EUT 接地点与地之间。如有证据表明串接 1MΩ 导线不会影响试验结果，可连接到 EUT 上。

② 延长连续两次放电之间的时间间隔，由于自然的电荷衰减，聚集的电荷将消失。

使用空气离子发生器加快 EUT 的自然放电过程。当施加空气放电时，应关闭离子发生器。

试验电压增加到最大试验电平之前，应至少施加两个电压。有些 EUT 在施加特定试验电压时，会出现敏感响应，则不需要在其他试验电压下再进行试验。

2）间接放电试验程序。通过静电放电发生器施加在 EUT 每侧的 HCP 上（静电放电脉冲应施加在水平耦合板的边沿）。EUT 应放置在 HCP 上，其表面应与 HCP 上最近的放电点距离为 0.1m。对 HCP 的边沿施加放电时，要调整 EUT 的位置以保持其表面和水平耦合板的边沿之间的距离为 0.1m。

对 HCP 进行放电时，当放电电极接触 HCP 的边缘，应和 HCP 位于同一平面内。对每一个规定的试验电压和极性，所有的间接放电试验点应施加放电 50 次。对 HCP 的放电，连续单次放电之间的时间间隔应大于 50ms。

试验电压增加到最大试验电平之前，应至少施加两个电压。有些 EUT 在施加特定试验电压时，会出现敏感响应，不需要在其他试验电压下再进行试验。

（2）EUT 不通电试验程序。接触放电施加在装配过程中或维修时可能会接触到的所有管脚和面，空气放电施加在所有的表面和点上。

对搬运时容易触及的每一个连接管脚（包括 EUT 凹形连接管脚）、壳体、按钮、开关、显示屏、壳体上的螺母和开口施加放电。用截面积为 0.5～2mm²、长度不大于 25mm 的绝缘实心金属丝引出凹形连接管脚。

如果一个连接器内有多个密集管脚，不能逐个施加放电时，使用横截面积为 0.5～2mm²、长度不大于 25mm 的绝缘实心金属丝引出。

直接放电应施加在试验计划规定的所有试验点上。EUT 的响应与放电极性有关，应使用两种极性进行放电。

接触放电之前，静电放电发生器的放电电极的尖端应与 EUT 接触。

对于表面涂漆的导电层，如 EUT 制造厂商未说明涂膜为绝缘层，电极尖端应穿透漆膜，与导电层接触。

在空气放电过程中，放电电极的尖端应尽可能快地接近 EUT。

当壳体是非导电面，或者是导电表面喷涂了绝缘层并做了相应声明，则作为绝缘面，只进行空气放电。

对于直接放电，静电放电发生器的放电尖端应垂直 EUT 的表面。如做不到，可与 EUT 的表面至少成 45° 角。

对每一个规定的试验电压和极性，所有的直接放电试验点应至少施加 3 次放电。连续单次放电之间的时间间隔应足够长（不小于 1s），确保新的放电之前使电荷消除。可以使用以下方法消除电荷。

1）EUT 的残余电荷应按下列顺序、采用连接不低于 1MΩ 的泄放线方法接触泄地：①放电位置和地之间；② EUT 接地点与地之间。如有证据表明串接 1MΩ 导线不会影响试验结果，可连接到 EUT 上。

2）延长连续两次放电之间的时间间隔，由于自然的电荷衰减，聚集的电荷将消失。

使用空气离子发生器加快 EUT 的自然放电过程。当施加空气放电时，应关闭离子发生器。

试验电压增加到最大试验电平之前，应至少施加两个电压。

有些 EUT 在施加特定试验电压时，会出现敏感响应，不需要在其他试验电压下再进行试验。

4. 符合性判定

标准 GB/T 19951—2019 的附录 C 给出了试验电压等级，所用等级应由车辆制造商和零部件供应商协商确认，根据该等级（以及功能特性状态分类）评估 EUT 是否符合要求。

5. 试验注意事项

在试验过程中，应注意以下几方面：

（1）试验前应确保环境温度和湿度满足标准要求，要具备加湿设备和除湿设备。

（2）试验布置中注意 EUT 和线束距水平耦合板的边沿的距离。

（3）在 EUT 通电试验布置中，试验线束的长度应为 1.50～2.50m。

（4）静电放电脉冲应施加在水平耦合板的边沿，HCP 的水平平面内不进行放电。

（5）由于施加静电放电脉冲有可能会损坏 470kΩ 的电阻，因此要进行定期核查。

（6）为了确保试验的复现性，放电点的位置要详细记录。

（7）对于接触放电，对于 EUT 表面涂漆的导电层，如 EUT 制造厂商未说明涂膜为绝缘层，电极尖端应穿透漆膜，与导电层接触。

（8）对于空气放电，当 EUT 壳体是非导电面，或者是导电表面喷涂了绝缘层并做了相应声明，则作为绝缘面，只进行空气放电。

（9）静电耗散垫的表面电阻率要满足标准要求。

4.4 EMC 检测的技术发展趋势

4.4.1 概述

前面分别对新兴的集成电路、移动通信和新能源汽车三个领域的 EMC 检测技术进行了介绍。可以看到，随着技术的发展，世界已经逐步进入到信息化社会。几乎所有的工业设备和日常用品都在向电子化和互联化的方向发展。电磁环境随着时间的推移不断发生变化，EMC 检测也不断面临新的挑战。

一项完整的 EMC 检测方法，通常可以由 EUT 分类、检测限值或等级、EUT 布置和工作状态、检测仪器设备要求、检测场地和环境要求、检测方法和程序、检测结果的评价、检测不确定度等多个方面组成。下面将从不同方面的技术发展来介绍 EMC 检测技术的发展趋势。

4.4.2 产品分类的发展

EMC 检测的产品分类是一直随着科技的发展而不断变化的，从 CISPR 各个分会的设置，就可以看出 EMC 检测中产品分类的变化趋势。2001 年的 CISPR 年会上决定将负责收音机和电视接收机及有关设备的 E 分会与负责信息技术设备的 G 分会撤销，合并成立 I 分会。I 分会负责信息技术多媒体设备和接收机的 EMC。这次变革正是适应了音视频设备与信息设备走向融合的现实情况。同样这也反映在 2012 年出版 CISPR 32《多媒体设备电磁兼容发射要求》来替代 CISPR 13《声音和电视广播接收机及有关设备无线电骚扰特性限值和测量方法》和 CISPR 22《信息技术设备无线电骚扰特性限值和测量方法》两个标准。

世界正处在一个信息化和工业化深度融合发展的时代。几乎所有的种类的工业产品都已经实现、正在实现或将要实现电子化和智能化。人们喝水的杯子可以是自动加热和保温并上传数据的智能保温杯。人们走路的鞋可以是自动计步和感应压力并上传数据的智能跑步鞋。万物皆可智能化。这既是 EMC 检测行业的机遇，也是挑战。

各种融合和跨界产品的出现，使得原有的工业产品分类变得模糊。一些新型产品的类别已经越来越难以判别。从大的分类上，可能会有智能家电是属于家电类产品，还是属于信息技术设备的困惑。从小的分类上，可能会有可充电的电器是属于交流供电类产品，还是电池供电类产品的困惑。这些都需要相应的产品委员会给出定义和解释。新能源汽车就是跨界产品的典型例子。一辆混合动力的新能源汽车里面，既有传统的燃油发动机，又有电动机。车载的系统既有传统的收音机，又有无线通信、蓝牙、导航定位系统，以及车载毫米波雷达、无线胎压监控传感器，这些都在发射和/或接收无线电信号。复杂的车机系统不仅要接收并处理全车所有传感器的信息，从而控制车辆行驶，还要连接分布在车内多个位置的多块高清显示屏，并同时控制着娱乐系统、电动座椅等附加系统。电池管理系统控制着电池的工作和充电。汽车、家电、多媒体、通信等，EMC 领域涉及的所有的场景几乎都可以在新能源汽车上找到。如此复杂的系统，其分类和归属都是难题，以至于目前存在有一些部分是没有标委会负责管理的情况。

未来的产品的分类会出现传统工业产品的一些类别消失或融合，而一些新型工业产品会产生新的类别的趋势。大型设备和集成电路就是两个新兴的类别。

现代科技的发展，一方面向大型化、超大型化发展，如高铁列车、大型工程机械、水电、核电设备；另一方面向小型化、微型化发展，如无人机、纳米机器人。同样，EMC 检测技术也分别向大尺寸和小尺寸两个维度发展。对于大尺寸，要面对的主要问题是大型设备的 EMC 检测。这类大型设备一般都是一些工业、电力、铁路或医疗领域的特殊设备和复杂系统，如矿山机械、风力发电机、高铁列车、带有粒子加速器的医疗设备等。这些大型设备可能因为体积过大或质量过大，超过了常规电波暗室能承受的范围，从而无法进入电波暗室进行正常的 EMC 测试。也有可能是因为这些大型设备正常工作需要的用电量过大，或者配套的设备或设施过于复杂，导致这些设备即使进入电波暗室中也无法实现正常的工作状态。在这种情况下，就需要引入现场 EMC 检测方法，在大型设备的安装和工作现场进行 EMC 检测。

在大型设备的现场 EMC 检测中，最大挑战来自于辐射发射的测试方法。没有了电波暗室环境，如何评判和尽量减少背景噪声和周围反射带来的影响呢？没有了转台，如何确定接收天线放置的位置和方向呢？这些都是辐射发射测试方法需要考虑的。由于现场情况的多样性，现场测试对测试工程师的技术能力有很高要求。现场测试工程师不仅要熟悉标准的测试方法，还要熟悉 EUT，这样才能合理布置测试位置，找到 EUT 的最大辐射骚扰。

目前，CISPR B 分会的工作组已经在编制 CISPR 37《工业、科学和医疗设备 射频干扰特性 现场测量的限值和方法》，目的就是为了解决无法进入电波暗室的大型设备的 EMC 检测问题。该标准将会给出现场测量的限值和测量方法，为 EMC 检测向大尺寸方向发展开辟出一条现场测量的道路。

对于小尺寸的设备，要面对的主要领域是集成电路这种微型元器件级别的 EMC 检测技术。测试要使用印制电路板作为平台，并且要使用集成电路 EMC 测试中专用的设备。

4.4.3 测试项目的发展

EMC 抗扰度测试中的每一个项目都有明确模拟的物理现象。比如，静电放电抗扰度试验是模拟人体在带静电的情况下去触碰电子产品产生静电放电的场景，浪涌抗扰度试验是模拟电流系统开关瞬态和雷电瞬态影响电网的场景。随着科技的发展，新技术和新产品的涌现带来了新的 EMC 抗扰度标准。比如，2016 年发布的 IEC 61000-4-31《电磁兼容试验和测量技术 第 31 部分 交流电源端口宽带传导骚扰抗扰度试验》是模拟电力线通信（PLC）对电网的影响。2017 年发布的 IEC 61000-4-39《电磁兼容试验和测量技术 第 39 部分 近距离辐射场抗扰度试验》，则主要是模拟手机等便携式发射装置近距离接触电气电子产品的情况。不仅科技的发展会带来新的 EMC 抗扰度标准，国际形势的变化甚至也会影响 EMC 抗扰度的标准。比如 2014 年发布的 IEC 61000-4-36《电磁兼容试验和测量技术 第 36 部分 设备和系统的有意电磁干扰抗扰度试验方法》，是模拟出于恐怖或犯罪目的，有意恶意产生电磁能量，将噪声或信号引入电气和电子系统，从而干扰、扰乱或破坏这些系统的场景。

2021 年工业和信息化部发布了《汽车雷达无线电管理暂行规定》，明确规定了汽车雷达使用频率为 76～79GHz 频段。这个频段是现在能够大量接触到的最高频率段。几乎所有的新能源汽车和大部分中高端燃油车都至少在车辆正前方预装有一个汽车雷达。可以想象未来道路上会有多少汽车雷达在无时无刻地产生电磁辐射，无论是车辆、行人还是街道两边的设施都不可避免地会被照射到。虽然汽车雷达的发射功率和手机类似，都被限制在非常低的范围，但是在近距离情况下，其 EMC 仍是需要考虑的问题。

我国已明确提出力争 2030 年前实现碳达峰、2060 年前实现碳中和，这对可再生能源发展提出了明确的要求。风力发电、光伏发电作为可再生能源，既不排放污染物，也不排放温室气体，是天然的绿色能源。风机发出的电本身是交流电，但由于风力有很大的不稳定性，且风速和设备本身等都会直接影响风机转动，因此需要变流器，先交流变直流，再变成稳定工频才能并入电网。光伏发电是利用光伏器件将太阳能转换成直流电，然后再使用逆变器将直流电变换成交流电，才能并入电网。在进行 EMC 测试的时候，这两种设备由于要向供电网供电，所以与一般 EUT 相比，其测试状态和使用的 EMC 试验设备的特性都会有所区别。这将会给一些 EMC 测试标准带来变革，或者直接引发一些新的测试标准。未来肯定还会出现更多的 EMC 场景，导致出现更多的抗扰度标准去建立一个规范测试方法来模拟这些物理现象。

4.4.4 测试频率的扩展

对辐射骚扰检测来说，未来的趋势主要是频率上的扩展。早期的 EMC 辐射骚扰测试基本上只关心 30MHz～1GHz 这个频率段，辐射抗扰度只关心 80MHz～1GHz 这个频率段。随着电子产品频率的扩展，测试频率也逐渐扩展到 1GHz 以上。2007 年发布的 2.0 版 CIPSR 16-1-4 首次给出 1～18GHz 场地验证的方法，2008 年发布的 6.0 版 CISPR 22 首次将辐射骚扰限值扩展到 6GHz。另外，2002 年发布的 2.0 版 IEC 61000-4-3 首次引入了"保护（设备）抵抗数字无线电话射频辐射"，并增加了 800～960MHz 和 1.42.0GHz 两段辐射抗扰度频率，其后又扩展到 6GHz。

在 20 世纪 90 年代，业界普遍认为提高 CPU 性能的主要方法是提高 CPU 的主频。主频提高了，运算速度也就提高了。所以 EMC 业界也认为，将来的 EMC 辐射骚扰的测试和限值也会随着 CPU 主频的升高，不断扩展上限频率。但实际上近 20 年来计算机 CPU 的主频基本在 4GHz。而 EMC 测试的频率限值基本止步在 6GHz。

为什么 CPU 的主频没有无限度地提高？这是因为越高的频率，要求器件的尺寸越小，而功耗又会增长，这样单位面积的发热量会呈指数增长，散热成为难以解决的瓶颈。今天的 CPU 的发展已经转向通过向多核和多线程来提高性能。

近些年，随着无线通信的发展，扩展测量频率上限的需求才逐渐增多。因此面临的辐射骚扰测试频率上限扩展的需求，可能并不是来自于电子设备中信息处理电路的无意发射，而更多的是随着 5G 通信等无线技术的发展，来自于有意发射微波信号的电子设备所泄漏的信号。而且随着技术的发展，频率还会进一步向上扩展。目前，无线通信为了追求更快的数据传播速率，需要更大的带宽，频率已经扩展到毫米波频段。随着 5G 的应用，已经有移动设备在使用 18GHz 以上的无线电频谱。汽车毫米波雷达、毫米波人体安检机等毫米波设备的工作频率都在 30GHz 以上，而且都已经广泛应用。6G 通信已经开始布局。ISO 的工作组正在对 18～40GHz 的测试方法、限值、场地验证方法等一系列方法开展研究。

同样，随着电动汽车和无线电能传输（WPT）的发展，30MHz 以下频率的辐射骚扰也开始受到重视。电动汽车电机及其管理系统，电动汽车有线充电系统和无线充电系统都具有高电压和大电流的特性，其低频辐射骚扰无法忽视。CISPR 36：2020《电动汽车和混合动力汽车 无线电骚扰特性 用于保护 30MHz 以下车外接收机的限值和测量方法》已经被 GB/T 43248—2023 修改采用。

无线电能传输的使用范围和领域更加广阔。从简单的使用感应式无线电能传输技术的桌面手机无线充电，到使用微波无线电能传输技术的远距离无线输电。无线电能传输技术已经成为近年来发展最快的技术之一。目前应用最广的还是感应式无线电能传输，通过磁场发射和接收线圈的耦合实现电能的无线传输。通常使用的频率是几十到几百 kHz。因此，9kHz～30MHz 的辐射发射测试已经纳入未来各个标准委员的考虑范围。相应的基础标准，如 150kHz～30MHz 的场地验证方法已经发布。

4.4.5 测试方法的发展

为电磁环境随着时间的推移发生了变化，并且在未来还会继续变化。在辐射骚扰测试方法建立之初，为了保护无线电接收设备免受电磁骚扰，规定的测试距离是 10m 或更长。在那个年代这种远场测试方法是合理的，也是足够的。而现在面临的是电子产品安装密度大幅增加，许多电子产品之间的间距大幅度减小的情况。比如手机，经常会被放置在任意电子产品的表面。这种近距离，甚至极近距离下的 EMC 问题，已经在制订标准的考虑中。在这方面，抗扰度的测试标准已经走在了前面。目前 IEC 已经发布了 IEC 61000-4-39：2017《电磁兼容试验和测量技术 第 39 部分 近距离场辐射抗扰度试验》。该标准规定了，在 9kHz～26MHz 使用磁场线圈在距离 EUT 表面 50mm 的位置进行抗扰度试验；在 380MHz～6GHz 使用 TEM 喇叭天线在距离 EUT 表面 100mm 的位置进行抗扰度试验。汽车 EMC 领域早在 2012 年就已经发布了类似的近距离场抗扰度试验标准 ISO 11452-9《道路车辆 电气/电子部件对窄带辐射电磁能的抗扰性试验方法 第 9 部分 便携式发射机模拟法》。

抗扰度测试已经采取了更贴合实际的近距离场测试方法，那么辐射骚扰的测试是否也可以采取近场扫描的方法呢？从技术上讲应该是可以实现的。早在 20 世纪 50 年代美国就已经发明出近场扫描技术，用于大口径天线的测量，解决了天线传统远场测量难于实现的问题。现在近场扫描技术已经相当成熟，并广泛应用。如果未来标准引入了近场测量，那么对暗室场地的依赖也会相应降低，大型设备的现场测试也不再是问题，但由此引发的测试仪器和设备的变化可能会非常巨大。

EMC 检测由于其特殊性，EUT 的连接、摆放位置、工作状态等诸多因素都会影响测试结果。测试的一致性相对较差是 EMC 检测的首要难题。为了解决这个问题，国内外专家一直都在努力将 EMC 检测向更加精细化的方向发展。从对仪器设备的要求、对场地的要求、试验布置到不确定度的评定方法，各方面都在全方位的发展。

在试验布置上，随着 EMC 学科的发展，逐渐将 EMC 测试的原理和经验应用到实际测试的布置中去。以电缆为例，测试标准中对线缆的长度、走线方向、排列方式、端接情况、去耦等都有更为合理和详细的规定。标准中的每一项规定，其背后都有一定的科学原理作为支持。如果检测人员能够掌握 EMC 测试的原理，那么就能更好地理解标准中的要求，并应用到 EMC 检测中。

在 EMC 检测所使用的仪器设备方面，相关技术也在不断地发展。对于 EMC 测试中最主要的测试设备——EMI 测量接收机，具有较长时间常数的准峰值检测器和高动态范围要求一直是限制其测试速度的瓶颈。现在得益于数字化实时频谱仪平台，使用基于 FFT 的快速时域扫描技术，测试速度有了显著提高。与传统频率扫描相比，时域扫描能够大幅度减小准峰值检波器测试的时间,从而将测试速度提高数倍。其应用不仅缩短了测试时间,还扩展了动态范围。这样在测试中可以从真正无间隙的频谱测试,观察那些用传统步进扫频方法很难测到的短脉冲。

在 EMC 检测的不确定评定方面,评定的方法也越来越详细。不确定度的评定可以让实验室更详细地了解整个 EMC 试验的各个环节中可能影响测量值的量,其根本目的是帮助实验室提高试验的水平。实验室可以通过不确定度的评定,找到对试验影响较大的因素,并采取改进措施,减小影响。

IEC 的相关 EMC 标准,大概自 2008 年开始,陆续更新,如在附录中加入测量不确定度的章节。CISPR 在其基础标准的架构中,加入了 CISPR 16-4-×× 系列专门讨论不确定度、统计学和限值建模。

4.4.6 小结

以上是 EMC 检测的技术发展趋势的一些思考。对于 EMC 技术发展趋势和新挑战,CISPR 也有自己的思考,并给出了以下 16 个方向,供读者参考:

1)移动设备在 18GHz 以上的无线电频谱使用(如 5G 移动服务)。
2)环境中电子产品安装密度大幅增加。
3)包括广播服务在内的所有设备都在数字化。
4)移动无线通信服务的增长。
5)无线电装置在非无线电产品中的集成。
6)移动无线通信和固定广播服务对已分配的无线电频谱的混合使用。
7)主要和次要无线电服务分配的无线电频谱的共享(共存)使用增加。例如,短距离无线通信设备(SRD)与其他无线设备(如 ISM 设备)以及无线电电能传输(WPT)一起使用,尤其是用于充电电动车辆。
8)电动(道路)车辆数量大幅增加,包括有线和无线电池充电系统的使用。
9)无线电能传输(WPT)广泛应用于各种非汽车电池供电设备的供电或充电。
10)从传统的白炽灯和放电照明技术过渡到固态(如 LED)照明。
11)直流电源网络的应用。
12)有线接口在控制、通信、数据和供电方面的混合使用,如以太网供电和电力线通信。
13)对大型 / 高功率设备进行测试和现场测试。
14)智能电网在 9 ~ 150kHz 频率范围内工作。
15)向能够可持续利用资源(材料和能源)的设备过渡。
16)机器人设备和人工智能(AI)的使用增加。

最后,引用 CISPR 主席贝蒂娜·丰克(Bettina Funk)在 2023 年谈到 EMC 标准面临的挑战时所说的一段话:"我们甚至还不知道未来有哪些新的无线电系统和电气产品在等着我们。我们唯一确信的是,由于物理定律是无法改变的,我们将永远有更多的工作要做!"